高等学校土木建筑工程类系列教材

工 程 振 动（第二版）

■ 欧珠光 编著

武汉大学出版社

图书在版编目(CIP)数据

工程振动/欧珠光编著. —2 版. —武汉:武汉大学出版社,2010.7
高等学校土木建筑工程类系列教材
ISBN 978-7-307-07757-7

Ⅰ.工… Ⅱ.欧… Ⅲ.工程力学—振动理论—高等学校—教材 Ⅳ.TB123

中国版本图书馆 CIP 数据核字(2010)第 081551 号

责任编辑:李汉保　　　责任校对:王　建　　　版式设计:支　笛

出版发行:武汉大学出版社　　(430072　武昌　珞珈山)
　　　　　(电子邮件:cbs22@whu.edu.cn 网址:www.wdp.com.cn)
印刷:湖北省金海印务有限公司
开本:787×1092　1/16　印张:17.25　字数:411 千字　插页:1
版次:2003 年 6 月第 1 版　　2010 年 7 月第 2 版
　　　2010 年 7 月第 2 版第 1 次印刷
ISBN 978-7-307-07757-7/TB·28　　　　定价:28.00 元

版权所有,不得翻印;凡购买我社的图书,如有缺页、倒页、脱页等质量问题,请与当地图书销售部门联系调换。

高等学校土木建筑工程类系列教材
编 委 会

主　　任	何亚伯	武汉大学土木建筑工程学院，教授、博士生导师，副院长
副 主 任	吴贤国	华中科技大学土木工程与力学学院，教授、博士生导师
	吴　瑾	南京航空航天大学土木系，教授，副系主任
	夏广政	湖北工业大学土木建筑工程学院，教授
	陆小华	汕头大学工学院，副教授，副处长
编　　委	（按姓氏笔画为序）	
	王海霞	南通大学建筑工程学院，讲师
	刘红梅	南通大学建筑工程学院，副教授，副院长
	宋军伟	江西蓝天学院土木建筑工程系，副教授，系主任
	杜国锋	长江大学城市建设学院，副教授，副院长
	肖胜文	江西理工大学建筑工程系，副教授
	徐思东	江西理工大学建筑工程系，讲师
	欧阳小琴	江西农业大学工学院土木系，讲师，系主任
	张海涛	江汉大学建筑工程学院，讲师
	张国栋	三峡大学土木建筑工程学院，副教授
	陈友华	孝感学院教务处，讲师
	姚金星	长江大学城市建设学院，副教授
	梅国雄	南昌航空大学土木建筑学院，教授，院长
	程赫明	昆明理工大学土木建筑工程学院，教授，院长
	曾芳金	江西理工大学建筑与测绘学院土木工程教研室，教授，主任
执行编委	李汉保	武汉大学出版社，副编审
	谢文涛	武汉大学出版社，编辑

内容提要

本书系统地叙述了单自由度系统、多自由度系统到弹性体系统的振动,以及振动理论在回转体系及工程结构的抗震计算中的应用等线性振动理论方面的内容。力求保持线性振动理论的系统性、完整性和严密的逻辑性,并较好地与工程实际相结合,为工程服务;力求以较少的篇幅介绍较丰富的内容,为教学实践服务。例如,介绍了求解单自由度系统固有频率的四种方法,求解单自由度系统强迫振动的系数对比法、傅里叶分析法及杜哈美积分法。以矩阵运算为纲,建立多自由度系统的运动微分方程的影响系数法,求解多自由度系统固有频率和主振型的矩阵迭代法、瑞雷法、邓柯莱法及传递矩阵法。求解多自由度系统强迫振动的解耦分析法。电算在工程振动计算中的应用,及上述有关方法如何应用于工程结构的抗震计算等。力求在理论上深入浅出,方法上通俗易懂,便于电算,为广大读者服务。本书还列举了大量例题,便于教学与自学。

全书共分7章:振动基础知识,单自由度系统的振动,二自由度系统的振动,多自由度系统的振动,弹性体的振动,回转体的振动,工程结构的抗震计算。每章后附有适量的习题及部分习题的答案。

本书可以作为土木建筑工程、水利及机械专业高年级学生的选修课教材,和上述相关专业与工程力学专业的研究生的专业课教材。也可以供与振动工程有关的工程技术人员参考。

序

建筑业是国民经济的支柱产业，就业容量大，产业关联度高，全社会50%以上固定资产投资要通过建筑业才能形成新的生产能力或使用价值，建筑业增加值占国内生产总值较高比率。土木建筑工程专业人才的培养质量直接影响建筑业的可持续发展，乃至影响国民经济的发展。高等学校是培养高新科学技术人才的摇篮，同时也是培养土木建筑工程专业高级人才的重要基地，土木建筑工程类教材建设始终应是一项不容忽视的重要工作。

为了提高高等学校土木建筑工程类课程教材建设水平，由武汉大学土木建筑工程学院与武汉大学出版社联合倡议、策划，组建高等学校土木建筑工程类课程系列教材编委会，在一定范围内，联合多所高校合作编写土木建筑工程类课程系列教材，为高等学校从事土木建筑工程类教学和科研的教师，特别是长期从事土木建筑工程类教学且具有丰富教学经验的广大教师搭建一个交流和编写土木建筑工程类教材的平台。通过该平台，联合编写教材，交流教学经验，确保教材的编写质量，同时提高教材的编写与出版速度，有利于教材的不断更新，极力打造精品教材。

本着上述指导思想，我们组织编撰出版了这套高等学校土木建筑工程类课程系列教材，旨在提高高等学校土木建筑工程类课程的教育质量和教材建设水平。

参加高等学校土木建筑工程类系列教材编委会的高校有：武汉大学、华中科技大学、南京航空航天大学、南昌航空大学、湖北工业大学、汕头大学、南通大学、江汉大学、三峡大学、孝感学院、长江大学、昆明理工大学、江西理工大学、江西农业大学、江西蓝天学院15所院校。

高等学校土木建筑工程类系列教材涵盖土木工程专业的力学、建筑、结构、施工组织与管理等教学领域。本系列教材的定位，编委会全体成员在充分讨论、商榷的基础上，一致认为在遵循高等学校土木建筑工程类人才培养规律，满足土木建筑工程类人才培养方案的前提下，突出以实用为主，切实达到培养和提高学生的实际工作能力的目标。本教材编委会明确了近30门专业主干课程作为今后一个时期的编撰、出版工作计划。我们深切期望这套系列教材能对我国土木建筑事业的发展和人才培养有所贡献。

武汉大学出版社是中共中央宣传部与国家新闻出版署联合授予的全国优秀出版社之一，在国内有较高的知名度和社会影响力。武汉大学出版社愿尽其所能为国内高校的教学与科研服务。我们愿与各位朋友真诚合作，力争使该系列教材打造成为国内同类教材中的精品教材，为高等教育的发展贡献力量！

高等学校土木建筑工程类系列教材编委会
2008年8月

前　言

随着近代工业和科学技术的飞速发展，机械产品的尖端、精巧以及各种工程结构的复杂化、巨型化已成为一种趋势。经相关方面的调查统计，这些机械产品发生故障和这些工程结构被破坏的原因，绝大多数是由于对它们的动力学特性考虑欠周密所致，如一些建筑物的设计仍按静力方法加大安全系数作为受动力使用等。为保证它们的安全可靠、经济美观和良好的工作性能，振动问题已成为工程技术领域里普遍需要认真研究和解决的重要课题。尤其是由于电脑的发展和广泛应用，先进的测量仪器和测试分析技术的出现，使我们已经有可能解决远比以往更加复杂的工程振动问题。目前，国内外在工程振动理论方面的研究相当深入、应用非常广泛，工程振动理论已成为当今工程技术人员正确进行机械产品及建筑物的动力特性设计、防震、抗震，机械产品的探伤、故障诊断及检测等所必需具备的基础理论和专业知识。当然也是理工科院校相关专业学生的必修课程。

由多年的教学经验得知，有关振动理论方面的教材，在内容、篇幅、例题等方面都不利于少学时的教学。为弥补上述的不足，我编写了这本教材。

本书可以作为土木建筑工程、水利及机械等专业高年级学生选修课教材和相关学科的研究生专业课的教材。主要涵盖线性振动方面的基本内容，包括单自由度系统、多自由度系统到弹性体的振动，以及振动理论在回转体系和抗震计算中的应用。作者的主观愿望是力求在理论上较完整、系统和严密，并较好地结合实际，服务于工程；在方法上力求简单明了、通俗易懂、适应性强、便于电算，并列举了较多例题，使读者用较少时间，学到较多的知识，并较快地提高分析问题、解决问题的能力。

本书从1984年开始使用，之后经过四次重大修改和补充，在原武汉水利电力大学重印多次。最初编写了7章，后来修改时增加了1章——振动测试与电算，这一章加入了作者在振动科研中的一些研究成果。本次付梓，为减少篇幅，把所加入的一章删去，该章一些必须保留的重要内容编入前7章的相关章节中，如§4.8电算在振动计算中的应用等。全书共分7章，前5章为基本内容，计划用24~36小时讲完，第1章由学生自学，第2章讲课时间为4~6小时，第3章为6~8小时，第4章为10~12小时，第5章为4~6小时，第6章、第7章分别为2~4小时。后面两章又依不同专业分别选用，如机械类专业可以用第6章，土木建筑工程、水利类专业可以选用第7章。一共需用27~36小时，还可以安排2小时上机。最后要求学生完成一个大作业。

历经18年，正式出版后又过了8年在上述专业18届本科生与4届研究生开过本课程。学生们普遍反映，这门课程内容丰富、理论性强、实用性大、用途广泛，对以后的学习与工作有很大帮助。

本书的编写与形成曾得到华中科技大学振动理论专家叶能安教授热情地帮助和指导，他在百忙中对本书全文仔细审阅、并提出了许多宝贵的修改意见。汪厚礼教授、韩立朝副教授、熊铁华副教授（博士）也在使用过程中对本书提出许多宝贵意见。在编写计算机在振动计算中的应用时，Visual Basic语言程序的编写是由欧毓毅讲师完成的。在此表示衷心感谢！

本书尚有的错误和不妥之处，谨请读者提出批评指正。

欧珠光

2002 年 6 月

2010 年 4 月修订

目　录

第1章　振动基础知识	1
§1.1　振动的概念	1
§1.2　工程振动的类型	1
§1.3　简谐振动的表示方法	4
§1.4　运动微分方程的线性化	9

第2章　单自由度系统的振动 ·· 12
　§2.1　无阻尼的自由振动 ·· 12
　§2.2　固有频率的计算方法 ·· 17
　§2.3　有阻尼的自由振动 ·· 25
　§2.4　简谐激励引起的强迫振动 ·· 31
　§2.5　周期激励引起的强迫振动 ·· 44
　§2.6　任意激励引起的强迫振动 ·· 48
　§2.7　隔振原理 ·· 53
　§2.8　测振仪原理 ·· 57
　习题2 ·· 60
　习题2答案 ·· 64

第3章　二自由度系统的振动 ·· 67
　§3.1　二自由度系统的振动微分方程 ··································· 67
　§3.2　二自由度无阻尼系统的自由振动 ································ 70
　§3.3　二自由度无阻尼系统的强迫振动 ································ 77
　§3.4　解耦分析法 ·· 91
　习题3 ·· 105
　习题3答案 ·· 108

第4章　多自由度系统的振动 ·· 111
　§4.1　用影响系数法建立系统的运动微分方程 ····················· 111
　§4.2　固有频率与主振型 ·· 122
　§4.3　确定系统固有频率与主振型的矩阵迭代法 ·················· 125
　§4.4　确定系统固有频率的近似方法 ·································· 136
　§4.5　多自由度系统无阻尼的自由振动 ······························ 142

§4.6　多自由度系统的强迫振动 …………………………………… 148
　§4.7　传递矩阵法 ……………………………………………………… 166
　§4.8　电子计算机技术在振动计算中的应用 …………………… 175
　习题4 …………………………………………………………………… 187
　习题4答案 ……………………………………………………………… 192

第5章　弹性体的振动 …………………………………………………… 197
　§5.1　弦的振动 ………………………………………………………… 197
　§5.2　杆的纵向振动与扭转振动 …………………………………… 203
　§5.3　梁的弯曲振动 …………………………………………………… 209
　§5.4　弹性体系统固有频率的计算 ………………………………… 221
　习题5 …………………………………………………………………… 223
　习题5答案 ……………………………………………………………… 225

第6章　回转体的振动 …………………………………………………… 228
　§6.1　回转体的临界转速 …………………………………………… 228
　§6.2　转子的平衡 ……………………………………………………… 232

第7章　工程结构的抗震计算 ………………………………………… 237
　§7.1　地震 ………………………………………………………………… 237
　§7.2　地震荷载的确定 ………………………………………………… 238
　§7.3　工程结构的抗震计算 …………………………………………… 239
　习题7 …………………………………………………………………… 261

参考文献 ……………………………………………………………………… 263

第1章 振动基础知识

不论是线性振动、非线性振动或随机振动，在学习这些知识之前，应当具备一定的振动基础知识。在学习工程振动之前，我们首先将有关振动的概念及分类、简谐振动与运动微分方程线性化等有关问题作简单介绍。

§1.1 振动的概念

所谓振动，就是物体或某种状态随时间作往复变化的现象。振动包括机械振动与非机械振动。例如，钟摆的来回摆动，房屋由于风力、地震或机器设备引起的振动，桥梁由于车辆通过引起的振动，轨枕由于火车行驶引起的振动，以及水坝、闸门的振动等，这一类振动属于机械振动；另一类振动属于非机械运动的振动现象，例如声波、光波、电磁波等。本书仅仅是研究物体在机械运动中出现的振动现象，这种振动现象包括机械方面及工程结构方面的振动现象，重点是为工程结构振动的研究提供基础，因而本书定名为工程振动。

§1.2 工程振动的类型

振动是一个非常广阔的科学领域，本书只讨论实际工程中存在的振动问题，主要是线性振动问题，即物体在一定条件下的机械运动问题。

工程振动是指在一定条件下振动体(机械或结构物)在其平衡位置附近作往复的机械运动。

由理论力学知识可知，如图 1-1(a)所示的弹簧—质量系统，如果把质量 m 向下压到图示虚线位置，则弹簧 k 由于被压缩而产生一个向上的弹力，当突然把 m 放松时弹力就把 m 向上推，且由于 m 的惯性作用，把 m 推到原平衡位置以上的虚线位置，此时由于弹簧 k 伸长而产生一个拉力，将 m 向下拉，如此反复就构成了质量 m 在其平衡位置附近作往复的机械运动——振动。

同理，如图 1-1(b)所示的单摆，若给予摆的一个初始摆角之后，在质量 m 的重力和惯性力作用下，单摆也会在其平衡位置附近作往复的机械运动——摆动。

从以上两个例子说明，构成振动系统并决定其振动性质的基本要素是物体的惯性、复原性和阻尼三项。惯性使物体产生一种惯性力，能使物体离开系统的平衡位置，维持物体的运动状态。复原性使复原元件产生一种恢复力，能使物体回复到系统的平衡位置。惯性力与恢复力交替作用，使物体产生振动。但是振动又不能无休止地振动下去，原因是有阻尼作用。阻尼就是阻碍物体运动的阻抗作用。此外，从能量角度来看，惯性是保持动能的要素，复原性是储存势能的要素，阻尼是使能量散逸的要素。

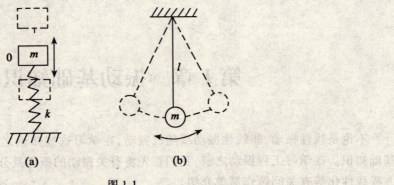

图 1-1

但若外界给予系统能量——激励,系统的振动又会持续下去。

综上所述,质量 m、弹簧 k 及阻尼 c 便是构成振动系统并决定其振动特性的三大要素,而外激励则是维持振动的条件。

根据要素不同及外界的激励不同,可以将工程振动分类如下:

1.2.1 按引起振动的原因分类

自由振动——当系统仅仅受到一个初始干扰(初速度或初位移)或者原有的外激励取消后,系统仅在自身的惯性力与恢复力作用下的振动。

强迫振动——系统在一个持续的外激励作用下引起的振动。

自激振动——系统在输入和输出之间具有反馈特性,并有能源补充而产生的振动。如琴弓从静态拉小提琴的弦,由于摩擦力的作用,弦因振动而发出了声音。对于这种系统,仅仅有一点干扰的迹象,就能引起大振动的现象,称之为自激振动。这类振动在本书中不作介绍。

1.2.2 按振动的规律分类

简谐振动——振动量为时间的正弦或余弦函数,如图 1-2 所示。这类振动是一种最简单的周期振动,也是分析任意周期振动的基础。

周期性振动——振动量为时间的周期函数,但又是非简谐变化的。即每隔一定时间重复出现原来形状的波形,称之为周期性振动。这类振动可以用谐波分析的方法将其展开为一系列简谐振动的叠加。按照级数理论,任意一个周期函数要满足一定条件,都可以按傅里叶级数将其展开为一系列简谐函数之和,这又称为谐波分析。如图 1-3 所示,一个按矩形波形变化的周期振动函数为 $F(t)$,$F(t)$ 的振动周期为 T,$F(t)$ 可以展开成傅里叶(Fourier)级数

$$F(t) = \frac{a_0}{2} + a_1\cos\omega t + a_2\cos 2\omega t + \cdots + b_1\sin\omega t + b_2\sin 2\omega t + \cdots$$

$$= \frac{a_0}{2} + \sum_{n=1}^{\infty}(a_n\cos n\omega t + b_n\sin n\omega t)$$

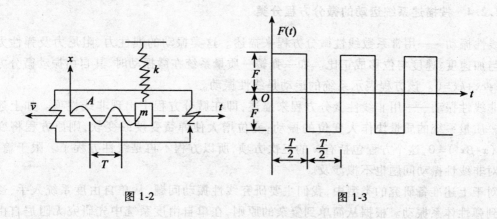

图 1-2　　　　　　　　图 1-3

式中，$\omega = \dfrac{2\pi}{T}$。

这样就可以通过谐波分析将周期振动转化为简谐振动的叠加了。

瞬态振动——振动量为时间的非周期函数，通常只在一定的时间内存在，称之为瞬态振动。如脉冲、阶跃激励等引起的振动。

随机振动——振动量不是时间的确定性函数，因而不能预测，只能用概率统计的方法来研究。限于篇幅，随机振动在本书不拟讨论。

1.2.3　按系统的自由度数分类

在振动分析中，用以描述系统所需要的独立坐标数目，称为系统的自由度。

单自由度系统振动——用一个独立坐标就能确定的系统的振动，称为单自由度系统振动。如图 1-4(a)所示。

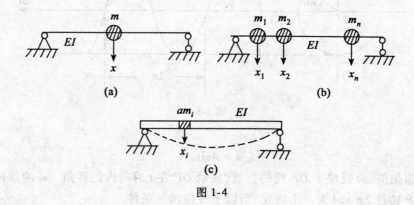

图 1-4

多自由度系统振动——用两个以上的多个独立坐标才能确定的系统的振动，称为多自由度系统振动。如图 1-4(b)所示，n 表示有限个数。

弹性体振动——必须用无限多个独立坐标(位移函数)才能确定的系统的振动，称为弹性体振动。如图 1-4(c)所示。

1.2.4 按描述系统运动的微分方程分类

线性振动——用常系数线性微分方程来描述。这类振动的惯性力、阻尼力及弹性力只分别与加速度、速度与位移成正比。如一弹簧—质量系统在微振动时,其自由振动微分方程为 $m\ddot{x}+c\dot{x}+kx=0$。该方程表示系统的运动是线性振动。

非线性振动——用非线性微分方程来描述,即在微分方程中出现非线性项。如上述的弹簧—质量系统的质量块作大变位的振动,变位增大使弹簧变硬或变软,则原方程将变成 $m\ddot{x}+k(x+\beta x^3)=0$,这个方程包括有 x 的三次方项,所以方程不再是线性方程了。限于篇幅,本书对非线性振动问题也不拟涉及。

对于上述准备研究的类型中,我们主要研究线性振动问题,从单自由度系统入手,逐渐加深到弹性体系振动。根据从简单到复杂的原则,在单自由度系统中先研究无阻尼自由振动、有阻尼的自由振动,再研究强迫振动和瞬态振动。在强迫振动中由简谐振动、周期振动到非周期振动,力求把线性振动的最基本理论搞清楚,且能掌握其在工程实践中的应用。

§1.3 简谐振动的表示方法

简谐振动还可以看成一个作匀速圆周运动的点在铅垂轴上投影的结果。如图 1-5 所示,一长度为 A 的直线 OP,由水平位置开始,以等角速度 ω 绕 O 点转动。任一瞬时 t,OP 在铅垂轴上的投影为

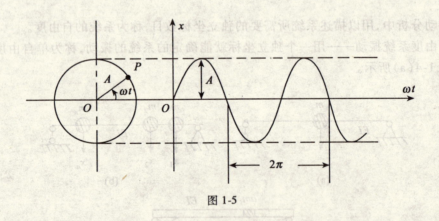

图 1-5

$$x = A\sin\omega t \tag{1-1}$$

式中,ωt 称为相位,ωt 反映了 OP 线的位置,表示 OP 在 t 时间内的转角。ω 的单位是 rad/s。

因为 OP 转过 2π rad 为一个周期,所以上式应满足条件

$$A\sin\omega(t+T) = A\sin(\omega t + 2\pi)$$

即
$$\omega T = 2\pi$$

或
$$\omega = \frac{2\pi}{T} \tag{1-2}$$

代入式(1-1)就得到 $x = A\sin\frac{2\pi}{T}t$,这是一个简谐振动的表示式,所以,通常我们就以式(1-1)

表示简谐振动。

从物理学中得知,在周期振动中周期的倒数定义为频率。即

$$f = \frac{1}{T} \tag{1-3}$$

f 的单位为 1/s,亦称赫兹,可以写做 Hz,即表示每秒钟振动的次数。这样

$$\omega = \frac{2\pi}{T} = 2\pi f \tag{1-4}$$

显然,ω 也是一种频率。在 $f = 1$ Hz 时,$\omega = 2\pi$ rad/s,相当于直线 OP 每秒转一圈,因此在振动理论中把 ω 称为圆频率。

如果图 1-2 所示的振动,开始时质量块不在静平衡位置,则其位移表达式将具有下列一般形式

$$x = A\sin(\omega t + \varphi) \tag{1-5}$$

式中 φ 称为初相位,表示质量块的初始位置,如图 1-6 所示。

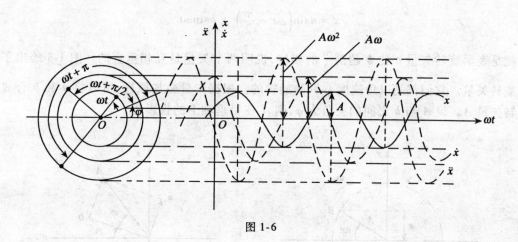

图 1-6

简谐振动的速度及加速度,只要将式(1-5)对时间 t 求一阶和二阶导数即可得到

$$v = \dot{x} = A\omega\cos(\omega t + \varphi) = A\omega\sin\left(\omega t + \varphi + \frac{\pi}{2}\right) \tag{1-6}$$

$$a = \ddot{x} = -A\omega^2\sin(\omega t + \varphi) = A\omega^2\sin(\omega t + \varphi + \pi) \tag{1-7}$$

可见,只要位移是简谐函数,速度和加速度也是简谐函数,而且与位移具有相同的频率。但是速度的相位超前 $\frac{\pi}{2}$,加速度比位移超前 π,如图 1-6 所示。

从式(1-5)及式(1-7)可以得到

$$\ddot{x} = -\omega^2 x \tag{1-8}$$

式(1-8)中表明在简谐振动中,加速度的大小和位移的大小成正比,而方向和位移的方向相反,始终指向静平衡位置,这是简谐振动的一个重要特性。

在解决实际的工程振动问题时,为了计算上的方便,我们除了采用上面所述的三角函数表达式外,还常常采用矢量表示法与复数表示法来描述简谐振动。下面分别作介绍。

1.3.1 简谐振动的矢量表示法

在振动问题中,有时用旋转矢量表示简谐振动,对计算会带来方便。如图 1-7 所示,一模为 A 的矢量 OP,从水平位置开始,绕中心 O,以等角速度 ω 逆时针旋转。OP 称为旋转矢量。OP 于任一瞬时 t 在铅垂轴上的投影为

$$x = A\sin\omega t$$

表示一简谐振动。显然,OP 在水平轴上的投影为一余弦函数,也表示一简谐振动。这就说明,任一简谐振动都可以用一个旋转矢量的投影来表示。这个旋转矢量的模就是简谐振动的振幅,其旋转角速度就是简谐振动的圆频率。

当两个同频率的简谐振动要合成时,可以用矢量法来合成。例如有两个旋转矢量分别为 $x_1 = a\cos\omega t$ 及 $x_2 = b\sin\omega t$,求 $x = x_1 + x_2$,则

$$x = a\cos\omega t + b\sin\omega t \tag{1-9}$$

现将上式的两个简谐振动分别用旋转矢量 a 及 b 表示,为此须将上式改写为

$$x = a\sin\left(\omega t + \frac{\pi}{2}\right) + b\sin\omega t$$

这就是表示旋转矢量 a 比 b 超前 $\frac{\pi}{2}$ 的相位,说明两个矢量是互相垂直的。图 1-8 绘出了两个旋转矢量。它们都是以角速度 ω 同步旋转的。根据矢量叠加原理,可以将 a 和 b 合成为旋转矢量 A。设 A 与 b 之间的夹角为 φ,则 A 在铅垂轴上的投影为

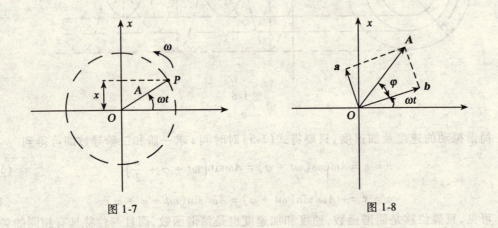

图 1-7   图 1-8

$$x = A\sin(\omega t + \varphi) \tag{1-10}$$

可见,合成振动也是一简谐振动。其振幅为 A,圆频率为 ω,φ 为 A 与 b 的相位差,其中振幅 A 和相位角 φ 均可以由图 1-8 中的平行四边形的几何关系求得

$$\begin{cases} A = \sqrt{a^2 + b^2} \\ \tan\varphi = \dfrac{a}{b} \end{cases} \tag{1-11}$$

必须指出,只有频率相同的简谐振动,才能按上述方法合成,而且合成之后的频率仍等于原来频率。反之一个简谐振动也可以分解成两个同频率的简谐振动之和。然而,两个不

同频率的旋转矢量是不能这样合成的,即使可以合成,合成后的旋转矢量已不再是简谐振动了。

如果位移是简谐函数,其速度和加速度也是简谐函数,它们仍然可以用旋转矢量表示。设

$$x = A\sin\omega t$$

则

$$\dot{x} = A\omega\cos\omega t = A\omega\sin\left(\omega t + \frac{\pi}{2}\right)$$

$$\ddot{x} = -A\omega^2\sin\omega t = A\omega^2\sin(\omega t + \pi)$$

如图 1-9 所示,画出了各个旋转矢量及它们之间的关系

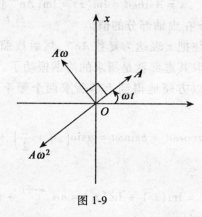

图 1-9

1.3.2 简谐振动的复数表示法

根据复数的矢量表示法,在复平面上的一个复数 z 代表在该复平面上的一个矢量。如图 1-10 所示,在复平面上有一个旋转矢量 **OP** 以等角速度 ω 绕 O 点逆时针旋转,则矢量 **OP** 的复数表达式为一个旋转复数矢量

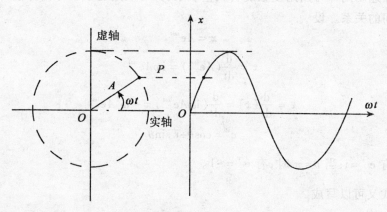

图 1-10

$$z = A\cos\omega t + iA\sin\omega t = A(\cos\omega t + i\sin\omega t)$$

式中，A 为复数 z 的模，$\omega t = \theta$ 称为辐角。

根据欧拉（Euler）公式

$$\cos\omega t + i\sin\omega t = e^{i\omega t}$$

所以复数旋转矢量又可以表示为

$$z = Ae^{i\omega t} \tag{1-12}$$

上一节已阐明，任一简谐振动可以用一个旋转矢量在直角坐标轴上的投影来表示。因此，我们同样可以用一个复数旋转矢量在复平面的实轴或虚轴上的投影来表示一个简谐振动。由于前面是采用旋转矢量在垂直轴上的投影，与此相应，这里也采用复数旋转矢量 z 在虚轴上的投影来表示一个简谐振动。即

$$x = A\sin\omega t = \mathrm{Im}(z) = \mathrm{Im}[Ae^{i\omega t}] \tag{1-13}$$

式中，符号 $\mathrm{Im}(z)$ 表示复数 z 在虚轴部分的值。

在振动计算过程中，往往把 x 表达为复数 $Ae^{i\omega t}$，然后按照一般复数运算法则进行运算，在最后得到的复数结果中，取其虚部就是所求的简谐振动了。

运用复数运算方法，可以方便地得到上节所求两个频率相同的简谐振动的合成结果。如

$$x = a\cos\omega t + b\sin\omega t = a\sin\left(\omega t + \frac{\pi}{2}\right) + b\sin\omega t$$

用复数形式可以表示为

$$x = \mathrm{Im}(z_1) + \mathrm{Im}(z_2) = ae^{i\left(\omega t + \frac{\pi}{2}\right)} + be^{i\omega t}$$

根据复数相加即得

$$x = Ae^{i(\omega t + \varphi)}$$
$$A = \sqrt{a^2 + b^2}$$
$$\varphi = \arctan\frac{a}{b}$$

以上关系可以用复数旋转矢量表示，如图 1-11 所示。

速度和加速度同样可以用复数旋转矢量表示，并可以用复数求导的方法得到位移、速度和加速度之间的关系。设

$$x = Ae^{i\omega t}$$

则

$$\dot{x} = \frac{\mathrm{d}}{\mathrm{d}t}(Ae^{i\omega t}) = i\omega Ae^{i\omega t}$$

$$\ddot{x} = \frac{\mathrm{d}}{\mathrm{d}t}(\dot{x}) = \frac{\mathrm{d}}{\mathrm{d}t}(i\omega Ae^{i\omega t}) = -\omega^2 Ae^{i\omega t}$$

因

$$e^{i\theta} = \cos\theta + i\sin\theta$$

当 $\theta = \frac{\pi}{2}$ 时，有 $e^{i\frac{\pi}{2}} = i$；当 $\theta = \pi$ 时，有 $e^{i\pi} = -1$。

由此上述两式又可以写成

$$\dot{x} = A\omega e^{i\left(\omega t + \frac{\pi}{2}\right)} \tag{1-14}$$

$$\ddot{x} = A\omega^2 e^{i(\omega t + \pi)} \tag{1-15}$$

将以上位移、速度和加速度绘在复平面上便得到图 1-12。

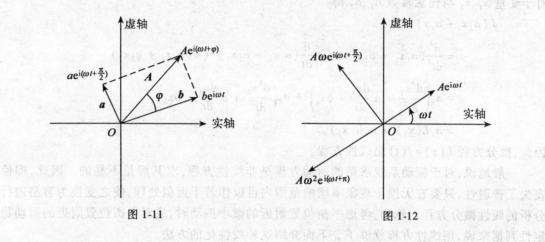

图 1-11　　　　　　　　　　　　　　图 1-12

从以上推导可见,对复数 $Ae^{i\omega t}$ 每求导一次,该复数的前面就乘上一个 $i\omega$,而每乘上一个 i,相位就超前 $\frac{\pi}{2}$,即相当于把矢量逆时针旋转 $\frac{\pi}{2}$。这样的计算要比求三角函数的微分简单,这就给运算带来一定的方便。

§1.4　运动微分方程的线性化

首先对于线性化下一个定义,我们知道,包含微分方程式的函数方程式,一般可以写成 $L[u(x)]=f(x)$ 的形式。式中 $f(x)$ 为自变量 x 的已知函数,$u(x)$ 为 x 的未知函数,L 为算子。对于 x 的任意函数 $\varphi(x)$、$\psi(x)$ 及任意常数 c 而言,算子 L 通常满足如下两个条件,即

(1) $$L[\varphi+\psi] = L[\varphi] + L[\psi] \tag{1-16}$$

(2) $$L[c\varphi] = cL[\varphi] \tag{1-17}$$

时,则称 L 为线性算子。

综合式(1-16)、式(1-17)可以写成

$$L[c\varphi + d\psi] = cL(\varphi) + dL(\psi) \tag{1-18}$$

若函数方程式 $L[u(x)]=f(x)$ 的 L 为线性算子,则该方程式就称为线性方程。具有这种线性的振动系统称为线性振动系统。若 L 不是线性算子,则该方程式称为非线性方程式,这种振动系统就称为非线性振动系统。

显然,如果方程为线性方程时,就具有以上两个叠加原理的特性。因此,对这种线性振动系统来说,要想知道对于同时或依次给定的若干个因素的结果,只要分别求出对于各个因素的结果,然后将其相加即可。

例 1-1　试检验微分方程

$$\ddot{x} + a\dot{x} + bx = f(t)$$

是否为线性方程。

解　对所给定的微分方程,算子是

$$L = \frac{d^2}{dt^2} + a\frac{d}{dt} + b$$

对于变量 x_1、x_2 与任意常数 a_1、a_2 得

$$L(a_1x_1 + a_2x_2)$$
$$= \frac{d^2}{dt^2}(a_1x_1 + a_2x_2) + a\frac{d}{dt}(a_1x_1 + a_2x_2) + b(a_1x_1 + a_2x_2)$$
$$= a_1\left(\frac{d^2x_1}{dt^2} + a\frac{dx_1}{dt} + bx_1\right) + a_2\left(\frac{d^2x_2}{dt^2} + a\frac{dx_2}{dt} + bx_2\right)$$
$$= a_1L(x_1) + a_2L(x_2)。$$

因此,微分方程 $L(x) = f(t)$ 是线性方程。

一般地说,对于振动系统求得的运动方程是非线性方程,求其解是不易的。因此,即使丧失了普遍性,只要在无损于现象本质的范围内可以作若干近似处理,使之变换为容易进行分析的线性微分方程。例如,考虑平衡位置附近的微小振动时,或对平衡位置附近的运动稳定性判据来说,用线性方程就够了。下面介绍这种线性化的方法。

现设 x 为相对于基点 x_0 的增量,于是函数 $f(x+x_0)$ 可以展开成台劳(Taylor)级数

$$f(x_0+x) = f(x_0) + f'(x_0) \cdot x + \frac{f''(x_0)}{2!}x^2 + \frac{f'''(x_0)}{3!}x^3 + \cdots \tag{1-19}$$

式中,"'" 表示对 x 的导数。

就主要函数来说,若取 $x_0 = 0$,而应用这种展开式,便得到下列级数

$$\begin{cases} \sin x = x - \dfrac{x^3}{6} + \cdots \\[2pt] \cos x = 1 - \dfrac{x^2}{2} + \dfrac{x^4}{24} - \cdots \\[2pt] \tan x = x + \dfrac{x^3}{3} + \cdots \\[2pt] (1 \pm x)^n = 1 \pm nx + \dfrac{n(n-1)}{2}x^2 \pm \cdots \\[2pt] \ln(1+x) = x - \dfrac{1}{2}x^2 + \dfrac{1}{3}x^3 - \cdots \end{cases} \tag{1-20}$$

当 x 很小时,x 的二次幂以上各项可以略去不计,因此得

$$f(x_0 + x) = f(x_0) + f'(x_0) \cdot x \tag{1-21}$$

从而可以实现线性化。

例 1-2 试将单摆的运动微分方程 $\ddot{\theta} + \dfrac{g}{l}\sin\theta = 0$ 实现线性化。

解 对于微幅振动,可以近似地取 $\sin\theta \approx \theta$,因此单摆的运动微分方程为

$$\ddot{\theta} + \frac{g}{l}\theta = 0 \tag{1-22}$$

这就符合 $L(\theta) = \dfrac{d^2\theta}{dt^2} + 0 + \dfrac{g}{l}\theta$,故属于线性微分方程。

例 1-3 试将图 1-13 所示系统的运动微分方程实现线性化。设小车的摩擦可以忽略不计。

解 这是一个两自由度系统问题。取图示 x 和 θ 为广义坐标,作用于 m_1 上的各力中,

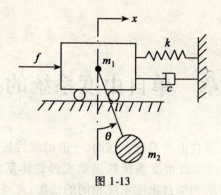

图 1-13

弹性力 kx 是保守力，外力 f 与阻尼力 $c\dot{x}$ 是非保守力。通过拉格朗日(Lagrange)方程可以建立其运动微分方程为

$$\begin{cases} (m_1+m_2)\ddot{x}+c\dot{x}+kx+m_2l\ddot{\theta}\cos\theta-m_2l\dot{\theta}^2\sin\theta=f \\ m_2l\ddot{x}\cos\theta+m_2l^2\ddot{\theta}+m_2gl\sin\theta=0 \end{cases} \quad (1\text{-}23)$$

可以在微幅振动（θ 很小）时，实现线性化。即 $\sin\theta\approx\theta$；$\cos\theta\approx1$；且略去高阶微量 $\dot{\theta}^2=0$ 故得

$$\begin{cases} (m_1+m_2)\ddot{x}+c\dot{x}+kx+m_2l\ddot{\theta}=f \\ m_2l\ddot{x}+m_2l^2\ddot{\theta}+m_2gl\theta=0 \end{cases} \quad (1\text{-}24)$$

这就是线性微分方程。

第 2 章 单自由度系统的振动

振动系统中最简单的是单自由度系统。然而,一般的线性振动系统所共有的基本特性,在单自由度系统中都具有;对多自由度系统的振动或弹性体系的振动,就其各阶主振动而言,也分别作简谐振动,且显示和单自由度系统相同的性态;此外,为保持工程振动理论的完整性、系统性和科学性,单自由度系统在振动理论中亦具有重要的地位。尽管在以往的课程中讲述过单自由度系统的振动问题,本书还需作必要的重复和补充。

在振动分析中,往往需要把系统简化为由若干"无质量"的弹簧和若干"无弹性"的质量块所组成的力学模型,称之为弹簧—质量系统。这种力学模型在振动问题中比较典型和常见。

在振动分析中,还涉及所谓自由度问题。一个系统究竟有多少个自由度,往往是比较复杂的问题,这不仅取决于系统本身的结构特性,还要根据所研究的振动问题的性质、精度的要求以及振动的实际情况等来确定。

例如,图 2-1(a)所示的弹簧—质量系统,从空间概念看,质量 m 应有三个自由度,但若只研究其铅垂方向作上下的振动,其他方向振动略去不计,则系统就成为单自由度系统了。

又如,图 2-1(b)所示的悬臂梁系统,若根据工程要求代之以图 2-1(c)所示的集中质量系统,则一个无限个自由度系统便变成为一个多自由度系统问题。

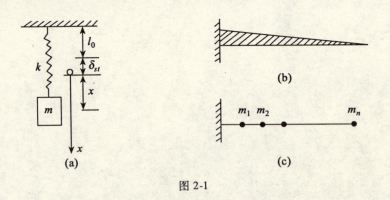

图 2-1

§2.1 无阻尼的自由振动

在单自由度振动系统中,如果只有弹性恢复力作用,而阻尼力可以忽略不计,系统的振动就称为无阻尼自由振动。下面举例说明无阻尼自由振动的运动微分方程的建立及方程的解。

第2章 单自由度系统的振动

如图 2-1(a)所示的弹簧—质量系统,设 x 为质量 m 相对其静平衡位置的位移。取质量 m 研究,受力图如图 2-2 所示,并注意到 $mg = k\delta_{st}$。根据牛顿(Newton)运动定律或达兰贝尔(D'Alembert)原理,可以写出其运动微分方程为

$$m\ddot{x} = -kx$$

或

$$m\ddot{x} + kx = 0 \tag{2-1}$$

同理,如图 2-3 所示的单摆作微幅摆动时,其运动微分方程为

$$\ddot{\theta} + \frac{g}{l}\theta = 0 \tag{2-2}$$

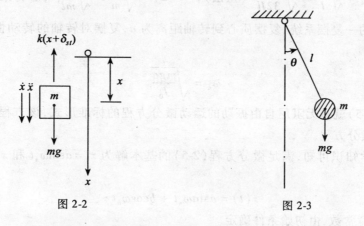

图 2-2   图 2-3

又如图 2-4 所示的扭摆。若轴的转动惯量略去不计时,设轴的扭转刚性系数为 $k_\theta = \frac{\pi G d^4}{32l}$,圆盘的转动惯量为 I,其扭转角为 θ,则其动能为 $T = \frac{1}{2}I\dot{\theta}^2$,势能为 $U = \frac{1}{2}k_\theta\theta^2$,代入 $\frac{d}{dt}(T+U) = 0$,便得到其运动微分方程为

$$I\ddot{\theta} + k_\theta\theta = 0 \tag{2-3}$$

再如图 2-5 所示的悬臂梁,梁长为 l,弯曲刚度为 EI,自由端有一质量 m。根据材料力学知识,梁的右端的静变位为 $\delta_{st} = \frac{mgl^3}{3EI}$,则梁的弹性系数为 $k = \frac{mg}{\delta_{st}} = \frac{3EI}{l^3}$。当梁的质量可以忽略不计时,其运动微分方程为

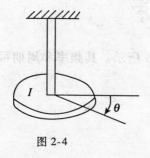

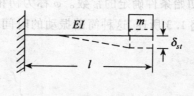

图 2-4   图 2-5

$$m\ddot{x} + kx = 0 \tag{2-4}$$

上述运动微分方程式(2-1)、式(2-2)、式(2-3)及式(2-4)中若以广义坐标 x 代之,则都可以改写为

$$\ddot{x} + \omega_n^2 x = 0 \tag{2-5}$$

对于各种振动系统,它们的 ω_n 分别为

$$\begin{cases} \omega_n = \sqrt{\dfrac{k}{m}} = \sqrt{\dfrac{g}{\delta_{st}}} \ (m-k \text{ 系统});\quad \omega_n = \sqrt{\dfrac{g}{l}} \ (\text{单摆}) \\ \omega_n = \sqrt{\dfrac{k_\theta}{I}} = \sqrt{\dfrac{\pi G d^4}{32Il}} \ (\text{扭摆});\quad \omega_n = \sqrt{\dfrac{k}{m}} = \sqrt{\dfrac{3EI}{ml^3}} \ (\text{悬臂梁}) \end{cases} \tag{2-6}$$

如果质量为 m 的一复摆系统,复摆质心到转轴距离为 a,复摆对转轴的转动惯量为 J_0,则其 ω_n 为

$$\omega_n = \sqrt{\dfrac{mga}{J_0}} \tag{2-7}$$

显然,式(2-5)就是无阻尼自由振动的运动微分方程的标准形式,该方程是一个二阶常系数齐次线性微分方程。

由高等数学知识可知,满足微分方程(2-5)的基本解为 $x_1 = a\sin\omega_n t$ 和 $x_2 = b\cos\omega_n t$。所以其通解为

$$x(t) = a\sin\omega_n t + b\cos\omega_n t \tag{2-8}$$

式中,a、b 是任意常数,由初始条件确定。

设给定的初始条件为:当 $t_0 = 0$ 时,$x(0) = x_0$,$\dot{x}(0) = v_0$,代入式(2-8)解出 $b = x_0$ 和 $a = \dfrac{v_0}{\omega_n}$。因此,方程(2-5)的通解为

$$x(t) = x_0\cos\omega_n t + \dfrac{v_0}{\omega_n}\sin\omega_n t \tag{2-9}$$

式(2-9)表示方程(2-5)的解是两个简谐振动的和。根据§1.3中式(1-10)、式(1-11)的矢量合成法,可以合成为一个简谐振动的标准形式,即系统的运动方程

$$x(t) = A\sin(\omega_n t + \varphi) \tag{2-10}$$

式中

$$A = \sqrt{a^2 + b^2} = \sqrt{\left(\dfrac{v_0}{\omega_n}\right)^2 + x_0^2} \tag{2-11}$$

$$\varphi = \arctan\dfrac{b}{a} = \arctan\dfrac{\omega_n x_0}{v_0} \tag{2-12}$$

这就是按初始条件确定的常数。φ 称为初相位。

根据§1.3所述,这种简谐振动的时间历程如图2-6所示。其频率和周期可以分别表示为

$$\begin{cases} f_n = \dfrac{\omega_n}{2\pi} \\ T = \dfrac{2\pi}{\omega_n} = \dfrac{1}{f_n} \end{cases} \tag{2-13}$$

可见,它们与系统的初始条件无关,是支配振动的系统固有值,其大小可以根据系统的惯性

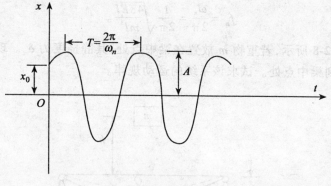

图 2-6

及复原性来确定。因此,我们称 ω_n 为系统的固有圆频率,称 f_n 为系统的固有频率,特加下标 n 示之。而称 T 为系统的固有周期或自振周期。

例 2-1 如图 2-7(a)所示,一简支梁长为 l,弯曲刚度为 EI,梁中点固于一质量为 m 的重物。试导出该系统的运动微分方程,并求其固有频率。设梁的质量与重物质量相比较可以略去不计。

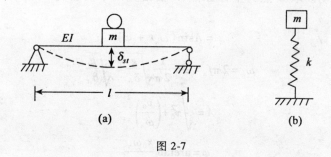

图 2-7

解 依题意,这个系统可以简化成一弹簧—质量系统,如图 2-7(b)所示。由于梁具有弹性,首先求出梁的弹性系数 k。根据材料力学知识可知,当梁的中点处作用有集中荷重 P 时,其中点的静变位为

$$\delta_{st} = \frac{Pl^3}{48EI}$$

因此梁的弹性系数为

$$k = \frac{P}{\delta_{st}} = \frac{48EI}{l^3}$$

按式(2-4),设 x 为梁弯曲时中点处的位移,则其运动微分方程为

$$m\ddot{x} + kx = 0$$

即

$$\ddot{x} + \frac{48EI}{ml^3}x = 0$$

所以其固有频率为

$$f_n = \frac{\omega_n}{2\pi} = \frac{1}{2\pi}\sqrt{\frac{48EI}{ml^3}}。$$

例 2-2 如图 2-8 所示，若重物 m 放置在梁中点处，其静挠度为 δ_{st}。现将物体 m 从高为 h 处自由落下，落到梁中点处。试求该系统的运动规律。

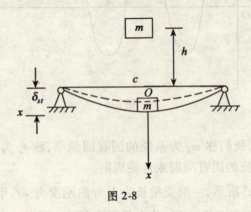

图 2-8

解 由于梁相当于一弹簧，物体 m 落到梁中 c 点处以后，将在其静平衡位置 O 处附近沿铅垂线作简谐振动。取 O 点为坐标原点，x 轴铅直向下为正，则 m 点的运动规律可以表示为

$$x = A\sin(\omega_n t + \varphi)$$

$$\omega_n = 2\pi f_n = 2\pi \frac{1}{2\pi}\sqrt{\frac{g}{\delta_{st}}} = \sqrt{\frac{g}{\delta_{st}}}$$

又

$$A = \sqrt{x_0^2 + \left(\frac{v_0}{\omega_n}\right)^2}$$

$$\varphi = \arctan\frac{x_0 \omega_n}{v_0}$$

因物体落到 c 点后才开始振动，所以

$$x_0 = -\delta_{st},\ v_0 = \sqrt{2gh}$$

故

$$A = \sqrt{\delta_{st}^2 + \frac{2gh}{\frac{g}{\delta_{st}}}} = \sqrt{\delta_{st}^2 + 2h\delta_{st}}$$

$$\varphi = \arctan\left(\frac{-\delta_{st}\cdot\sqrt{\frac{g}{\delta_{st}}}}{\sqrt{2gh}}\right) = \arctan\left(-\sqrt{\frac{\delta_{st}}{2h}}\right)$$

设 $h = 10\text{cm}, \delta_{st} = 0.4\text{cm}$，则

$$x = 2.86\sin(49.5t - 0.14)$$

如果 $h = 0, \delta_{st} = 0.4\text{cm}$，则 $\varphi = \arctan(-\infty) = -\frac{\pi}{2}$。故

$$x = 0.4\sin\left(49.5t - \frac{\pi}{2}\right)。$$

由此可知，物体从 10cm 高处落到梁上引起振动的振幅等于将物体突然放到梁上引起振动的振幅的 7 倍。所以，在住房中放置东西时，要防止离楼面较高处突然落下，以免引起梁的过大振动而产生断裂或破坏。

§2.2 固有频率的计算方法

在振动理论中，固有频率是决定系统振动特性的重要的物理量，该物理量既是防止系统共振的依据，又是多自由度系统解耦分析（模态分析）的前提，因此研究某系统振动时，首先要求出系统的固有频率。前面讲过，通过建立系统的运动微分方程求解固有频率是一种方法。但对一些较复杂的振动系统，推导系统的运动微分方程是很麻烦的，求解更困难。为此，专家们想了许多办法，不用建立运动微分方程，而直接计算其固有频率，如能量法和瑞雷法就是求解固有频率的较简单的方法。只是用这种方法一般只能求得其近似值。下面分别介绍这两种方法。

2.2.1 能量法

当弹簧—质量系统作无阻尼的自由振动时，该系统就没有能量损失。根据机械能守恒定律，在其振动过程中，任一瞬时的机械能应保持守恒。设系统的动能为 T、势能为 U，则

$$T + U = 常量 \tag{2-14}$$

或

$$\frac{\mathrm{d}}{\mathrm{d}t}(T + U) = 0 \tag{2-15}$$

通过这一关系式可以得到系统的运动微分方程。

由于动能与势能彼此进行能量交换，当动能最大时势能为最小，而当动能最小时势能达到最大。对于简谐振动，通常把势能 0 点取在系统的静平衡位置上，则该点的势能为最小值 0，动能达到最大 T_{max}。此外，在速度为 0 的一点处，其位移达到最大值，该处的动能为 0，势能达到最大 U_{max}。由此可知，动能的最大值与势能的最大值相等，即

$$T_{max} = U_{max} \tag{2-16}$$

通过式（2-16）就可以求得振动系统的固有频率。这种计算固有频率的方法称为能量法。

例 2-3 试用能量法求出如图 2-9 所示弹簧—质量系统的固有频率。

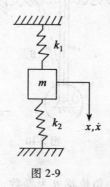

图 2-9

解 设 x 为量自静平衡位置的位移,则

$$T = \frac{1}{2} m \dot{x}^2$$

$$U = \frac{1}{2} k_1 x^2 + \frac{1}{2} k_2 x^2$$

因为系统作简谐振动,故设其位移为

$$x = A\sin(\omega_n t + \varphi)$$

则

$$\dot{x} = A\omega_n \cos(\omega_n t + \varphi)$$

$$x_{max} = A$$

$$\dot{x}_{max} = A \cdot \omega_n$$

所以

$$T_{max} = \frac{1}{2} m A^2 \cdot \omega_n^2$$

$$U_{max} = \frac{1}{2}(k_1 + k_2) A^2$$

代入式(2-16)得

$$\frac{1}{2} m \omega_n^2 A^2 = \frac{1}{2}(k_1 + k_2) A^2$$

解之得到系统的固有频率为

$$f_n = \frac{\omega_n}{2\pi} = \frac{1}{2\pi} \sqrt{\frac{k_1 + k_2}{m}} \, \text{。}$$

例 2-4 如图 2-10 所示为测量低频率振动用的传感器中的一个元件——无定向摆的示意图。无定向摆轮上铰接一摇杆,摇杆另一端有一敏感质量 m。在摇杆离转动轴 O 距离 a 的某个位置左右各连接一弹性刚度为 k 的平衡弹簧,以保持摆在垂直方向的稳定位置。设已知整个系统对转轴 O 的转动惯量为 $I_0 = 1.76 \times 10^{-2} \, \text{kg} \cdot \text{cm} \cdot \text{s}^2$, $a = 3.54 \text{cm}$, $k = 0.03 \text{kg/cm}$, $m = 0.0856 \text{kg}$, $l = 4 \text{cm}$。试求系统的固有频率。

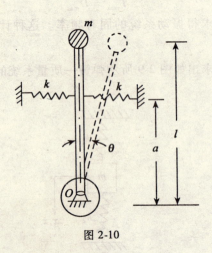

图 2-10

解 以摇杆偏离静平衡位置的角位移 θ 为参数,并设

则
$$\theta = A\sin(\omega_n t + \varphi)$$
$$\dot{\theta} = A\omega_n \cos(\omega_n t + \varphi)$$
$$\theta_{\max} = A$$
$$\dot{\theta}_{\max} = A\omega_n。$$

在摇杆摆过静平衡位置时,系统具有最大动能为
$$T_{\max} = \frac{1}{2}I_0 \dot{\theta}_{\max}^2 = \frac{1}{2}I_0 A^2 \omega_n^2。$$

在摇杆摆到最大角位移 $\theta_{\max}$ 处时,系统的最大势能包括两部分。一部分是弹簧变形后储存的弹性势能为
$$U_{1\max} = 2 \times \frac{1}{2}k(a\theta_{\max})^2 = ka^2 A^2$$

另一部分是质量块 m 的重心下降后的重力势能,即
$$U_{2\max} = -mgl(1 - \cos\theta_{\max})$$
$$= -mgl\left[1 - \left(\cos^2\frac{\theta_{\max}}{2} - \sin^2\frac{\theta_{\max}}{2}\right)\right] = -mgl\left[1 - \left(1 - 2\sin^2\frac{\theta_{\max}}{2}\right)\right]$$
$$= -mgl\left(2\sin^2\frac{\theta_{\max}}{2}\right) = -mgl \cdot 2\left(\frac{\theta_{\max}}{2}\right)^2 = -\frac{1}{2}mglA^2$$

$\left(\text{注意到 }\sin^2\frac{\theta_{\max}}{2} \approx \left(\frac{\theta_{\max}}{2}\right)^2\right)$ 由式(2-16)得
$$\frac{1}{2}I_0 A^2 \omega_n^2 = ka^2 A^2 - \frac{1}{2}mglA^2$$

解之得
$$\omega_n = \sqrt{\frac{2ka^2 - mgl}{I_0}}$$

故
$$f_n = \frac{\omega_n}{2\pi} = \frac{1}{2\pi}\sqrt{\frac{2ka^2 - mgl}{I_0}}$$

代入已知数据得
$$f_n = \frac{1}{2\pi}\sqrt{\frac{2 \times 0.03 \times 3.54^2 - 0.0856 \times 4}{1.76 \times 10^{-2}}} = 0.77\,\text{Hz}。$$

由此可知,传感器的敏感系统的固有频率很低,因而可以用来测量在 2～80Hz 频率范围内的低频振动。

2.2.2 瑞雷(Rayleigh)法

在前面的研究中,都假设系统中的弹簧的质量忽略不计,这样的计算结果只是一个近似值,这种方法将导致所得的固有频率偏高。如果要考虑弹簧的质量,就要涉及分布质量的振动问题,这将在第5章中加以讨论。这里再介绍另一种近似的计算方法,称为瑞雷法。该方法运用能量原理,把一个分布质量系统简化为一个单自由度系统,从而把分布质量对系统振动频率的影响考虑进去,从而得到了较准确的固有频率值。

瑞雷法的基本精神是预先假定一种振动形式,如图 2-11(a)所示系统中,就是预先假定

梁的振型曲线,再利用能量法求系统的固有频率。实践证明,所假定的振型曲线愈接近于梁振动时的实际振型曲线,所得的计算结果就愈准确。通常对于梁类系统,都是取梁的静变形曲线作为其振型曲线。又如图 2-11(b)所示的弹簧,一般假设弹簧各截面在振动过程中任一瞬时的位移和一根等直杆在一端固定,另一端受轴像静荷载作用下各截面的位移一样。

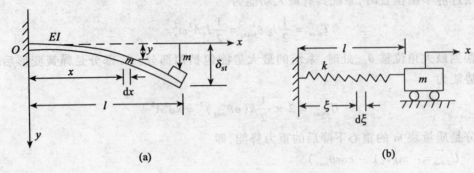

图 2-11

现以图 2-11(a)所示系统为例来说明瑞雷法的求解过程。

由材料力学知识知,图 2-11(a)所示的悬臂梁的静变形曲线为

$$y = \delta_{st}\frac{3x^2l - x^3}{2l^3} \tag{2-17}$$

式中,$\delta_{st} = \dfrac{mgl^3}{3EI}$ 为梁的自由端的静力挠度。所以,悬臂梁的弯曲变形刚度为

$$k = \frac{P}{\delta_{st}} = \frac{3EI}{l^3}。$$

假定质量 m 作简谐振动,因而梁的自由端的变位 δ 也按同样规律变化,即

$$\delta = A\sin(\omega_n t + \varphi)。$$

当梁端点的变位 δ 作简谐变化时,梁上各点相应的位移可以用以下方程表达

$$y = \delta \cdot \frac{3x^2l - x^3}{2l^3} = \frac{3x^2l - x^3}{2l^3} \cdot A \cdot \sin(\omega_n t + \varphi) \tag{2-18}$$

相应各点运动的速度,可以由 y 对 t 取一阶导数而得,即

$$\dot{y} = \frac{3x^2l - x^3}{2l^3}A \cdot \omega_n \cdot \cos(\omega_n t + \varphi) \tag{2-19}$$

下面即可计算系统的动能与势能。首先讨论动能,假定梁的单位长度的质量为 ρ,梁上任一长为 dx 的单元质量 $dm = \rho \cdot dx$ 所具有的动能为

$$dT_s = \frac{1}{2}dm \cdot \dot{y}^2 = \frac{1}{2}\rho \cdot \dot{y}^2 \cdot dx$$

则整个梁所具有的动能为

$$T_s = \int_0^l \frac{1}{2}\rho \cdot \dot{y}^2 \cdot dx = \int_0^l \frac{1}{2}\rho\left[\left(\frac{3x^2l - x^3}{2l^3}\right) \cdot A \cdot \omega_n \cdot \cos(\omega_n t + \varphi)\right]^2 dx$$

$$= \frac{1}{2}\rho\int_0^l \frac{9x^4l^2 - 6x^5l + x^6}{4l^6}[A \cdot \omega_n\cos(\omega_n t + \varphi)]^2 dx$$

$$= \frac{1}{2} \frac{33\rho l}{140} [A\omega_n \cos(\omega_n t + \varphi)]^2 = \frac{1}{2} \frac{33 m_l}{140} [A\omega_n \cos(\omega_n t + \varphi)]$$

式中，$m_l = \rho \cdot l$ 为全梁的质量。

集中质量 m 所具有的动能为

$$T_i = \frac{1}{2} m \dot{y}^2 = \frac{1}{2} m [A\omega_n \cos(\omega_n t + \varphi)]^2$$

则系统的总动能为

$$T = T_s + T_i = \frac{1}{2}\left(m + \frac{33 m_l}{140}\right) [A\omega_n \cos(\omega_n t + \varphi)]^2。$$

当梁达到平衡位置时，$\dot{y}$ 达到最大值

$$\dot{y}_{\max} = A\omega_n$$

故

$$T_{\max} = \frac{1}{2}\left(m + \frac{33 m_l}{140}\right) A^2 \omega_n^2。$$

对于势能，当梁处于最大振幅 $y_{\max} = A$ 时，系统具有最大势能为

$$U_{\max} = \frac{1}{2} k y_{\max}^2 = \frac{1}{2} k A^2。$$

根据能量守恒原理，由式(2-16)得

$$\frac{1}{2}\left(m + \frac{33 m_l}{140}\right) A^2 \omega_n^2 = \frac{1}{2} k A^2$$

故

$$\omega_n = \sqrt{\frac{k}{m + \frac{33 m_l}{140}}} = \sqrt{\frac{3EI}{\left(m + \frac{33}{140} m_l\right) l^3}}。$$

这便是考虑了梁的质量分布后所得的系统的固有圆频率。

显然，与不考虑梁的质量分布的系统 $\left(\text{由式}(2-6) \omega_n = \sqrt{\frac{k}{m}} = \sqrt{\frac{3EI}{ml^3}}\right)$ 相比较，仅仅是相当于在集中质量 m 上加了一项 $\frac{33}{140} m_l$。也就是说，考虑梁的质量分布来计算系统的固有频率时，仍然可以采用 $\omega_n = \sqrt{\frac{k}{m'}}$ 的公式，只是其中的 m' 应为集中质量 m 再加上 $\frac{33 m_l}{140}$ 就是了。这就是上面所说的，运用能量原理把一个分布质量系统简化为一个单自由度系统，从而把系统的质量分布对系统振动频率影响考虑进去的办法。

2.2.3 等效质量的概念

用一个质点代替一个质点系，其质量相等，则这个等效质点的质量称为等效质量，以 m_s 示之。从上面的推导可知，悬臂梁的质量分布的等效质量为 $m_s = \frac{33 m_l}{140}$。

对于不同的振动系统，等效质量 m_s 是不相同的。如简支梁的等效质量为 $m_s = \frac{17}{35} m_l$，弹簧—质量系统中的弹簧的等效质量为 $m_s = \frac{1}{3} m$。等效质量的值可以根据系统中的质量分布的动能 T_s 等于以等效质量作为集中质量的动能算得，即

$$T_s \triangleq \frac{1}{2} m_s \dot{y}^2 \tag{2-20}$$

如一振荡系统常常是由杠杆、齿轮及其他环节组成。如图 2-12 所示的引擎的阀系统就是这种系统的例子。现要求把这个系统简化为一简单的等效系统。

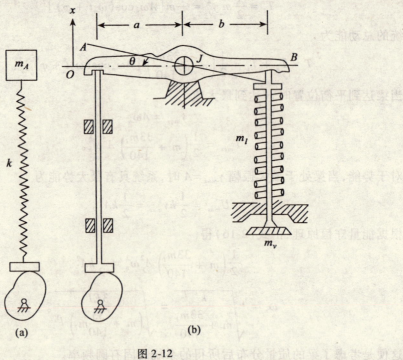

图 2-12

图 2-12(b)中推杆的转动惯量为 J、阀的质量为 m_v 及弹簧的质量为 m_l,可以用下面能量方程简化到 A 点

$$T = \frac{1}{2} J \dot{\theta}^2 + \frac{1}{2} m_v (b\dot{\theta})^2 + \frac{1}{2} \left(\frac{m}{3}\right) (b\dot{\theta})^2$$
$$= \frac{1}{2} \left(J + m_v b^2 + \frac{1}{3} m b^2 \right) \dot{\theta}^2$$

注意到 A 点的速度是 $\dot{x} = a\dot{\theta}$,上式变为

$$T = \frac{1}{2} \left(\frac{J + m_v b^2 + \frac{1}{3} m b^2}{a^2} \right) \dot{x}^2$$

因此,在 A 点的等效质量是

$$m_A = \frac{J + m_v b^2 + \frac{1}{3} m b^2}{a^2}。$$

如果推杆简化成一个弹簧系数为 k 的弹簧,而等效质量 m_A 加于 A 点,则整个系统将被简化成如图 2-12(a)所示的一个弹簧(k)—质量(m_A)系统。

建议读者自己推证,一个等截面的简支梁在其中点的等效质量为 $m_s = \frac{17}{35} m_l$。假定梁作自由振动时的振型和梁在其中点加一集中静荷载的静挠度曲线一样,即 $y = \frac{mg}{48EI}(3l^2 x - 4x^3)$。

2.2.4 等效刚度的概念

工程振动系统中,常常不是单独使用一个弹性元件,而是使用串联、并联或混联若干个弹性元件。若要用式(2-6)计算系统的固有圆频率,则式中的 k 就要用所谓等效刚度来代之,这时需要把组合的弹簧系统折算成一个等效的弹簧。这等效的弹簧的刚度应和原来的组合弹簧系统的刚度相等,称之为等效刚度。

如在例 2-3 中所求得的固有圆频率为

$$\omega_n = \sqrt{\frac{k_1 + k_2}{m}}$$

式中的 $k_1 + k_2 = k$,k 就是该系统的一个等效刚度。

等效刚度可以由弹簧的受力与变形关系来求得。因为,串联的特点是各弹簧受力相等而变形不同;并联的特点是各弹簧的变形相同而受力不等;混联的特点是各弹簧中有的变形相同、有的受力相等。根据这些特点建立相关方程,就可以很容易地求其等效刚度。

如图 2-13(a)所示的串联弹簧,因为 $\frac{P}{k_1} + \frac{P}{k_2} = \delta_总$,所以 $\delta_总 = \frac{P}{k} = \frac{P}{k_1} + \frac{P}{k_2}$,即

$$\frac{1}{k} = \frac{1}{k_1} + \frac{1}{k_2} \quad 或 \quad k = \frac{k_1 k_2}{k_1 + k_2}。$$

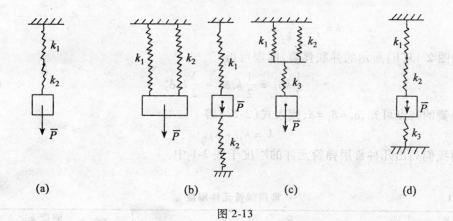

图 2-13

如图 2-13(b)所示的并联弹簧,由于 $P = k_1 \delta + k_2 \delta$,故 $k = \frac{P}{\delta} = k_1 + k_2$。

又如图 2-13(c)所示的混联弹簧,因为 k_1 与 k_2 并联,所以 $k' = k_1 + k_2$,又 k' 与 k_3 为串联,故

$$\frac{1}{k} = \frac{1}{k'} + \frac{1}{k_3} = \frac{1}{k_1 + k_2} + \frac{1}{k_3} = \frac{k_1 + k_2 + k_3}{k_3(k_1 + k_2)}$$

即

$$k = \frac{k_3(k_1 + k_2)}{k_1 + k_2 + k_3} = \frac{k_1 k_3 + k_2 k_3}{k_1 + k_2 + k_3}。$$

又如图 2-13(d)所示，因 k_1 与 k_2 串联，则

$$\frac{1}{k'} = \frac{1}{k_1} + \frac{1}{k_2} = \frac{k_1 + k_2}{k_1 \cdot k_2}$$

所以
$$k' = \frac{k_1 k_2}{k_1 + k_2}$$

又 k' 与 k_3 关联（变形相同），则

$$k = k' + k_3 = \frac{k_1 k_2}{k_1 + k_2} + k_3 = \frac{k_1 k_2 + k_1 k_3 + k_2 k_3}{k_1 + k_2}。$$

此外，还可以依势能相等的原则求其等效刚度。如图 2-13(a)所示的串联弹簧，原系统的势能为 $U_1 = \frac{1}{2} k_1 \delta_1^2 + \frac{1}{2} k_2 \delta_2^2$，若用一根等效弹簧 k 代替 k_1 和 k_2，则等效系统的势能为 $U_2 = \frac{1}{2} k \delta^2$。因 $U_1 = U_2$，故

$$\frac{1}{2} k \delta^2 = \frac{1}{2} k_1 \delta_1^2 + \frac{1}{2} k_2 \delta_2^2 \tag{2-21}$$

由串联的特点可知，$\delta = \delta_1 + \delta_2$、$P = k_1 \delta_1 = k_2 \delta_2$，故有 $\frac{\delta_2}{\delta_1} = \frac{k_1}{k_2}$ 和 $k_2 = \frac{\delta_1}{\delta_2} k_1$，代入式(2-21)得

$$k \delta^2 = k_1 \delta_1^2 + k_2 \delta_2^2 = k_1 \delta_1 (\delta_1 + \delta_2) = k_1 \delta_1 \delta$$

故
$$k = k_1 \frac{\delta_1}{\delta} = k_1 \frac{\delta_1}{\delta_1 + \delta_2}$$

则
$$\frac{1}{k} = \frac{1}{k_1} \frac{\delta_1 + \delta_2}{\delta_1} = \frac{1}{k_1} \left(1 + \frac{\delta_2}{\delta_1}\right) = \frac{1}{k_1} + \frac{1}{k_2}$$

故
$$k = \frac{k_1 k_2}{k_1 + k_2}。$$

又如图 2-13(b)所示的并联弹簧，同理可得

$$\frac{1}{2} k \delta^2 = \frac{1}{2} k_1 \delta_1^2 + \frac{1}{2} k_2 \delta_2^2 \tag{2-22}$$

由并联弹簧的特点可知，$\delta_1 = \delta_2 = \delta$，代入式(2-22)得

$$k = k_1 + k_2。$$

下面我们列出几种常用弹簧元件的刚度于表 2-1 中。

表 2-1　　　　　　　　　常用弹簧元件刚度

	名称	简图	刚度 k
等效刚度	串联弹簧	k_1 —— k_2	$\dfrac{k_1 k_2}{k_1 + k_2}$
	并联弹簧	k_1 / k_2	$k_1 + k_2$
	混联弹簧	(k_1 / k_2) —— k_3	$\dfrac{(k_1 + k_2) k_3}{k_1 + k_2 + k_3}$

续表

名称		简图	刚度 k
拉压刚度	等直杆受压		$\dfrac{EA}{l}$
	圆柱形密圈弹簧受拉		$\dfrac{Gd^4}{64nR^3}$ n—圈数；d—丝直径；R—柱形半径；G—剪切模量。
弯曲刚度	悬臂梁		$\dfrac{3EI}{l^3}$；若自端无转角时为 $\dfrac{12EI}{l^3}$。
	外伸梁		$\dfrac{3EI}{2l^3}$
	简支梁		$\dfrac{48EI}{l^3}$
	两端固定梁		$\dfrac{192EI}{l^3}$
	简支梁		$\dfrac{3EIl}{a^2b^2}$
	一端固定、一端简支		$\dfrac{768EI}{7l^3}$
刚度	卷簧		$\dfrac{EI}{l}$ l—总长
	圆柱形受扭转密圈弹簧		$\dfrac{Ed}{128nR}$（各符号同前）
	圆柱形受弯曲密圈弹簧		$\dfrac{Ed}{64nR}\cdot\dfrac{1}{1+\dfrac{E}{2G}}\cdot$（各符号同上）
	等直杆受扭		$\dfrac{GJ}{l}$ J—杆横截面扭转常数。如为圆截面时为 J_p

§2.3 有阻尼的自由振动

在实际工程中，振动系统是不可能持续地作等幅自由振动的，都是逐渐衰减而至最终停止。其原因是系统中存在阻尼，这种具有阻尼力作用的自由振动称为有阻尼的自由振动。

工程中阻尼是各种各样的。例如，两物体之间的干摩擦力，有润滑剂的两个面之间的摩擦力,气体或液体等介质的阻力,材料的粘、弹性产生的内部阻力,构件之间连接界面的相对滑动产生的阻力等,这些阻力统称为阻尼。不同的阻尼具有不同的性质,如干摩擦力 F 与两个面之间的公法线方向的正压力 N 成正比,即

$$F = f \cdot N \tag{2-23}$$

式中,f 为摩擦系数,F 为干摩擦力。

如果两个面之间有润滑剂,其摩擦力决定于润滑剂的"粘性"和物体运动的速度,即

$$F = -c\dot{x} \tag{2-24}$$

式中,c 为粘性阻尼系数,亦称为阻力系数,F 为粘性阻尼力。

若物体以低速在粘性液体内运动,或者如阻尼缓冲器那样,使液体从很狭窄的缝里通过,其阻力也与速度成正比,仍属于粘性阻尼力。但当速度 $\dot{x}$ 较大(3m/s 以上)时,阻力将与速度的平方成正比,即

$$F = -c\dot{x}^2 \tag{2-25}$$

式中,c 为一比例常数。

此外,复杂的结构物在振动时,由于结构材料本身内部摩擦引起的阻尼与结构各部件之间连接界面的相对滑动产生的阻尼,统称之为结构阻尼。实验得知,结构阻尼在振动中每周期衰减的能量 E 与其振动频率无关,而大致与振幅的平方成正比,即 $E = gx^2$。因此,结构阻尼力仅用与振幅成正比的模型表示,即

$$F = -g\frac{k\dot{x}}{\omega} \tag{2-26}$$

式中 g 是比例常数,称为结构阻尼系数,k 是弹簧刚度。由于速度 $\dot{x}$ 和圆频率 ω 成正比,所以 $\dfrac{\dot{x}}{\omega}$ 表明阻尼力与频率无关。在一般结构物中 $g = 0.005 \sim 0.015$。

现在我们来研究如图 2-14(a)所示的单自由度具有线性阻尼的弹簧—质量系统的振动情况。

根据其力学模型,采用前面类似的分析方法,设坐标原点 O 在系统的静平衡位置上,如图 2-14(b)所示,可以列出其运动微分方程为

$$m\ddot{x} = -c\dot{x} - kx$$

即

$$m\ddot{x} + c\dot{x} + kx = 0 \tag{2-27}$$

或

$$\ddot{x} + \frac{c}{m}\dot{x} + \frac{k}{m}x = 0 \tag{2-28}$$

令

$$\omega_n = \sqrt{\frac{k}{m}}; \quad \frac{c}{m} = 2n = 2\xi\omega_n \tag{2-29}$$

则式(2-28)可以改写为

$$\ddot{x} + 2\xi\omega_n\dot{x} + \omega_n^2 x = 0 \tag{2-30}$$

式(2-30)就是单自由度系统有阻尼自由振动的运动微分方程,对其他的单自由度系统,凡是作用有粘性阻尼的,其运动微分方程都可以表示为式(2-30)的形式。因此,只要求得式(2-30)的解,便可以得知一般单自由度系统有阻尼自由振动的性态。下面对式(2-30)求解。

设微分方程(2-30)的解为

$$x = e^{\gamma t}$$

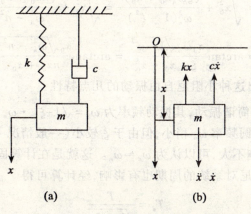

图 2-14

代入式(2-30),求得特征方程为

$$\gamma^2 + 2\xi\omega_n\gamma + \omega_n^2 = 0 \tag{2-31}$$

特征方程(2-31)的两个根为

$$\gamma_{1,2} = -\xi\omega_n \pm \sqrt{\xi^2 - 1} \cdot \omega_n = -\frac{c}{2m}\sqrt{\left(\frac{c}{2m}\right)^2 - \frac{k}{m}} \tag{2-32}$$

现将式(2-32)中根号内之值令为 0 时阻尼系数标记为 c_c,其值为

$$c_c = 2\sqrt{mk} \tag{2-33}$$

如后面所述,此值是 c 在式(2-31)的解从振动型转为非振动型的极限值。因此,把 c_c 称为临界阻尼系数。若用 c_c 来表示 ξ,则由式(2-29)得

$$\xi = \frac{c}{2\omega_n m} = \frac{c}{2\sqrt{mk}} = \frac{c}{c_c} = \frac{n}{\omega_n} \tag{2-34}$$

式中 ξ 可以看做是阻尼系数与临界阻尼系数之比,称之为阻尼比。对临界阻尼而言,$\xi=1$。而 n 称为阻尼系数,ω_n 是无阻尼系统的固有圆频率。

由特征根式(2-32)知,式(2-30)的解可以按阻尼比 ξ 之值不同而变化。将 ξ 分成 $0<\xi<1$、$\xi=1$ 及 $\xi>1$ 三种情况进行分析。

1. 当 $0<\xi<1$ 时,称为小阻尼情况

根据式(2-32),特征根为

$$\gamma_{1,2} = -\xi\omega_n \pm i\sqrt{1-\xi^2} \cdot \omega_n$$

则式(2-30)的通解为

$$x(t) = e^{-\xi\omega_n t} \cdot (b\cos\sqrt{1-\xi^2} \cdot \omega_n t + a\sin\sqrt{1-\xi^2} \cdot \omega_n t) \tag{2-35}$$

或合成为

$$x(t) = A e^{-\xi\omega_n t} \cdot \sin(\sqrt{1-\xi^2} \cdot \omega_n t + \varphi) \tag{2-36}$$

式中 a、b 或 A、φ 都是任意常数,其值由初始条件确定。如已知 $t=0$,$x(0)=x_0$,$\dot{x}(0)=\dot{x}_0$,则式(2-35)中的 $a = \dfrac{\dot{x}_0}{\omega_n}$,$b = x_0$ 或式(2-36)中

$$\begin{cases} A = \sqrt{x_0^2 + \dfrac{(\xi\omega_n x_0 + \dot{x}_0)^2}{\omega_n^2(1-\xi^2)}} = \sqrt{x_0^2 + \dfrac{(nx_0 + \dot{x}_0)^2}{\omega_n^2 - n^2}} \\ \varphi = \arctan\dfrac{x_0\omega_n\sqrt{1-\xi^2}}{\xi\omega_n x_0 - \dot{x}_0} = \arctan\dfrac{x_0\sqrt{\omega_n^2 - n^2}}{nx_0 + \dot{x}_0} \end{cases} \quad (2\text{-}37)$$

由式(2-36)可以看出这种小阻尼自由振动的几点特性:

(1) 该振动仍是一个简谐振动,其振动频率为 $\omega_d = \sqrt{1-\xi^2}\cdot\omega_n$。可见,有阻尼的固有圆频率 ω_d 比无阻尼的固有圆频率 ω_n 稍小,但由于 ξ 较小(一般情况下 ξ 在 0.1 左右),因此阻尼对系统的固有频率影响不大,可以认为 $\omega_d \approx \omega_n$。这就是在计算固有频率时往往不考虑阻尼影响的原因。同样,阻尼对系统的周期也有影响,经计算可得

$$T_d = \frac{T}{\sqrt{1-\xi^2}} \quad (2\text{-}38)$$

显然 $T_d > T$,即有阻尼的振动周期 T_d 比无阻尼的振动周期 T 略有增大。由于 ξ 较小(如 $\xi=0.2, T_d=1.02T$),所以阻尼对振动周期的影响也不大,亦可以忽略不计。

(2) 振动的幅值为 $Ae^{-\xi\omega_n t}$,其中 A、ξ 及 ω_n 均为定值,因此振幅随时间变化的规律,是一条指数递减曲线,如图 2-15 中的虚线所示。图中实线表示这种小阻尼自由振动的振动曲线。该振动是一个振幅按指数规律衰减的简谐振动。

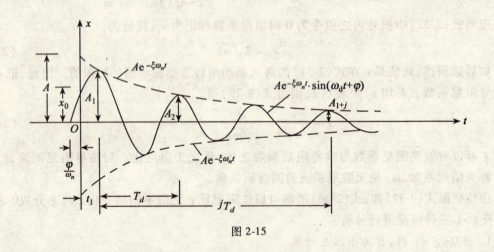

图 2-15

可见,阻尼对振幅影响较大,该振动可以使系统振动的幅值按几何级数衰减。其相邻两个振幅之比为

$$\eta = \frac{A_1}{A_2} = \frac{Ae^{-\xi\omega_n t_1}}{Ae^{-\xi\omega_n(t_1+T_d)}} = e^{\xi\omega_n T_d} = e^{nT_d}$$

或

$$\eta = e^{\xi\omega_n \frac{2\pi}{\omega_d}} = e^{\frac{2\pi\xi}{\sqrt{1-\xi^2}}} \quad (2\text{-}39)$$

式中 η 称为减幅系数。

由式(2-39)可见,减幅系数与经过的时间无关,而仅取决于阻尼比 ξ 的值。实际应用中为了避免取指数值的不便,可以取减幅系数的自然对数为

$$\delta = \ln \frac{A_1}{A_2} = nT_d = \frac{2\pi\xi}{\sqrt{1-\xi^2}} \tag{2-40}$$

δ 称为对数衰减率。常用 δ 来表示振动的阻尼特性。当 $\xi \ll 1$ 时,可得近似式

$$\delta \approx 2\pi\xi \tag{2-41}$$

如当 $\xi = 0.05$ 时,$\delta = 0.314$。

因为任意两个相邻的振幅之比是一个常数,即为 $e^{\xi\omega_n T_d}$。由式(2-40)与式(2-39)可知

$$\frac{A_1}{A_2} = \frac{A_2}{A_3} = \cdots = \frac{A_j}{A_{j+1}} = e^{\xi\omega_n T_d} = e^{\delta}$$

故

$$\frac{A_1}{A_{j+1}} = \left(\frac{A_1}{A_2}\right)\left(\frac{A_2}{A_3}\right)\left(\frac{A_3}{A_4}\right)\cdots\left(\frac{A_j}{A_{j+1}}\right) = e^{j\delta}$$

所以,对数衰减率又可以表示为

$$\delta = \frac{1}{j}\ln\frac{A_1}{A_{j+1}} = nT_d = \frac{2\pi\xi}{\sqrt{1-\xi^2}} \tag{2-42}$$

由此可见,只要测得第一个振幅 A_1 和经过 j 个周期后的第 $j+1$ 个振幅 A_{j+1}(使振幅差别较明显,便于提高计算精度)便可以求得对数衰减率 δ,又可以按式(2-41)求得系统的阻尼比 ξ。所以式(2-42)在实际工程中很有实用价值。

例 2-5 设计院为某水电站设计龙门起重机的门架,为避免每次启动与制动时因振动衰减太慢而引起门架颤动,所以相关规范规定:当起重量小于 50t 时,水平振动的振幅衰减到最大振幅的 5% 所需时间应小于 25~30s。若如图 2-16 所示的龙门起重机中,已知门架水平振动的等效质量 $m_s = 2\,800\text{kg}$,门架的水平方向刚度 $k = 200\text{kN/m}$,实测得其对数衰减率 $\delta = 0.10$。试求其衰减时间,并分析是否满足相关规范要求。

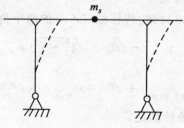

图 2-16

解 由式(2-42)得

$$\delta = \frac{1}{j}\ln\frac{A_1}{A_{j+1}}$$

设衰减时间 T' 为经过 j 个周期所需要的时间

$$T' = jT_d = \frac{j}{f_n} = \frac{1}{f_n\delta}\ln\frac{A_1}{A_{j+1}} \tag{2-43}$$

依题意得:$\delta = 0.10$

$$f_n = \frac{1}{2\pi}\sqrt{\frac{k}{m_s}} = \frac{1}{2\pi}\sqrt{\frac{200 \times 10^3}{2800}} = 1.345(\text{Hz})$$

$$\ln\frac{A_1}{A_{j+1}} = \ln\frac{100}{5} = 3$$

代入式(2-43)便得

$$T' = \frac{1}{1.345 \times 0.1} \times 3 = 22.3(\text{s}) \tag{2-44}$$

由于 $T' = 22.3(\text{s}) < [T'] = 25 \sim 30(\text{s})$，故 T' 满足相关规范要求。

是否 T' 愈小愈好呢？由式(2-43)可知，要减小 T'，就要加大 f_n 或 δ，也就是说要增大阻尼或加大刚度，使惯量 I 减小，这样会使结构复杂和多耗费材料。所以在设计时，既要注意到使用安全又要注意到经济节省，要全面综合地考虑。可见 T' 不是愈小就一定愈好。

例 2-6 有一由质量为 10kg、刚度 $k = 20\text{kN/m}$ 的弹簧与阻尼系数未知的阻尼器组成的单自由度系统。实验结果，在自由振动下每经过一周期，振幅衰减了一半。试求该系统的对数衰减率、阻尼比及阻尼系数之值。

解 由式(2-40)得

$$\delta = \ln\frac{A_1}{A_2} = \ln\frac{1}{0.5} = 0.692$$

又由式(2-40)变换后，求其阻尼比

$$\xi = \frac{\delta}{\sqrt{\delta^2 + 4\pi^2}} = \frac{0.692}{\sqrt{(0.692)^2 + 4\pi^2}} = 0.109$$

再由式(2-34)变换后，求其阻尼系数

$$c = \xi c_c = 2\xi\sqrt{mk} = 2 \times 0.109\sqrt{10 \times 20000} = 98.4(\text{N/m} \cdot \text{s})$$

2. 当 $\xi > 1$ 时，称为大阻尼情况

当 $c_c < c$ 即 $\xi > 1$ 时，由式(2-32)知，特征根是不等的两个负实根

$$\gamma_{1,2} = -\xi\omega_n \pm \sqrt{\xi^2 - 1} \cdot \omega_n$$

微分方程的通解为

$$x(t) = ae^{(-\xi+\sqrt{\xi^2-1})\omega_n t} + be^{(-\xi-\sqrt{\xi^2-1})\omega_n t} \tag{2-45}$$

式中 a、b 是任意常数，由初始条件确定。

由式(2-45)可知，其各项均是无振动地随时间而减小，是一种非周期性蠕动，但仍按指数级数衰减。所以，x 的时间历程如图 2-17 所示。

3. 当 $\xi = 1$ 时，称为临界阻尼情况

当 $c = c_c$，即 $\xi = 1$ 时，这是从振动状态过渡到非振动状态的界限。由式(2-32)知，特征根是二重根

$$\gamma_{1,2} = -\xi\omega_n$$

微分方程的通解为

$$x(t) = (a + bt)e^{-\xi\omega_n t} \tag{2-46}$$

式中 a、b 均是任意常数，由初始条件确定。

x 的时间历程如图 2-18 所示，由图 2-18 可见，这种临界阻尼下的运动是一种在最短时

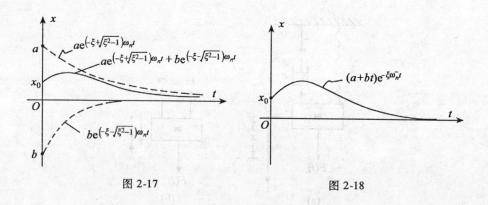

图 2-17　　　　　　　图 2-18

间内无振动地按指数规律衰减下去的运动。

§2.4　简谐激励引起的强迫振动

前面研究了系统仅在弹性恢复力或与阻尼力共同作用下的自由振动,这种振动又被称为无激励的自由振动。下面将研究一种有激励的振动,这种由激励引起的振动,被称为强迫振动。所谓激励,就是来自外界的一种持续作用,对整个系统来说,有时又叫做输入。由外界作用引起系统的振动状态称为响应,有时又叫做输出。所以,激励与响应是一对矛盾统一的概念。

激励有多种多样,大致可以归纳为两大类。一类是持续的激励力,激励可能是直接作用在质量块上的,又可能是由系统内部运动部件的不平衡离心力引起的;另一类是持续的支承运动,即支座的位移引起的。两类情况都可能是周期性的或非周期性的。下面将分别进行研究。

最简单的周期性激励就是简谐激励力或简谐位移,由它们将引起系统产生相同频率的简谐振动。当激励频率接近系统的固有频率时,系统便发生共振,这对于实际工程中的结构或机器来说均是要避免的。虽然在自然界中,简谐激励比周期性或非周期性的一般激励要较少遇见,但简谐激励所揭示的一些规律和特性,却具有普遍性意义,是研究更一般和更复杂的振动问题的基础。因此,我们首先研究简谐激励引起的强迫振动。

2.4.1　强迫振动的动力学模型及其运动微分方程

如图 2-19(a)所示,单自由度有阻尼的弹簧—质量系统,质量块上作用一随时间 t 变化的激励力 $F(t)$。

以系统的静平衡位置为坐标 x 的原点,质量块在任一位置 x 的受力图如图 2-19(b)所示。运用前面的分析原理和方法,得到系统的运动微分方程为

$$m\ddot{x} + c\dot{x} + kx = F(t) \qquad (2-47)$$

运动微分方程的一般形式为

$$\ddot{x} + 2\xi\omega_n \dot{x} + \omega_n^2 x = f(t) \qquad (2-48)$$

式(2-48)是一个二阶的常系数非齐次线性微分方程。式中

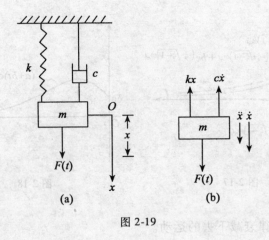

图 2-19

$$\begin{cases} \omega_n^2 = \dfrac{k}{m} \\ \xi = \dfrac{c}{c_c} = \dfrac{c}{2\sqrt{mk}} = \dfrac{n}{\omega_n} = \dfrac{c}{2m\omega_n} \\ f(t) = \dfrac{F(t)}{m} \end{cases} \quad (2\text{-}49)$$

微分方程(2-48)的解为

$$x(t) = x_1(t) + x_2(t) = A e^{-\xi \omega_n t} \cdot \sin(\sqrt{1-\xi^2}\,\omega_n t + \varphi) + x_2(t)$$

即微分方程(2-48)的通解是由式(2-48)的齐次微分方程的通解 $x_1(t)$ 与式(2-48)的非齐次微分方程的特解 $x_2(t)$ 相加而得。其中,齐次微分方程的通解 $x_1(t)$ 就是上节有阻尼的自由振动的解,这是具有该系统所固有的振动频率的自由振动,该振动随时间的增加而衰减。当稳定的持续的激励作用时,非齐次微分方程的特解 $x_2(t)$ 称为稳态振动。该振动是一种持续的等幅振动,在一般情况下把这种稳态振动称为强迫振动。而把强迫振动开始后的一段时间内存在的有阻尼自由振动——衰减振动,称为瞬态振动。关于瞬态振动在后面章节再作介绍。

2.4.2 简谐激励引起的强迫振动的稳态解

前面已作分析,简谐激励主要分为作用在质量块上的简谐激励力(外部作用力与内部不平衡离心力)和作用在支承处的简谐激励位移两种情况。

求解强迫振动的稳定解的方法,主要有系数对比法、矢量图解法和复数法等。

求解结果,强迫振动的稳态解的表达式主要有四套,可以根据不同的已知条件分别应用。从稳态解的进一步分析可以得到系统的振幅与频率关系曲线图及相位与频率关系曲线图,这些图形象地反映了强迫振动的主要特征。

下面通过求解一个由简谐激励力引起的强迫振动来说明强迫振动的求解方法及其主要特征。

设简谐激励力 $F(t)$ 的振幅为 F_0,激励的圆频率为 ω,则

$$F(t) = F_0 \cdot \sin\omega t \tag{2-50}$$

要求系统的稳定振动,依式(2-47)得到系统的运动微分方程为

$$m\ddot{x} + c\dot{x} + kx = F_0\sin\omega t \tag{2-51}$$

依式(2-48)得到系统运动微分方程的一般形式为

$$\ddot{x} + 2\xi\omega_n\dot{x} + \omega_n^2 x = f_0\sin\omega t \tag{2-52}$$

设方程(2-52)的特解为

$$x_2(t) = B\sin(\omega t - \psi) \tag{2-53}$$

式中,B 为强迫振动的振幅,ψ 为相位差,B、ψ 是两个待定常数,采用系数对比法求得。

将式(2-53)代入方程(2-52)得

$$-B\omega^2\sin(\omega t - \psi) + 2\xi\omega_n B\omega\cos(\omega t - \psi) + \omega_n^2 B\sin(\omega t - \psi) = f_0\sin\omega t \tag{2-54}$$

将式(2-54)右边变换为

$$\begin{aligned} f_0\sin\omega t &= f_0\sin[(\omega t - \psi) + \psi] \\ &= f_0\sin(\omega t - \psi)\cos\psi + f_0\cos(\omega t - \psi)\sin\psi \end{aligned} \tag{2-55}$$

对比式(2-54)、式(2-55)两式,因式中 $\cos(\omega t - \psi)$ 和 $\sin(\omega t - \psi)$ 是变量,为了使式(2-54)、式(2-55)两式永远成立,必须使 $\cos(\omega t - \psi)$ 和 $\sin(\omega t - \psi)$ 前面的系数相等。即

$$\begin{cases} B(\omega_n^2 - \omega^2) = f_0\cos\psi \\ 2\xi B\omega_n\omega = f_0\sin\psi \end{cases}$$

解以上方程组即得

$$\begin{cases} B = \dfrac{f_0}{\sqrt{(\omega_n^2 - \omega^2)^2 + (2\omega_n\omega\xi)^2}} \\ \tan\psi = \dfrac{2\xi\omega_n\omega}{\omega_n^2 - \omega^2} \end{cases} \tag{2-56}$$

按原设 $f_0 = \dfrac{F_0}{m}$,$\omega_n^2 = \dfrac{k}{m}$,$\dfrac{c}{m} = 2\xi\omega_n = 2n$,则式(2-56)又可以写成

$$\begin{cases} B = \dfrac{F_0}{\sqrt{(k - m\omega^2)^2 + (c\omega)^2}} \\ \tan\psi = \dfrac{c\omega}{k - m\omega^2} \end{cases} \tag{2-57}$$

或

$$\begin{cases} B = \dfrac{f_0}{\sqrt{(\omega_n^2 - \omega^2)^2 + 4n^2\omega^2}} \\ \tan\psi = \dfrac{2n\omega}{\omega_n^2 - \omega^2} \end{cases} \tag{2-58}$$

若令 $\lambda = \dfrac{\omega}{\omega_n}$,$B_0 = \dfrac{F_0}{k}$,则式(2-57)又可以写成

$$\begin{cases} B = \dfrac{B_0}{\sqrt{(1 - \lambda^2)^2 + (2\xi\lambda)^2}} \\ \tan\psi = \dfrac{2\xi\lambda}{1 - \lambda^2} \end{cases} \tag{2-59}$$

式中，λ 称为频率比，B_0 称为静力位移。

现将式(2-56)代回式(2-53)得

$$x_2(t) = \frac{f_0}{\sqrt{(\omega_n^2 - \omega^2)^2 + (2\omega_n\omega\xi)^2}} \cdot \sin(\omega t - \psi) \qquad (2\text{-}60)$$

式中

$$\psi = \arctan\frac{2\omega_n\omega\xi}{\omega_n^2 - \omega^2} \qquad (2\text{-}61)$$

在系统起振的初始阶段，瞬态响应和稳态响应同时存在，系统的总响应为

$$\begin{aligned}x(t) &= x_1(t) + x_2(t) \\ &= Ae^{-\xi\omega_n t} \cdot \sin(\sqrt{1-\xi^2} \cdot \omega_n t + \varphi) + \frac{f_0}{\sqrt{(\omega_n^2 - \omega^2)^2 + (2\xi\omega_n\omega)^2}} \cdot \sin(\omega t - \psi)\end{aligned}$$

$$(2\text{-}62)$$

如图 2-20 所示为在某简谐激励力作用下，其总响应 $x(t)$ 的时域曲线。其中，虚线表示稳态响应，实线表示瞬态响应与稳态响应合成的总响应。由图 2-20 可见，瞬态响应的频率为 ω_n，振幅逐渐衰减，稳态响应的频率为 ω，振幅恒定不变，且经过一段时间后，瞬态振动消失，图 2-20 中的实线与虚线重合，只剩下稳态振动了。

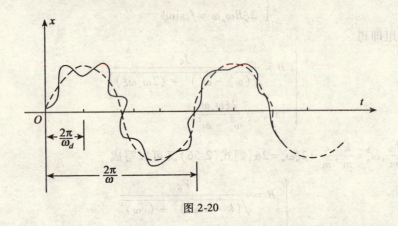

图 2-20

从以上分析可知，强迫振动应包括瞬态振动与稳态振动两部分。瞬态振动是一有阻尼的简谐自由振动，这个振动的特征参数是：频率 ω_d 比系统的固有圆频率 ω_n 稍小，振幅 A 与初相角 φ 决定于初始条件，振幅的衰减按 $e^{-\xi\omega_n t}$ 的规律，因此振动持续的时间决定于系统的阻尼比 ξ。

在简谐激励力作用下，稳态振动也是一种简谐振动。从式(2-60)与式(2-61)可知，强迫振动的频率与激励力的频率 ω 相同，振幅 B 和相位差 ψ 都只决定于系统本身的物理性质、激励力的大小与频率，而与其初始条件无关。初始条件只影响系统的瞬态振动。

稳态振动的振幅 B 值在实际工程中具有重要意义。如在工程结构设计中，为防止振幅过大而引起构件疲劳破坏，需要控制一定的振幅 B 值；在工厂中，为防止机器被破坏、防止仪器精度受影响和保护人员的健康，需要控制一定的振幅 B 值；以及在工程振动运用中亦要控制一定的振幅 B 值。因此，必须对振幅 B 作详细研究。

由式(2-59)可知，影响振幅 B 值有三个因素：B_0、λ 与 ξ。它们之间的关系较复杂，需用

一种图线表示。为此,将式(2-59)改写成无因次的表示式

$$\beta = \frac{B}{B_0} = \frac{1}{\sqrt{(1-\lambda^2)^2 + (2\xi\lambda)^2}} \quad (2\text{-}63)$$

β 称为振幅的放大因子。

β、ψ 都可以按频率比 λ 和阻尼比 ξ 确定。若以 λ 为横坐标,β 为纵坐标,对于不同的 ξ 值,可以得到如图 2-21 所示的一组振幅频率响应曲线和一组相位频率响应曲线。这种曲线又称为共振曲线。由图 2-21 可知,共振曲线具有如下性质:

1. 共振曲线仅取决于 λ 与 ξ 值,与其他因素无关,即激振力频率接近系统的固有频率时系统发生共振,而阻尼对共振区附近的振幅影响较大,在远离共振区时对振幅影响较小;
2. 当 $\lambda \to 0$ 时,$\beta \to 1$,$\psi \to 0°$;
3. 当 $\lambda \to \infty$ 时,$\beta \to 0$,$\psi \to 180°$;
4. 当 $\lambda \to 1$ 时,$\beta = \frac{1}{2\xi}$,$\psi = 90°$(与 ξ 无关);
5. 当 $0.75 > \lambda > 1.25$ 时,β 与阻尼比 ξ 无关;
6. 当有阻尼 $\left(0 < \xi < \frac{1}{2}\right)$ 时,β 的极大值并不在 $\lambda = 1$ 处,而在比 1 略小处,即在 $\lambda = \sqrt{1-2\xi^2}$ 处,此时 β 的极大值为

$$\beta_{\max} = \frac{1}{2\xi\sqrt{1-\xi^2}} \quad (2\text{-}64)$$

相位差为

$$\psi = \arctan\frac{\sqrt{1-2\xi^2}}{\xi} \quad (2\text{-}65)$$

7. 当 $\xi > \frac{1}{\sqrt{2}} = 0.707$ 时,系统将无共振峰值;
8. 当 $\xi = 0$ 时,即对于无阻尼系统,其放大因子为

$$\beta = \frac{1}{1-\lambda^2} \quad (2\text{-}66)$$

而相位差为

$$\psi = 0°(\lambda < 1);\text{或}\ \psi = 180°(\lambda > 1)_\circ$$

由此可知,当 $\lambda = 1$ 时,$\beta = \infty$,即 $B = \infty$,这一现象称为共振,在共振状态下,其相位差为 $90°$,即强迫振动的相位角滞后 $90°$。

在此必须说明,体系产生共振现象,除了激振频率 ω 接近或等于系统的固有频率 ω_n,以及系统的阻尼不能太大之外,还要考虑到激振的能量大小问题,激振能量太小,系统阻尼较大,激振能量将全部被吸收掉,即使激振频率 ω 与系统固有频率 ω_n 相等也无法出现共振现象。如一个小激振器无法使一个大房子产生共振就是这个道理。

所以,引起工程结构或机器的共振现象,有三个因素:①激振频率接近或等于结构或机器的自振频率;②激振能量较大,大到能使结构或机器产生共振现象;③结构或机器自身阻尼较小,小到能使结构或机器产生共振现象。其中第一个因素是产生共振的关键条件,第二、三个因素是引起共振现象的原因。

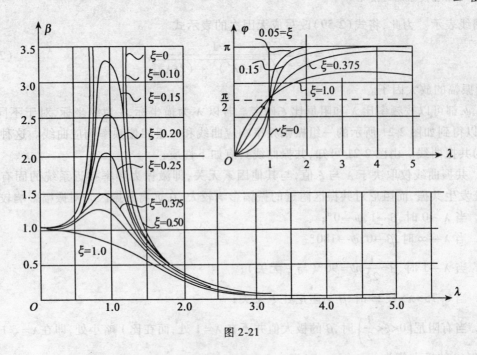

图 2-21

例 2-7 如图 2-22(a)所示简支梁,在跨中处装置有一台重量 $W=910\text{N}$ 的电动机,若该梁的刚度使跨中处的静力挠度 $\delta_{st}=0.25\text{cm}$,粘性阻尼迫使自由振动 10 周后振幅减小到初始值的一半。该电动机按 600r/min 运行,由于其转子不平衡,在此速率时产生的离心力为 $F_0=230\text{N}$。略去梁的分布质量,试求其稳态振动的振幅。

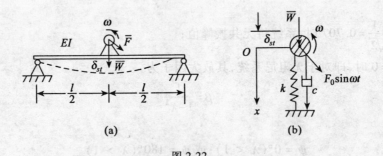

图 2-22

解 本题虽然是由电动机转子不平衡引起的离心力 $F_0\sin\omega t$ 使系统产生强迫振动,但从题设的已知条件看,仍然可以将其简化成为一个有阻尼的弹簧—质量系统,且质量块上作用一激振力 $F=F_0\sin\omega t$。如图 2-22(b)所示。取系统的静平衡位置为坐标 x 轴的原点,其运动微分方程为

$$m\ddot{x}+c\dot{x}+kx=F_0\sin\omega t \tag{2-67}$$

或

$$\ddot{x}+2\xi\omega_n\dot{x}+\omega_n^2 x=f_0\sin\omega t \tag{2-68}$$

依式(2-53)方程的稳态解为

$$x(t)=x_2(t)=B\sin(\omega t-\psi) \tag{2-69}$$

式中 B 即为稳态振动的振幅。由式(2-56)得

$$B = \frac{f_0}{\sqrt{(\omega_n^2 - \omega^2)^2 + (2\omega_n\omega\xi)^2}} \tag{2-70}$$

根据题设条件得

$$f_0 = \frac{F_0}{m} = \frac{gF_0}{W} = \frac{230 \times 980}{910} = 247.69 \quad (\text{cm/s}^2)$$

$$\omega_n^2 = \frac{g}{\delta_{st}} = \frac{980}{0.25} = 3920 \quad (1/\text{s}^2)$$

$$\omega_n = \sqrt{3920} = 62.61 \quad (1/\text{s})$$

$$\omega = \frac{2n\pi}{60} = \frac{2 \times 600\pi}{60} = 20\pi \quad (1/\text{s})$$

$$\omega^2 = (20\pi)^2 = 3947.84 \quad (1/\text{s}^2)$$

$$\delta = \frac{1}{\dot{\partial}}\ln\frac{A_1}{A_{1+10}} = \frac{1}{10}\ln\frac{1}{0.5} = 0.06931$$

$$\xi \approx \frac{\delta}{2\pi} = \frac{0.06931}{2\pi} = 0.011031$$

将上列各数值代入式(2-70)得

$$B = \frac{247.69}{\sqrt{(3920 - 3947.84)^2 + (2 \times 62.61 \times 20\pi \times 0.011031)^2}} = 2.717(\text{cm})。$$

例 2-8 如图 2-23(a) 所示,一台电机安装在简支梁 AB 的中点处,梁的分布质量略去不计,电机以匀角速度 ω 转动,由于转子的偏心引起电机与梁组成的系统的强迫振动。系统可以简化为如图 2-23(b) 所示的单自由度有阻尼弹簧—质量系统,系统只能在铅直方向运动。已知转子的偏心质量为 m,偏心距为 e,系统弹性刚度为 k,系统阻尼为 c,试求系统的稳态强迫振动。

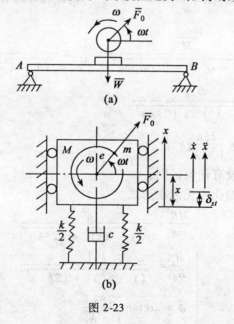

图 2-23

解 设系统的总质量为 $M = \dfrac{W}{g}$，x 代表非旋转部分的质量 $(M-m)$ 离开静平衡位置的位移。

由于转子在旋转中产生的惯性力为 $F_0 = me\omega^2$，该惯性力在系统运动方向的激振力为

$$F = F_0 \sin\omega t = me\omega^2 \sin\omega t$$

则系统的运动微分方程为

$$M\ddot{x} + c\dot{x} + kx = me\omega^2 \sin\omega t \tag{2-71}$$

设方程(2-71)的稳态解为

$$x = B\sin(\omega t - \psi) \tag{2-72}$$

现采用矢量图解法求 B 及 ψ。为此，将式(2-72)代回式(2-71)，得到

$$-MB\omega^2 \sin(\omega t - \psi) + B\omega c\cos(\omega t - \psi) + kB\sin(\omega t - \psi) = me\omega^2 \sin\omega t$$

由§1.3 简谐运动可知，质量块的速度 $\dot{x}$ 和加速度 $\ddot{x}$ 分别比位移 x 超前90°和180°，则在强迫振动中的阻尼力 $c\omega B$ 和惯性力 $M\omega^2 B$ 的相位也应分别超前弹性恢复力 kB 为90°和180°，如图 2-24(a) 所示。又根据达朗伯尔原理，激振力、弹性恢复力、阻尼力和惯性力应组成一平衡力系，依其矢量关系即可以得到一封闭的力多边形，如图 2-24(b) 所示。由图 2-24(b) 可得

$$(kB - M\omega^2 B)^2 + (c\omega B)^2 = (me\omega^2)^2$$

或

$$B^2[(k - M\omega^2)^2 + (c\omega)^2] = (me\omega^2)^2$$

故

$$B = \frac{me\omega^2}{\sqrt{(k - M\omega^2)^2 + (c\omega)^2}} \tag{2-73}$$

$$\psi = \arctan\frac{c\omega}{k - M\omega^2} \tag{2-74}$$

若令 $F_0 = me\omega^2$，则式(2-73)和式(2-74)就与式(2-57)完全一样。

若令 $\omega_n^2 = \dfrac{k}{M}$，$c = 2\xi M\omega_n$，$\lambda = \dfrac{\omega}{\omega_n}$，$B_0 = \dfrac{F_0}{k} = \dfrac{me\omega^2}{k}$，则式(2-73)和式(2-74)又可以写成

$$\begin{cases} B = \dfrac{\dfrac{me\omega^2}{M}}{\sqrt{(\omega_n^2 - \omega^2)^2 + (2\xi\omega_n\omega)^2}} = \dfrac{me}{M} \times \dfrac{\lambda^2}{\sqrt{(1-\lambda^2)^2 + (2\xi\lambda)^2}} \\ = \dfrac{B_0}{\sqrt{(1-\lambda^2)^2 + (2\xi\lambda)^2}} \\ \psi = \arctan\dfrac{2\xi\lambda}{1-\lambda^2} \end{cases} \tag{2-75}$$

式(2-75)与式(2-59)也没有任何区别。

上式还可以进一步简化为无因次形式

$$\frac{MB}{me} = \frac{\lambda^2}{\sqrt{(1-\lambda^2)^2 + (2\xi\lambda)^2}}$$

或

$$\begin{cases} \dfrac{B}{B_0} = \dfrac{1}{\sqrt{(1-\lambda^2)^2 + (2\xi\lambda)^2}} \\ \psi = \arctan\dfrac{2\xi\lambda}{1-\lambda^2} \end{cases} \tag{2-76}$$

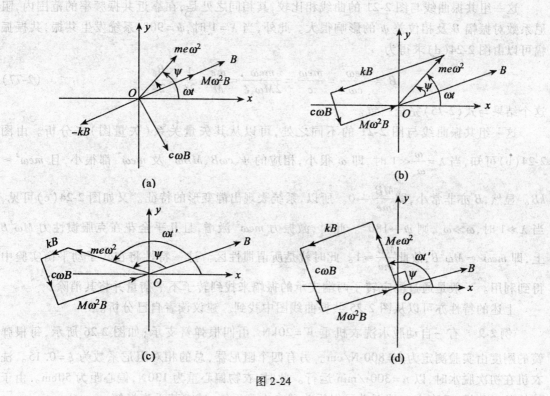

图 2-24

根据上式可以绘出其幅频响应曲线及相频曲线,如图 2-25 所示。

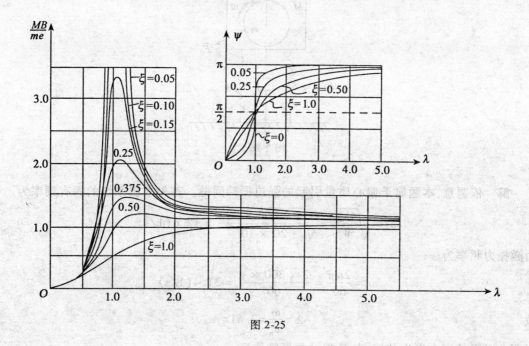

图 2-25

这一组共振曲线与图 2-21 的曲线相比较，其相同之处是，在靠近共振频率的范围内，阻尼系数对振幅 B 及相位差 ψ 的影响很大。此外，当 $\lambda=1$ 时，$\psi=90°$，系统发生共振，共振振幅可以由图 2-24(d) 求得为

$$B=\frac{me\omega^2}{c\omega}=\frac{me\omega}{c}=\frac{me\omega}{2M\omega_n\xi}=\frac{me}{M}\cdot\frac{1}{2\xi}=\frac{B_0}{2\xi} \tag{2-77}$$

这个结果与式(2-75)完全一致。

这一组共振曲线与图 2-21 的不同之处，可以从其矢量关系(矢量图)来分析。由图 2-24(b) 可知，当 $\lambda=\frac{\omega}{\omega_n}\ll 1$ 时，即 ω 很小，相应的 ψ、$c\omega B$、$MB\omega^2$ 及 $me\omega^2$ 都很小，且 $me\omega^2\approx kB$。显然，B 亦非常小，即 $\frac{MB}{me}\rightarrow 0$。所以，系统表现出静变形的特征。又如图 2-24(c) 可见，当 $\lambda\gg 1$ 时，$\omega\gg\omega_n$，则 $\psi\rightarrow 180°$。此时，激振力 $me\omega^2$ 激增，且几乎全花在克服惯性力 $M\omega^2B$ 上，即 $me\omega^2\approx M\omega^2B$，故此 $\frac{MB}{me}\approx 1$。此时就是所谓惯性区。这一特性将在转子动平衡实验中得到利用。一般是通过测定转子两端支承的振幅来找到转子不平衡量并将其消除。

上述的特性亦可以从图 2-25 共振曲线图中找到。建议读者自己分析。

例 2-9 有一自动脱水洗衣机重 $W=20\text{kN}$，由四根弹簧支承；如图 2-26 所示，每根弹簧的刚度由实验测定为 $k=800\text{ N/cm}$。另有四个阻尼器，总的相对阻尼系数为 $\xi=0.15$。洗衣机在初次脱水时，以 $n=300\text{r/min}$ 运行。此时，衣物偏心重为 130N，偏心距为 50cm。由于结构的对称性，垂直方向的振动可以视为单自由度系统，试求其垂直振幅。

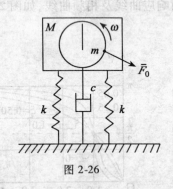

图 2-26

解 依题意，本题属于偏心质量引起的强迫振动问题。首先求出系统的固有频率为

$$\omega_n=\sqrt{\frac{4kg}{W}}=\sqrt{\frac{4\times 800\times 980}{20\times 10^3}}=12.6(1/\text{s})$$

而激振力频率为

$$\omega=\frac{2n\pi}{60}=\frac{2\times 300\times\pi}{60}=31.4(1/\text{s})$$

故

$$\lambda=\frac{\omega}{\omega_n}=2.51$$

说明此时系统不会发生共振，并且超过共振区较远。

由 $\xi=0.15$，根据式(2-75)求得

$$B = \frac{me}{M} \times \frac{\lambda^2}{\sqrt{(1-\lambda^2)^2 + (2\xi\lambda)^2}} = \frac{130 \times 50}{20 \times 10^3} \times \frac{(2.51)^2}{\sqrt{[1-(2.51)^2]^2 + (2 \times 0.15 \times 2.51)^2}}$$
$$= 0.38。$$

例 2-10 为测定一台洗衣机的阻尼系数或阻尼比 ξ（实际中的阻尼系数是不计算的），可以采用一台具有一对反转的偏心质量的惯性激振器,安装在洗衣机重心的正上方,使之作垂直方向的振动,如图 2-27 所示。我们改变其转速使之共振,此时可以测得其共振的振幅为 0.60cm,当转速加大使之远离固有频率时,又可以测出一个稳定的振幅为 0.08cm。如果已知洗衣机的总重 $W=20$ kN（含 2 个偏心块的质量）,弹性刚度为 $k=3.2$ kN/cm,试求该洗衣机的阻尼系数。

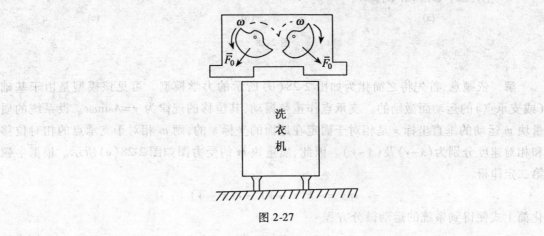

图 2-27

解 由题意得知,这又是一个偏心质量转动引起的强迫振动问题。根据式(2-77)得

$$B = \frac{me}{M} \times \frac{1}{2\xi} = 0.60 \text{cm} \tag{2-78}$$

式中,m 为两个偏心质量块的质量,e 为偏心距。

又当 $\lambda = \frac{\omega}{\omega_n} \gg 1$ 时,得到 $\frac{MB}{me} \approx 1$,即

$$B = \frac{me}{M} = 0.08 \text{cm} \tag{2-79}$$

解式(2-78)与式(2-79),即得到洗衣机的阻尼比

$$\xi = \frac{0.08}{2 \times 0.60} = 0.0666$$

又根据式(2-49),注意到 $m=M$,得到 $\xi = \frac{c}{2\sqrt{Mk}}$,则洗衣机的阻尼系数为

$$c = 2\xi\sqrt{Mk} = 2\xi\sqrt{\frac{Wk}{g}}$$
$$= 2 \times 0.0666 \sqrt{\frac{20 \times 10^3 \times 3.2 \times 10^3}{980}} = 34 (\text{kg/s})。$$

例 2-11 如图 2-28(a) 所示,一台仪器采用橡胶隔振器隔振,已知系统的固有频率为

4Hz，橡胶隔振器的阻尼比 $\xi=0.142$，若地面振动的垂直分量是正弦振动，振幅为 1.5μ，最大振动速度为 0.112mm/s，试求该仪器的强迫振动的振幅。

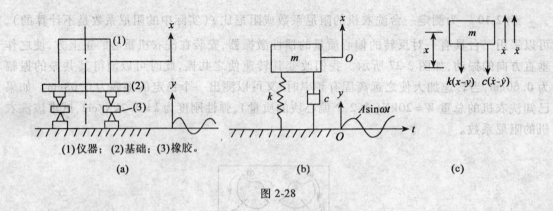

(1)仪器；(2)基础；(3)橡胶。

图 2-28

解 依题意，首先将之简化为如图 2-28(b)所示的力学模型。可见该模型是由于基础（或支承点）的运动而激励的。支承点作正弦振动，其位移的规律为 $y=A\sin\omega t$。设系统的质量块 m 运动的垂直坐标 x 是相对于固定在地面的坐标 y 的，则 m 相对于支承点的相对位移和相对速度分别为 $(x-y)$ 及 $(\dot{x}-\dot{y})$。因此，质量块 m 的受力图如图 2-28(c)所示。根据牛顿第二定律得

$$m\ddot{x}=-k(x-y)-c(\dot{x}-\dot{y})$$

化简上式便得到系统的运动微分方程

$$m\ddot{x}+c\dot{x}+kx=ky+c\dot{y} \tag{2-80}$$

由题设 $y=A\sin\omega t$ 是一简谐激励，所以作用于系统上的 ky 及 $c\dot{y}$ 两个力都是简谐激励力，因此系统的响应也应是一个简谐振动。

现采用复数法求解微分方程(2-80)的响应。设方程的解为

$$x=B\sin(\omega t-\psi)$$

令

$$y=Ae^{i\omega t}$$
$$x=Be^{i(\omega t-\psi)}=Be^{-i\psi}\cdot e^{i\omega t}$$

则

$$\dot{y}=iA\omega e^{i\omega t}$$
$$\dot{x}=iB\omega e^{i(\omega t-\psi)}=iB\omega e^{-i\psi}\cdot e^{i\omega t}$$
$$\ddot{x}=-B\omega^2 e^{i(\omega t-\psi)}=-B\omega^2 e^{-i\psi}\cdot e^{i\omega t}$$

这样可以使位移 x 与位移 y 相差一个相位角 ψ。将之代入式(2-80)得

$$(-m\omega^2+i\omega c+k)\cdot Be^{i(\omega t-\psi)}=A(k+i\omega c)e^{i\omega t}$$

或

$$Be^{-i\psi}=\frac{A(k+i\omega c)}{(k-m\omega^2)+i\omega c} \tag{2-81}$$

于是振幅 B 即为复数矢量的模，即

$$B=A\cdot\sqrt{\frac{k^2+(c\omega)^2}{(k-m\omega^2)^2+(c\omega)^2}}=A\cdot\sqrt{\frac{1+(2\xi\lambda)^2}{(1-\lambda^2)^2+(2\xi\lambda)^2}} \tag{2-82}$$

若将式(2-81)改写为

$$B(\cos\psi - i\sin\psi) = A\frac{[k(k-m\omega^2) + c^2\omega^2] - imc\omega^3}{(k-m\omega^2)^2 + (c\omega)^2}$$

由此得

$$\tan\psi = \frac{\sin\psi}{\cos\psi} = \frac{mc\omega^3}{k(k-m\omega^2) + c^2\omega^2} = \frac{2\xi\lambda^3}{1-\lambda^2 + (2\xi\lambda)^2} \qquad (2\text{-}83)$$

式中的符号仍为

$$\xi = \frac{c}{2m\omega_n}, \quad \lambda = \frac{\omega}{\omega_n}, \quad \omega_n^2 = \frac{k}{m}$$

由式(2-82)、式(2-83)得放大因子为

$$\beta = \frac{B}{A} = \sqrt{\frac{1+(2\xi\lambda)^2}{(1-\lambda^2)^2 + (2\xi\lambda)^2}} \qquad (2\text{-}84)$$

$$\psi = \arctan\frac{2\xi\lambda^3}{1-\lambda^2 + (2\xi\lambda)^2} \qquad (2\text{-}85)$$

由题设,系统固有频率 $f_n = 4\text{Hz}$,$\xi = 0.142$,$A = 1.5\mu$,$\hat{y}_{max} = 0.1120\text{mm/s}$。则由 $\hat{y}_{max} = A\omega$,可以求得地面振动的频率为

$$\omega = \frac{\hat{y}_{max}}{A} = \frac{0.1120}{1.5 \times 10^{-3}} = 74.666 \quad 1/\text{s}$$

又

$$\omega_n = 2\pi f_n = 2\pi \cdot 4 = 25.133 \quad 1/\text{s}$$

故

$$\lambda = \frac{\omega}{\omega_n} = \frac{74.666}{25.133} = 2.97$$

于是仪器的受迫振动的幅值可以用式(2-82)求得

$$B = A \cdot \sqrt{\frac{1+(2\xi\lambda)^2}{(1-\lambda^2)^2 + (2\xi\lambda)^2}}$$

$$= 1.5 \times \sqrt{\frac{1+(2 \times 0.142 \times 2.97)^2}{(1-2.97^2)^2 + (2 \times 0.142 \times 2.97)^2}} = 0.249(\mu)。$$

例 2-12 如图 2-29(a) 所示,一根横截面惯性矩 $I = 166\text{m}^4$ 的钢梁,其自由端处承受着 $W = 270\text{N}$ 重量。如果支承 A 产生微小的竖立振动为 $y_A = d\sin\omega t$,试求出重量 W 的稳态强迫振动的振幅。假设 $d = 0.3\text{cm}$,$\omega = 30\ 1/\text{s}$,支承 B 不动,并且梁的质量不计。

解 本题可以简化为无阻尼单自由度系统,由支座位移激励引起的强迫振动问题。其

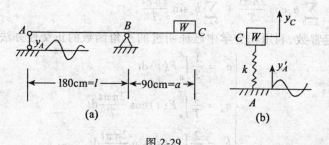

图 2-29

运动微分方程为

$$m\ddot{y}_C + ky_C = ky'_A = kA\sin\omega t = k\frac{d}{2}\sin\omega t \tag{2-86}$$

式中,因为 $y_A : y'_A = l : a = 1 : \frac{1}{2}$,得 $y'_A = \frac{1}{2}y_A = \frac{1}{2}d\sin\omega t = A\cdot\sin\omega t$。

方程(2-86)的解为

$$y_0 = B\sin\omega t \tag{2-87}$$

依材料力学的知识得 C 点处的静位移

$$\delta_{st} = \frac{Wa^2l}{3EI}\left(1 + \frac{a}{l}\right) = \frac{1480^2 \times 180}{3 \times 2.1 \times 10^6 \times 166}\left(1 + \frac{90}{180}\right) = 0.566\,\text{cm}$$

故

$$\omega_n^2 = \frac{g}{\delta_{st}} = \frac{980}{0.566} = 1731.5\quad 1/s^2$$

$$\omega^2 = 30^2 = 900 \quad 1/s^2, \xi = 0$$

放大因子

$$\beta = \frac{1}{1 - \frac{\omega^2}{\omega_n^2}} = \frac{1}{1 - \frac{900}{1731.5}} = 2.08$$

根据式(2-84)得到重量 W 的稳态强迫振动的振幅为

$$B = \beta \cdot A = 2.08 \times \frac{d}{2} = 2.08 \times \frac{0.3}{2} = 0.312\,\text{cm}。$$

§2.5 周期激励引起的强迫振动

在实际工程中,系统所受的激励一般是周期性的,但是在大多数情况下并不一定是正弦波之类的简谐激励。为求解这种任意形式的周期激励引起的强迫振动,必须借助于傅里叶(Fourier)分析法(即谐波分析法),把这种激励变成为 n 个简谐激励之和,然后按照谐波激励求解方法,求出对应于各个简谐激励的解,根据线性系统的叠加原理,将各解值叠加,即得到原来的周期激励所引起的系统的总响应。下面先介绍傅里叶分析法,然后举例说明任意周期激励的响应的求解过程。

假设系统受一周期为 T 的非谐波激励 $F(t)$。

首先按傅里叶级数把 $F(t)$ 展开成下列三角函数的级数之和

$$F(t) = a_0 + a_1\cos\frac{2\pi t}{T} + a_2\cos\frac{4\pi t}{T} + \cdots + b_1\sin\frac{2\pi t}{T} + b_2\sin\frac{4\pi t}{T} + \cdots$$

$$= \sum_{n=0}^{\infty} a_n\cos\frac{2n\pi t}{T} + \sum_{n=1}^{\infty} b_n\sin\frac{2n\pi t}{T}, \tag{2-88}$$

式中,a_n、b_n 为待定常数,利用积分学中已证明过的三角函数的正交性办法,进行积分求得

$$\begin{cases} a_0 = \frac{1}{T}\int_0^T F(t)\,dt \\ a_n = \frac{2}{T}\int_0^T F(t)\cos\frac{2n\pi t}{T}dt \\ b_n = \frac{2}{T}\int_0^T F(t)\sin\frac{2n\pi t}{T}dt \end{cases} \tag{2-89}$$

$F(t)$ 即可按式(2-88)算得。式(2-88)的右边称为 $F(t)$ 的傅里叶级数展开式或傅里叶级数。a_n 和 b_n 称为傅里叶系数。

傅里叶级数的特点是可以将具有有限个不连续点的周期函数表示为三角函数之和。在 $F(t)$ 的连续部分，傅里叶级数收敛于 $f(t)$；但是，在 $F(t)$ 的不连续点 t 的前后，当 $F(t)$ 具有两个不同的值 $F(t-0)$ 和 $F(t+0)$ 时，则傅里叶级数将收敛于平均值

$$\frac{1}{2}[f(t-0)+f(t+0)]。$$

由式(2-88)和式(2-89)可知，$F(t)$ 是由不变的分量与频率为 $\frac{1}{T}$ 的整数倍的频率分量所组成的。其中，$f_1=\frac{1}{T}$ 称为基频，是 $F(t)$ 函数中所含各种频率中的最低频率成分。该频率分量称为基波。其余频率称为 n 阶高频，其大小为基频的 n 倍（$n=2,3,\cdots$），其频率分量称为 n 阶高次波。

若用三角函数之和的公式将式(2-88)加以合成，就可以得到

$$F(t)=\sum_{n=0}^{\infty}c_n\cos\left(\frac{2n\pi t}{T}-\phi_n\right) \tag{2-90}$$

式中

$$\begin{cases} c_0=a_0, c_n=\sqrt{a_n^2+b_n^2} \\ \phi_0=0, \phi_n=\arctan\frac{b_n}{a_n} \end{cases} \tag{2-91}$$

这种振幅 c_n 称为频率 $f_n=\frac{n}{T}$ 的谱分量。表示对应于各种频率的振幅的图形称为频率谱。由于周期函数可以表示为傅里叶级数，而谱分量仅离散地出现在大小为基频的整数倍之处，所以频率谱成为线谱。

例 2-13 如图 2-30(a) 所示的 m-k-c 系统，当通过凸轮受到周期为 1s 的锯齿形支承激励时，试求质量块 m 的稳态振动。

解 (1) 激励分析

依题意，顶杆 D 的运动方程为

$$y=\frac{t}{T} \quad (0<t<T)$$

激励频率为每秒 1 次，激励周期为 $T=1$s，$\omega=2\pi$ rad/s。

因此该支承激励 $y(t)$ 的函数表达式为

$$y(t)=\frac{t}{T}$$

代入式(2-89)，注意到 $T=1$s，可以算得傅里叶系数为

$$a_0=\frac{1}{T}\int_0^T\frac{t}{T}dt=\frac{1}{2}$$

$$a_n=\frac{2}{T}\int_0^T\frac{t}{T}\cos\frac{2n\pi t}{T}dt=0$$

$$b_n=\frac{2}{T}\int_0^T\frac{t}{T}\sin\frac{2n\pi t}{T}dt=-\frac{1}{n\pi}$$

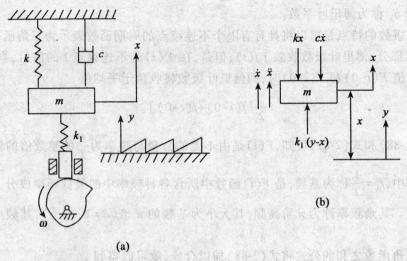

图 2-30

由此得到 $F(t)$ 的傅里叶级数展开式为

$$y(t) = \frac{1}{2} - \frac{1}{\pi}\sum_{n=1}^{\infty}\frac{1}{n}\sin 2n\pi t = \frac{1}{2} - \frac{1}{\pi}\sin 2\pi t - \frac{1}{2\pi}\sin 4\pi t - \frac{1}{3\pi}\sin 6\pi t - \cdots$$

用图 2-31(a) 表示上式前三项之和的几何图形,图 2-31(b) 表示上式前六项之和的几何图形。可见,只要 $n=5$ 的各项谐波叠加所得的曲线就近似于原始的锯齿波了。所以在实际工程中,一般取其前面 $3\sim5$ 个谐波叠加就够了。

（2）激励频谱图

若用横坐标表示各次谐波的频率,用纵坐标表示各谐波的幅值,所得到的图形称为激励频谱图,如图 2-31(c) 所示。

$$c_0 = a_0 = \frac{1}{2}$$
$$c_n = \sqrt{a_n^2 + b_n^2}$$

因 $b_n = 0$

故 $c_n = a_n$。

（3）系统的响应

由图 2-30(b) 依牛顿定律可得

$$m\ddot{x} = -c\dot{x} - kx + k_1(y-x) \tag{2-92}$$

上式中的 $y = y(t) = \frac{1}{2} - \frac{1}{\pi}\sum_{n=1}^{\infty}\frac{1}{n}\sin 2n\pi t$,现将 y 的傅里叶展开式代入式(2-92),得到系统的运动微分方程为

$$m\ddot{x} + c\dot{x} + (k+k_1)x = k_1 y(t) = \frac{k_1}{2} - \frac{k_1}{\pi}\sum_{n=1}^{\infty}\frac{1}{n}\sin 2n\pi t$$

现逐项求其右边的激励解,首先是稳态振动对应于常数项 $\frac{k_1}{2}$ 的解为

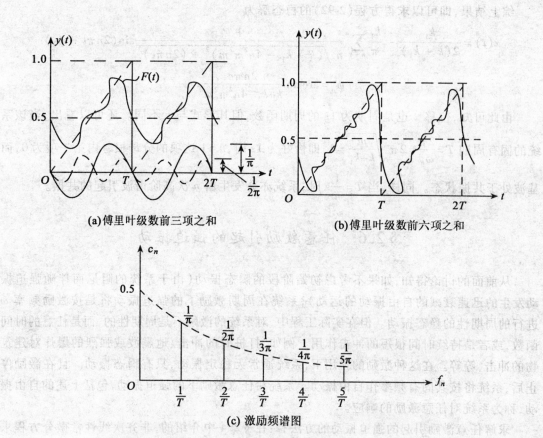

(a) 傅里叶级数前三项之和

(b) 傅里叶级数前六项之和

(c) 激励频谱图

图 2-31

$$x_1 = \frac{k_1}{2(k+k_1)}$$

其次是稳态振动对应于一个正弦力 $-\frac{k_1}{n\pi}\sin 2n\pi t$ 的解为式(2-51)的方程

$$m\ddot{x} + c\dot{x} + kx = F_0\sin\omega t \tag{2-93}$$

的解

$$x(t) = \frac{F_0}{\sqrt{(k-m\omega^2)^2+(c\omega)^2}}\sin(\omega t - \psi)$$

$$\psi = \arctan\frac{c\omega}{k-m\omega^2}$$

相应求解,若用 $k \to k+k_1$, $F_0 \to \dfrac{-k_1}{n\pi}$, $\omega = 2n\pi$ 代入上式便得

$$x(t) = -\frac{k_1}{n\pi\sqrt{(k+k_1-4\pi^2n^2m)^2+(2n\pi c)^2}} \cdot \sin(2n\pi t - \psi_n)$$

$$\psi_n = \arctan\frac{2n\pi c}{k+k_1-4n^2\pi^2 m}$$

综上结果，即可以求得方程(2-92)的稳态解为

$$x(t) = \frac{k_1}{2(k+k_1)} - \frac{k_1}{\pi}\sum_{n=1}^{\infty}\frac{1}{n\sqrt{(k+k_1-4n^2\pi^2 m)^2+(2n\pi c)^2}}\sin(2n\pi t - \psi_n)$$

$$\psi_n = \arctan\frac{2n\pi c}{k+k_1-4n^2\pi^2 m}$$

由此可知，位移 x 也是周期为 1s 的周期函数，但其形式与 y 不同。还可以看出，当该系统的固有周期 $T = \frac{2\pi}{\omega_n} = 2\pi\sqrt{\frac{m}{k+k_1}} = 1$，即恰好为 1s 时，$n=1$ 这项的分母根号内第一项为 0，而基波处于共振状态。同样，当 $T = \frac{1}{n}$ s 时，系统亦会发生由 n 次高阶谐波引起的共振。

§2.6 任意激励引起的强迫振动

从前面的讨论得知，如果不考虑初始阶段的瞬态振动（由于系统的阻尼而伴随强迫振动发生的迅速衰减的自由振动的运动），系统在周期激励下的强迫振动将是按激励频率 ω 进行的周期性的稳态振动。但在实际工程中，对系统的激励不是周期性的，而是任意的时间函数，或者是持续时间很短的冲击作用。例如，打桩时的冲击、地震波或强烈的爆炸对建筑物的冲击，等等。在这种激励的作用下，系统通常无稳定振动，只有瞬态振动。且在激励停止后，系统将按其固有频率作自由振动。系统在任意激励下的强迫振动，包括上述的自由振动，称为系统对任意激励的响应。

求解任意激励引起的强迫振动的方法有：在 §2.4 中介绍的，非齐次线性常微分方程求解的经典方法，即由其齐次微分方程的通解与非齐次微分方程的特解叠加而得；此外，还有参数变值法，卷积积分法，等等。本节只介绍卷积积分（即杜哈美(Duhamel)积分法）的方法。该方法的基本思路是把任意激励分解为一系列微冲量的连续作用，微冲量使系统产生一初速度，再分别求出由初速度引起的系统的响应，然后根据线性叠加原理叠加，即得到系统在任意激励下的总响应。

2.6.1 系统对任意激励的响应

假定在前面图 2-19 系统中所作用的力 $\bar{F}(t)$ 是一个任意激励力 $\bar{F}(\tau)$，如图 2-32 所示，$0 \leq \tau \leq t$，则系统的运动微分方程为

$$m\ddot{x} + c\dot{x} + kx = F(\tau) \tag{2-94}$$

若将 $F(\tau)$ 分解成无数个微冲量——脉冲，每个脉冲的时间间隔为 $d\tau$，则在 $t=\tau$ 时的 $d\tau$ 间隔内，系统的质量块上将受到一个脉冲 $F(\tau)d\tau$ 的作用，如图 2-32 所示阴影部分的面积。根据冲量定理，$F(\tau)d\tau = S = mdv$，此时系统质量块 m 在 $d\tau$ 内来不及发生位移，但产生了一个速度增量 $dv = \frac{F(\tau)}{m}d\tau$。因此，当 $t \geq \tau$ 时，系统在脉冲 $F(\tau)d\tau$ 的作用下，即相当于在 $x(0)=0, \dot{x}(0)=dv$ 的初始条件下作自由振动响应。

根据式(2-36)得到系统的自由振动的表达式为

$$dx = Ae^{-\xi\omega_n(t-\tau)} \cdot \sin(\sqrt{1-\xi^2}\omega_n(t-\tau) + \varphi) \tag{2-95}$$

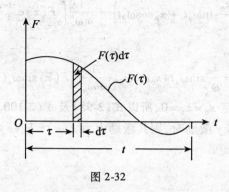

图 2-32

式中，A、φ 由式(2-37)求得

$$A = \sqrt{x_0^2 + \frac{(\xi\omega_n x_0 + \dot{x}_0)^2}{\omega_n^2(1-\xi^2)}} = \frac{\dot{x}_0}{\omega_n\sqrt{1-\xi^2}} = \frac{\dfrac{F(\tau)}{m}d\tau}{\omega_d} = \frac{F(\tau)d\tau}{m\omega_d}$$

$$\varphi = 0$$

代入式(2-95)就可以得到，当 $t=\tau$ 时，系统受脉冲 $F(\tau)d\tau$ 作用使系统产生初速度 $\dot{x}_0 = dv = \dfrac{f(\tau)d\tau}{m}$，而引起系统的自由振动为

$$dx = \frac{F(\tau)d\tau}{m\omega_d} e^{-\xi\omega_n(t-\tau)} \cdot \sin\omega_d(t-\tau) \tag{2-96}$$

如果，脉冲 $F(\tau)d\tau$ 作用在 $\tau=0$ 处，即脉冲发生在坐标原点处，则上式可以改写为

$$dx = \frac{F(\tau)d\tau}{m\omega_d} e^{-\xi\omega_n t} \cdot \sin\omega_d t \tag{2-97}$$

这就是系统在一个脉冲 $F(\tau)d\tau$ 作用下的响应。由于式(2-94)中的激励力 $F(\tau)$ 是由 $\tau=0$ 到 $\tau=t$ 的连续作用，因此系统的总响应等于由无数个脉冲 $F(\tau)d\tau$ 从 $\tau=0$ 到 $\tau=t$ 分别连续作用下系统响应的叠加，即由式(2-96)积分而得

$$x(t) = \frac{1}{m\omega_d}\int_0^t F(\tau) e^{-\xi\omega_n(t-\tau)} \cdot \sin\omega_d(t-\tau) d\tau \tag{2-98}$$

该积分式称为杜哈美(J. M. C. Duhamel)积分。当 $\dfrac{F(\tau)}{m} = f(\tau)$ 时，上式又可以写成

$$x(t) = \frac{1}{\omega_d}\int_0^t f(\tau) e^{-\xi\omega_n(t-\tau)} \cdot \sin\omega_d(t-\tau) d\tau \tag{2-99}$$

式(2-98)即为系统在任意激励力 $F(\tau)$ 作用的强迫振动响应。这与前面用经典方法所得结果完全相同。

当阻尼小到可以忽略不计时，即 $\xi=0$，$\omega_d = \omega_n$，则式(2-98)又可以写成

$$x(t) = \frac{1}{m\omega_n}\int_0^t F(\tau)\sin\omega_n(t-\tau) d\tau \tag{2-100}$$

如果系统在激励之前有初位移 x_0 及初速度 $\dot{x}_0$，则式(2-94)的全解应分别为

$$x(t) = e^{-\xi\omega_n t}(a\sin\omega_d t + b\cos\omega_d t) + \frac{1}{m\omega_d}\int_0^t F(\tau) e^{-\xi\omega_n(t-\tau)} \cdot \sin\omega_d(t-\tau) d\tau$$

$$= e^{-\xi\omega_n t} \cdot \left(\frac{\xi\omega_n x_0 + \dot{x}_0}{\omega_d} \sin\omega_d t + x_0 \cos\omega_d t \right) + \frac{1}{m\omega_d} \int_0^t F(\tau) e^{-\xi\omega_n(t-\tau)} \cdot \sin\omega_d(t-\tau) d\tau$$
(2-101)

及
$$x(t) = \frac{\dot{x}_0}{\omega_n}\sin\omega_n t + x_0\cos\omega_n t + \frac{1}{m\omega_n}\int_0^t F(\tau)\sin\omega_n(t-\tau)d\tau \quad (2\text{-}102)$$

但是,在一般情况下都假定 $x_0 = \dot{x}_0 = 0$,所以式(2-98)及式(2-100)用得较多。

如果系统为支承位移 y 激励时,则其激励力为 $F(\tau) = ky + c\dot{y}$,将之代入式(2-98)求解即可。

2.6.2 瞬态振动

在§2.4及§2.5中已介绍过,振动系统受到激励发生的振动,是由有阻尼自由振动与稳态振动组成的。有阻尼自由振动经过一段时间后即消失,我们在研究周期性谐波激励下的强迫振动时,常常把这种振动忽略掉。但是,当振动系统受到如冲击力或地震波这样的激励时,通常不会出现稳态振动的过程,所以上述激励的初期出现的振动应为其两者之和。这种在不能忽略初期自由振动时发生的振动,称为瞬态振动(或称暂态振动)。

例 2-14 试确定单自由度系统对于受力如图2-33(a)所示的阶跃激励的响应。所谓阶跃激励就是受到一常力 F_0 的突然作用,即 $F(t) = F_0$。

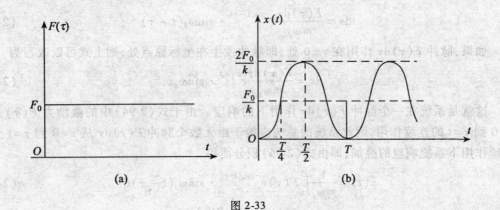

图 2-33

解 (1)考虑所论系统为无阻尼系统时,系统的响应可以依式(2-100)得
$$x(t) = \frac{1}{m\omega_n}\int_0^t F(\tau)\sin\omega_n(t-\tau)d\tau$$
$$= \frac{1}{m\omega_n}\int_0^t F_0\sin\omega_n(t-\tau)d\tau$$
$$= \frac{F_0}{m\omega_n}\int_0^t (\sin\omega_n t\cos\omega_n\tau - \cos\omega_n t\sin\omega_n\tau)d\tau$$

由于所讨论的问题,是指在某一选定时刻 t 的各个脉冲的响应之和,所以在对 τ 的积分中,可以把 t 看做常数,故

$$x(t) = \frac{F_0}{m\omega_n}\left[\sin\omega_n t \cdot \sin\omega_n\tau \cdot \frac{1}{\omega_n} + \cos\omega_n t\cos\omega_n\tau \frac{1}{\omega_n}\right]\Big|_0^t$$

$$= \frac{F_0}{m\omega_n}\left[\frac{\sin^2\omega_n t}{\omega_n} + \frac{\cos^2\omega_n t}{\omega_n} - \frac{\cos\omega_n t}{\omega_n}\right]$$

$$= \frac{F_0}{m\omega_n^2}[1 - \cos\omega_n t]$$

$$= \frac{F_0}{k}[1 - \cos\omega_n t]$$

其图形如图 2-33(b)所示。由图可见,数值为 F_0 的阶跃激励的尖峰响应等于其静变形的两倍。图中 $T = \frac{2\pi}{\omega_n}$ 为系统振动的固有周期。

(2)对有阻尼的系统,其响应可以依式(2-98)得

$$x(t) = \frac{1}{m\omega_d}\int_0^t F(\tau)e^{-\xi\omega_n(t-\tau)} \cdot \sin\omega_d(t-\tau)d\tau$$

$$= \frac{F_0}{m\omega_d}\int_0^t e^{-\xi\omega_n(t-\tau)} \cdot \sin\omega_d(t-\tau)d\tau \tag{2-103}$$

令 $t' = t-\tau, d\tau = -dt'$,运用分部积分,上式中的积分部分为

$$\int_0^t e^{-\xi\omega_n t'} \cdot \sin\omega_d t' dt' = \frac{1}{\xi^2\omega_n^2 + \omega_d^2}[\omega_d - \omega_d e^{-\xi\omega_n t} \cdot \cos\omega_d t - \xi\omega_n e^{-\xi\omega_n t} \cdot \sin\omega_d t]$$

代回式(2-103),并注意到 $\xi\omega_n^2 + \omega_d^2 = \omega_n^2, m\omega_n^2 = k$,得

$$x(t) = \frac{F_0}{k}\left[1 - e^{-\xi\omega_n t} \cdot \left(\cos\omega_d t + \frac{\xi\omega_n}{\omega_d}\sin\omega_d t\right)\right] \tag{2-104}$$

或

$$x(t) = \frac{F_0}{k}\left[1 - \frac{e^{-\xi\omega_n t}}{\sqrt{1-\xi^2}} \cdot \cos(\sqrt{1-\xi^2}\omega_n t - \psi)\right] \tag{2-105}$$

式中

$$\psi = \arctan\frac{\xi}{\sqrt{1-\xi^2}}。$$

式(2-105)说明突加荷载 F_0 不仅使弹簧产生静变形 $\frac{F_0}{k}$,同时使系统发生振幅为 $\frac{F_0}{k} \times \frac{e^{-\xi\omega_n t}}{\sqrt{1-\xi^2}}$ 的衰减振动。如果忽略阻尼的影响,则其结果和上面推导的无阻尼情况完全一致。

例 2-14 还可以用经典方法求解。系统的运动微分方程为

$$\ddot{x} + 2\xi\omega_n\dot{x} + \omega_n^2 x = \frac{F_0}{m}$$

方程的解由两部分组成,一部分是齐次方程的通解,另一部分是非齐次方程的特解。这种情况的特解是 $\frac{F_0}{m\omega_n^2}$,因此方程的全解为

$$x(t) = Ae^{-\xi\omega_n t} \cdot \sin(\omega_d t - \psi) + \frac{F_0}{m\omega_n^2}$$

代入初始条件 $x(0) = \dot{x}(0) = 0$,就可以得到与上面相同的结果,即

$$x(t) = \frac{F_0}{k} \left[1 - \frac{e^{-\xi \omega_n t}}{\sqrt{1-\xi^2}} \cdot \cos(\omega_d t - \psi) \right]。$$

图 2-34 是以 ξ 为参量的 $\frac{kx}{F_0}$ 对 $\omega_n t$ 的图形。由图可见,有阻尼时系统的尖峰响应小于 $\frac{2F_0}{k}$。

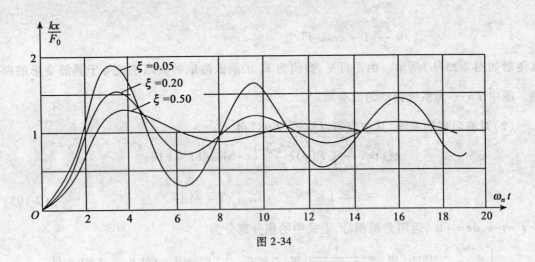

图 2-34

例 2-15 如图 2-35(a) 所示,已知地基的水平运动 $x_0(t)$,试求质点 m 的惯性力。

解 地震或邻近的动力设备对结构的影响都属于地面运动对结构的影响问题。都可以简化为如图2-35(b)所示的单自由度系统受地基运动影响的问题。

依题意得图 2-35(b)所示的单自由度系统的地基发生水平运动 $x_0(t)$。$x_0(t)$ 为已知,求质点 m 的位移 $x(t)$ 及惯性力 $F(t)$。这个惯性力 $F(t)$ 是地面发生水平运动时,结构所受的力。如果是地震,则 $F(t)$ 就称为地震力。

将质点的位移分为两部分,一部分是杆不变形,称为刚性位移,即质点随地基的位移 $x_0(t)$,另一部分是由于杆发生弹性变形,质点相对于地基发生的位移 $x'(t)$。则

$$x(t) = x_0(t) + x'(t) \tag{2-106}$$

质点的加速度 $a(t)$ 为

$$a(t) = \ddot{x}(t) = \ddot{x}_0(t) + \ddot{x}'(t) \tag{2-107}$$

质点的惯性力 $F(t)$ 为

$$F(t) = -ma(t) = -m[\ddot{x}_0(t) + \ddot{x}'(t)] \tag{2-108}$$

现在的问题是要求 $\ddot{x}'(t)$,亦即求 $x'(t)$。

由材料力学知识可知,这里的杆件的内力只与弹性变形有关,故只与其相对位移 $x'(t)$ 有关。因此,质点 m 的运动微分方程为

$$k_{11} x'(t) = F(t) = -m[\ddot{x}_0(t) + \ddot{x}'(t)] \tag{2-109}$$

又

$$\omega_n^2 = \frac{k_{11}}{m}$$

故式(2-106)可以改写为

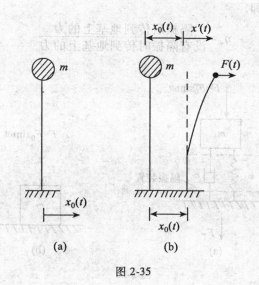

图 2-35

$$\ddot{x}'(t) + \omega_n^2 x'(t) = -\ddot{x}_0(t) \tag{2-110}$$

这就是地面发生水平运动 $x_0(t)$ 时,单自由系统的振动微分方程。

质点 m 的相对位移 $x'(t)$ 相当于受到荷载 $F(t) = -m\ddot{x}_0(t)$ 引起的位移,而且是突加的。可见这类问题属于求其瞬态振动响应问题。可以依式(2-102)计算,若有阻尼时可以依式(2-101)计算。本题中 $\xi = 0, x_0(0) = \dot{x}_0(0) = 0$,而 $\dfrac{F(\tau)}{m} = f(\tau) = -\ddot{x}_0(\tau)$,则

$$x'(t) = \frac{-1}{\omega_n} \int_0^t \ddot{x}_0(t) \sin\omega_n(t-\tau) d\tau \tag{2-111}$$

对应于一定的地面运动 $x_0(t)$,例如一定的地震记录,即可以按式(2-111)计算出其相对位移 $\dot{x}'(t)$ 和 $\ddot{x}(t)$,然后按式(2-107)计算出质点 m 的绝对加速度 $a(t)$,再按式(2-108)计算出质点 m 的惯性力 $F(t)$。

§2.7 隔振原理

地震时引起的地震力、打桩时产生的冲击力、转动的机械中可能产生的周期性激励力,等等,都会影响建筑物、机器及精密仪器等的安全与运行,为减少这些力的破坏性,必须采用防振措施,或引入一些合适的弹簧与阻尼材料来减少其所传递的力,即所谓隔振。如在例2-11 中用橡胶隔振,以减少外界振动对系统的影响;又如在大型锻压机床的基础与地基之间垫上一些隔振材料,以减少通过地基传到周围的振动。上述两种都属于隔振装置,前者通常称为消极隔振,后者则称为积极隔振。这些隔振装置均可以应用单自由度弹簧—质量——阻尼器系统的稳态振动理论来设计。

2.7.1 积极隔振

如图 2-36(a)所示,一积极隔振装置系统,当机器产生正弦激励力 $F_0\sin\omega t$ 时,在机器与基础之间安装一弹簧和阻尼器,以减少其传递到基础上的力。其隔振的效果可以用一所谓

积极隔振系数 η_a 表示。即

$$\eta_a = \frac{\text{隔振后传到地基上的力}}{\text{没有隔振时传到地基上的力}}$$

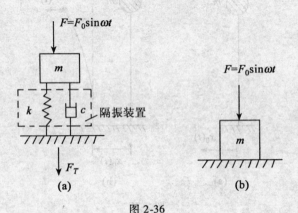

图 2-36

如图 2-36(b)所示,当机器未加隔振时,传到地基上的力,显然就是原来的激励力 $F_0\sin\omega t$。而如图 2-36(a)所示,隔振后,传到地基上的力为 F_T。下面采用复数法来计算如图 2-36(a)所示的系统的稳态振动,从而求得 F_T。

设 F_0 为激励力复值振幅,则正弦激励力可以表示成

$$F(t) = F_0\sin\omega t = F_0 e^{i\omega t}$$

因此,强迫振动的微分方程可以表示成

$$m\ddot{x} + c\dot{x} + kx = F_0 e^{i\omega t} \tag{2-112}$$

假设稳态振动的解亦用复数表示为

$$x(t) = A\sin(\omega t - \psi) = A e^{i(\omega t - \psi)} \tag{2-113}$$

式中,A 为稳态振动的复值振幅。

将式(2-113)代入式(2-112)可得

$$(-m\omega^2 + k + ic\omega)A e^{i(\omega t - \psi)} = F_0 e^{i\omega t} \tag{2-114}$$

由式(2-114)解得

$$A = \frac{F_0 e^{i\psi}}{k - m\omega^2 + ic\omega} \tag{2-115}$$

A 值求出后,式(2-113)中的 $x(t)$ 即为已知。因此,通过弹簧和阻尼器传到基础上的力为

$$f_T = c\dot{x} + kx = (ic\omega + k)A e^{i(\omega t - \psi)} = \frac{F_0 e^{i\psi} e^{i(\omega t - \psi)}}{k - m\omega^2 + ic\omega} \tag{2-116}$$

式中,f_T 称为传递力。

在式(2-116)中,设 F_T 为 f_T 的复值振幅,则传递力与激励力的复值振幅之比为

$$\frac{F_T}{F_0} = \frac{k + ic\omega}{k - m\omega^2 + ic\omega} \tag{2-117}$$

由此可以求得积极隔振系数,或称为传递率的 η_a 值及其相位差分别为

$$\eta_a = \frac{F_T}{F_0} = \sqrt{\frac{k^2 + (c\omega)^2}{(k - m\omega^2)^2 + (c\omega)^2}} = \sqrt{\frac{1 + (2\xi\lambda)^2}{(1 - \lambda^2)^2 + (2\xi\lambda)^2}} \quad (2\text{-}118)$$

$$\psi = \arctan\frac{mc\omega^3}{k(k - m\omega^2) + (c\omega)^2} = \arctan\frac{2\xi\lambda^3}{1 - \lambda^2 + (2\xi\lambda)^2} \quad (2\text{-}119)$$

式中

$$\lambda = \frac{\omega}{\omega_n}, \quad \omega_n^2 = \frac{k}{m}, \quad \xi = \frac{c}{2m\omega_n}\text{。}$$

显然，式(2-118)、式(2-119)与上面所述的支承运动引起的位移激励所得的式(2-84)、式(2-85)完全相同。因此，若按不同的 ξ 作图表示 $\eta_a = \frac{F_T}{F_0}$ 与 $\lambda = \frac{\omega}{\omega_n}$ 的关系，就可以得到传递率随频率变化的特性曲线。其特性曲线图如图 2-37 所示。由图 2-37 可知，只有当 $\lambda > \sqrt{2}$ 时，才能使 $\eta_a < 1$，才有隔振效果。在这种情况下，阻尼比 ξ 越小，η_a 也越小。但对于运转的机械或机器来说，转速 ω 是从零开始的，通过共振点后才达到额定转速 ω，因此，要使这时的振幅不至于很大，最好要有一定的阻尼。

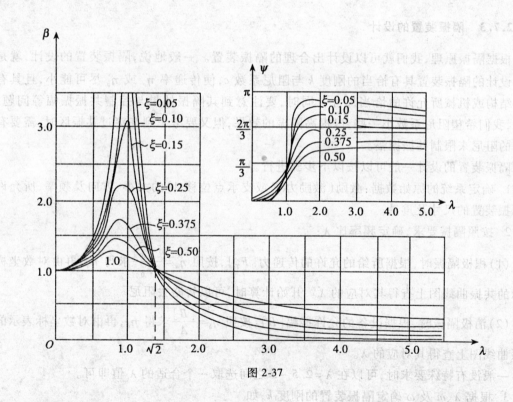

图 2-37

2.7.2 消极隔振

如图 2-38 所示，为一消极隔振装置系统。这种系统能在受支承的激励时，减少质量 m 的振动。这与例 2-11 所研究的支承点激励的情况完全相同，因此其位移传递率 η_b 可以由式(2-84)确定为

$$\eta_b = \frac{B}{A} = \sqrt{\frac{1 + (2\xi\lambda)^2}{(1 - \lambda^2)^2 + (2\xi\lambda)^2}} \quad (2\text{-}120)$$

这与积极隔振时的传递率相同。由此可见，防止基础的位移传到质量上的问题，和防止质量上的作用力传到基础上的问题是相同的。

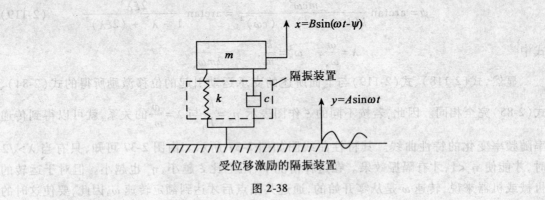

受位移激励的隔振装置

图 2-38

2.7.3 隔振装置的设计

根据隔振原理，我们就可以设计出合理的隔振装置。一般地说，隔振装置的设计，就是使所设计的隔振装置具有恰当的刚度 k 与阻尼系数 c，使传递率 η_a 或 η_b 尽可能小，且具有能为结构或机械所允许的恰当尺寸。同时，要注意到其隔振效果与控制共振振幅等问题。例如，我们希望阻尼系数小一些，以提高隔振的效果，但又要考虑到在穿过共振区时，需要有一定的阻尼来限制共振振幅。

隔振装置的设计一般可以按以下步骤进行。

1. 确定系统的原始数据：激励（激励力 F 或支承点位移 A）的大小、方向及频率，所允许的隔振装置的尺寸及重量。

2. 按照隔振要求，确定频率比 λ：

(1) 积极隔振时，根据所给的允许的传递力 $[F_T]$，按照 $\eta_a = \dfrac{[F_T]}{F_0}$ 求得 η_a，再由对数坐标表示的共振曲线图上查得其对应的 λ。开始计算时，可以暂略去阻尼。

(2) 消极隔振时，根据设备的允许振幅 $[B]$，按照 $\eta_b = \dfrac{[B]}{A}$ 求得 η_b，再由对数坐标表示的共振曲线图上查得其对应的 λ。

一般没有特殊要求时，可以在 $\lambda = 2.5 \sim 5$ 之间选取一个合适的 λ 值即可。

3. 根据 λ、m 及 ω 确定隔振装置的刚度 k，如

$$\lambda = \frac{\omega}{\omega_n}, \quad \omega_n = \frac{\omega}{\lambda} = \sqrt{\frac{k}{m}}$$

故

$$k = \frac{\omega^2}{\lambda^2} \cdot m$$

式中，m 是被隔振设备或仪器的质量。

4. 选择隔振装置的类型，对其进行尺寸计算和结构设计。并综合考虑隔振效率及共振振幅等因素，合理确定隔振装置的阻尼。

具体设计时,还可以参阅有关专门资料。

例 2-16 如图 2-39 所示,有一仪器需要隔振,其允许振幅为 0.2mm,隔振装置采用对称布置的 8 个并联的弹簧组成。已知地面是按 $y = 0.1\sin10\pi t$ cm 的规律振动。仪器重 $W = 8$ kN,每个弹簧刚度为 $k = 130$ N/cm,忽略阻尼的影响,试求其传递率及所采用的隔振装置效果是否满足要求。

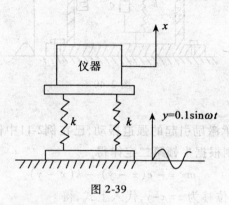

图 2-39

解 这个问题属于消极隔振问题。系统的固有频率为

$$\omega_n = \sqrt{\frac{8kg}{W}} = \sqrt{\frac{8 \times 130 \times 980}{8000}} = 11.29 \ (1/\text{s})$$

地面的振动频率为

$$\omega = 10\pi = 31.4 \ (1/\text{s})$$

故 $\lambda = \dfrac{\omega}{\omega_n} = \dfrac{31.4}{11.29} = 2.78 > \sqrt{2}$,有隔振效果。因忽略阻尼影响,即 $\xi = 0$。则根据式(2-120)得

$$\eta_b = \left|\frac{1}{1-\lambda^2}\right| = \left|\frac{1}{1-2.78^2}\right| = 0.149$$

又 $\eta_b = \dfrac{B}{A}, A = 0.1 (\text{cm})$ 故

$$B = \eta_b \cdot A = 0.149 \times 0.1 = 0.149 (\text{mm}) < [B] = 0.2 (\text{mm})$$

隔振效果是满足要求的。

其隔振效果有时又可以用一隔振效率 ε 来表示

$$\varepsilon = (1 - \eta_b) \times 100\% = (1 - 0.149) \times 100\% = 85.1\%$$

即通过隔振装置可以隔离掉激励振幅的 85.1%。

§2.8 测振仪原理

测量振动用的各种测振仪的原理也可以应用单自由度系统的强迫振动理论来建立。如图 2-40 所示,测振仪内部由质量块 m、弹簧 k 及阻尼器 c 所组成。弹簧及阻尼器固定在外壳上。其外壳安装在被测的对象上,以承受振动。利用连接在质量块上的指针或通过电的信号指示出所测得的位移、速度或加速度。这些量都是质量块对于外壳的相对值。

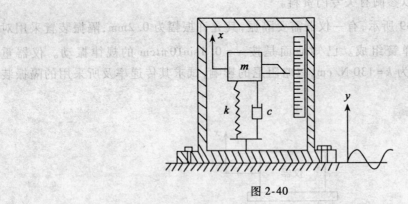

图 2-40

如图 2-40 所示，由支承激励引起的强迫振动，已在例2-11中作过说明。设 x 为质量块 m 的位移，y 为外壳的位移，则根据牛顿第二定律得

$$m\ddot{x} = -c(\dot{x} - \dot{y}) - k(x - y)$$

设外壳与质量块 m 的相对位移为 $z = x - y$，代入上式，得

$$m\ddot{z} + c\dot{z} + kz = -m\ddot{y} \tag{2-121}$$

若外壳作简谐振动，即

$$y(t) = A\sin\omega t$$

则式(2-121)成为

$$m\ddot{z} + c\dot{z} + kz = mA\omega^2 \sin\omega t \tag{2-122}$$

这个运动微分方程式与式(2-51)的形式完全相同，其稳态振动的解如式(2-53)及式(2-56)，即

$$z(t) = z\sin(\omega t - \psi) \tag{2-123}$$

及

$$z = \frac{f_0}{\sqrt{(\omega_n^2 - \omega^2)^2 + (2\xi\omega_n\omega)^2}} = \frac{\dfrac{F_0}{m}}{\sqrt{(\omega_n^2 - \omega^2)^2 + (2\xi\omega_n\omega)^2}}$$

$$= \frac{\dfrac{mA\omega^2}{m}}{\omega_n^2\sqrt{(1-\lambda^2)^2 + (2\xi\lambda)^2}} = \frac{A\left(\dfrac{\omega}{\omega_n}\right)^2}{\sqrt{(1-\lambda^2)^2 + (2\xi\lambda)^2}}$$

$$= \frac{A\lambda^2}{\sqrt{(1-\lambda^2)^2 + (2\xi\lambda)^2}}$$

故

$$\frac{z}{A} = \frac{\lambda^2}{\sqrt{(1-\lambda^2)^2 + (2\xi\lambda)^2}} \tag{2-124}$$

$$\psi = \arctan\frac{2\xi\lambda}{1-\lambda^2} \tag{2-125}$$

式中，$\lambda = \dfrac{\omega}{\omega_n}$，$\omega_n$ 为测振仪的固有圆频率，$\omega_n = \sqrt{\dfrac{k}{m}}$。$\xi = \dfrac{c}{2\sqrt{mk}} = \dfrac{c}{2\omega_n m}$ 为阻尼比。

由此可知，在测量振动位移时，放大因子 $\dfrac{z}{A}$ 可以按式(2-124)求得。若要测量振动加速度时，加速度振幅可以表示为

$$\ddot{y} = -\omega^2 A$$

因此，由式(2-124)便得放大因子为

$$\frac{z}{\ddot{y}} = \frac{1}{\omega_n^2 \sqrt{(1-\lambda^2)^2 + (2\xi\lambda)^2}} \tag{2-126}$$

如果以 λ 为横坐标，$\dfrac{z}{A}$ 为纵坐标，作特性曲线，可得与图 2-25 完全相同的图形，只要将该图的纵坐标 $\dfrac{MB}{me}$ 代以 $\dfrac{z}{A}$ 即可。

又以 $\dfrac{z\omega_n^2}{\ddot{y}}$ 为纵坐标，以 λ 为横坐标，用不同的 ξ 亦可以绘出加速度放大因子特性曲线，如图 2-41 所示。

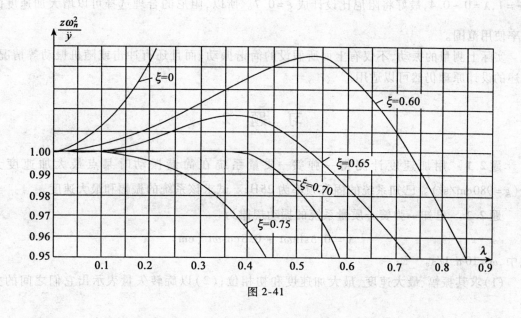

图 2-41

当测振仪用做位移计时，由式(2-124)可知，当 $\lambda \to \infty$ 时，则

$$z = \frac{A}{\sqrt{\left(\dfrac{1}{\lambda^2}-1\right)^2 + \left(\dfrac{2\xi}{\lambda}\right)^2}} \approx A$$

此时，指针所指示的就是振动物体的位移。实际上，只要 ω 比 ω_n 有足够大就可以了。如测量大型电机或汽轮机的某种百分表位移计，其固有频率为 $f_n = \dfrac{\omega_n}{2\pi} = 10\text{Hz}$ 左右，但可以测振动频率为 $f = \dfrac{\omega}{2\pi} = 25 \sim 70\text{Hz}$ 的振动物体。当然若增大阻尼，则从图 2-25 可见，如 $\xi = 0.6 \sim 0.7$，则当 $\lambda > 2.5$ 时，$z \approx A$。所以，合理选择阻尼，实际上就可以扩大频率使用的下限。

由于位移计要求本身的固有频率较低,其本身的体积必然大而重,给使用带来不便,所以目前大多数测振仪是采用加速度计测振仪。甚至测量地震也用加速度计记录,然后通过积分求其速度或位移。

当测振仪用做加速度计时,可以将式(2-126)改写为

$$z = \frac{\ddot{y}}{\omega_n^2 \sqrt{(1-\lambda^2)^2 + (2\xi\lambda)^2}} \tag{2-127}$$

式中,$\ddot{y}$ 就是被测振动物体的加速度。当 $\lambda \to 0$ 时

$$z = \frac{\ddot{y}}{\omega_n^2}$$

此时指针所指示的值与振动物体的加速度幅值成正比。加速度计就是利用这一原理。

加速度计要求本身的 ω_n 比振动物体的 ω 大得多,从而使 $\lambda \to 0$,所以加速度计是一种高频固有频率的仪器。加速度计本身的固有频率可达 10 000Hz 以上,具有使用频率范围广、体积小、灵敏度高等优点。但应注意,其使用频率受阻尼影响也较大,由图 2-41 可见,要使 $\frac{z\omega_n^2}{\ddot{y}} = 1$,$\lambda = 0 \sim 0.4$,最好将阻尼比设计成 $\xi = 0.7$。所以,阻尼的合理选择可以增大加速度的频率使用范围。

实际上测量的振动,不仅有上面所假设的简谐振动,而且还有冲击或随机振动等情况,上述的设计原理仍然可以适用。

习 题 2

题 2.1 用加速度计测得一弹簧—质量系统在简谐振动时某点最大加速度为 $5g(g = 980\text{cm/s}^2)$。已知系统的固有频率为 25Hz。试求该系统的振幅和最大速度。

题 2.2 已知一弹簧—质量系统的振动规律为

$$x = 0.5\sin\omega t + 0.3\cos\omega t \text{ (cm)}$$

式中,$\omega = 10\pi$ 1/s。

(1)求其振幅、最大速度、最大加速度和初相位;(2)以旋转矢量表示出它们之间的关系。

题 2.3 一弹簧—质量系统沿光滑斜面作自由振动,如题 2.3 图所示。试列出其振动微分方程,并求出其固有频率。

题 2.4 一重块 $W = 1\ 000\text{N}$,支承在平台上,如题 2.4 图所示。重块下连接两个弹簧,其刚度均为 $k = 200\text{N/cm}$。在图示位置时,每个弹簧中已有初压力 $F_0 = 100\text{N}$。若将平台突然撤去,重块 W 将下落最大距离为多少?

题 2.5 有一简支梁,抗弯刚度为 $EI = 2 \times 10^{10} \text{N} \cdot \text{cm}^2$,跨度为 $l = 4\text{m}$,用题 2.5 图(a)、(b)两种方式在梁跨中连接一螺旋弹簧和重块。弹簧刚度 $k = 5 \text{kN/cm}$,重块重量 $W = 4\text{kN}$。试求两种弹簧—质量系统的固有频率分别是多少。

题 2.6 如题 2.6 图所示,有一等截面的悬臂梁,其质量不计。在梁的自由端有两个

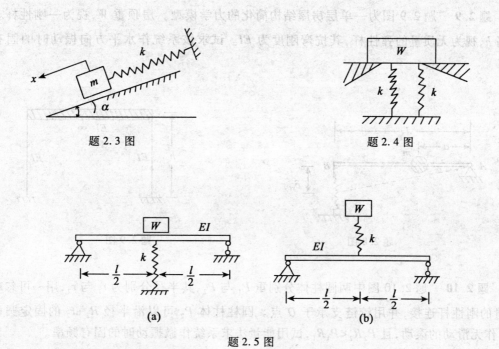

题 2.3 图　　　　　　题 2.4 图

(a)　　　　　　(b)

题 2.5 图

集中质量 m_1 与 m_2，由电磁铁吸住。今在梁静止时打开电磁铁开关，使 m_2 突然释放。试求 m_1 的振幅。

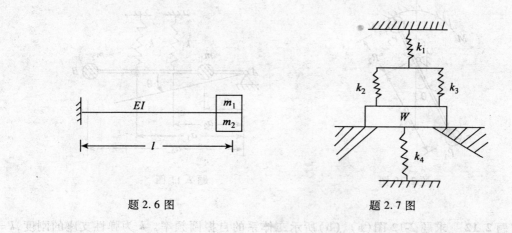

题 2.6 图　　　　　　题 2.7 图

题 2.7　一重块 W 与四个弹簧连接如题 2.7 图所示。重块 $W=500\text{N}$，支承在图示位置时，弹簧均不受力。各弹簧的刚度分别为 $k_1=100\text{N/cm}$，$k_2=k_3=50\text{N/cm}$，$k_4=200\text{N/cm}$。

(1) 若将支承缓慢撤去，重块将下落多少距离？四个弹簧的等效刚度是多少？

(2) 若将支承突然撤去，重块又将下落多少距离？

题 2.8　题 2.8 图为一刚性直杆，其长为 l，杆的一端铰支，另一端由一刚度为 k 的弹簧支承。在离铰支端为 a 处有一集中质量 m，若忽略刚性杆的质量，试求这个系统的固有频率。

题 2.9 题 2.9 图为一单层房屋结构简化的力学模型。房顶重 W,视为一刚性杆。柱子高 h,视为无质量的弹性杆,其抗弯刚度为 EI。试求该系统作水平方向振动时的固有频率。

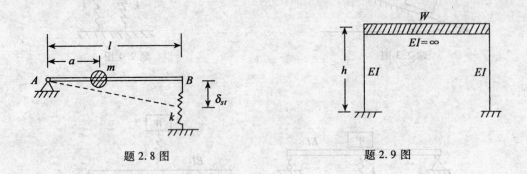

题 2.8 图　　　　　　题 2.9 图

题 2.10 题 2.10 图中两圆柱体分别重 P_1 与 P_2,其半径分别为 r_1 与 r_2,用一可忽略其质量的刚性杆连接,并用铰链支承于 O 点。圆柱柱体 P_2 可以沿半径 R_2+r_2 的固定圆柱面 MN 作无滑动的滚动,且 $P_2R_2<P_1R_1$,试用能量法求系统作微振动时的固有频率。

题 2.11 求题 2.11 图所示系统的固有频率。AB 杆为刚性,本身质量忽略不计。(提示:利用等效质量与等效刚度的概念求解。)

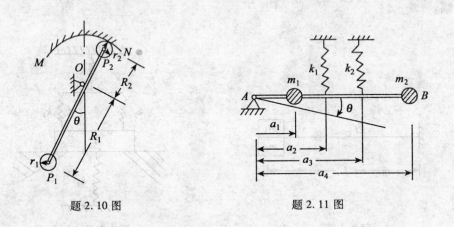

题 2.10 图　　　　　　题 2.11 图

题 2.12 求题 2-12 图(a)、(b)所示二体系的自振圆频率。k 为弹性支座的刚度,$k = 192EI/l^3$。

题 2.13 如题 2.13 图所示,一个重量为 680kN 的水箱,用四根端点嵌固的竖直管柱支承着,每一柱的弯曲刚度 $EI = 5.85 \times 10^{10} \text{N/cm}^2$,柱高 7.30m。略去柱的分布质量,试计算该水箱沿水平方向的自振周期。

题 2.14 用衰减振动法测定某系统的阻尼系数时,测得在 30 周内振幅由 0.258mm 减少到 0.10mm。求该系统的相对阻尼系数 ξ。

题 2.15 一 10t 龙门起重机,在纵向水平振动时要求在 25s 内振幅衰减到最大振幅的

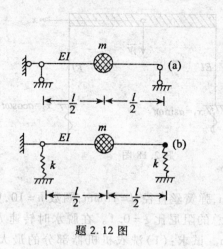
题 2.12 图

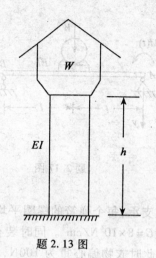
题 2.13 图

5%。起重机可以简化如题 2.15 图所示,等效质量 $m_s = 2\,450\,\text{kg}$。实测得对数减幅率 $\delta = 0.10$。试问起重机水平方向的刚度至少应达到何值?

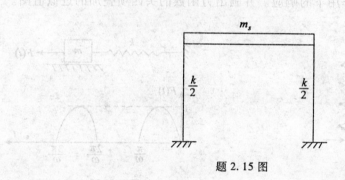
题 2.15 图

题 2.16 某洗衣机机器部分重 15kN,用四个弹簧对称支承,每个弹簧的刚度为 $k = 820\text{N/cm}$。

(1) 试计算该系统的临界阻尼系数 c_c;

(2) 这个系统装有四个阻尼缓冲器,每个阻尼系数 $c = 16.8\text{N·s/cm}$。试问该系统自由振动时经过多少时间后,振幅衰减到 10%?

(3) 衰减振动的周期是多少?试与不安装缓冲器时的振动周期作比较。

题 2.17 有一电机重为 W,放在由两根槽钢组成(其腹板相对放置)的简支梁中央,如题 2.17 图所示,略去梁的质量。如果一简谐力矩 $M = M_0\sin\omega t$ 作用于梁的左端,试求其稳态响应。(提示:将 M 换成作用于梁中点的等效激振力 F。)

题 2.18 如题 2.18 图所示,刚架系统受到两个同振幅、同频率、不同相位的水平支承激励,试求系统的稳态响应。

题 2.19 如题 2.19 图所示为某洗衣机机器部分重为 $W = 22\text{kN}$,用四个螺旋弹簧在对

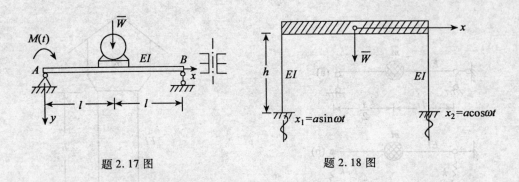

题 2.17 图　　　　　　　　　题 2.18 图

称位置支承,每个弹簧的螺圈平均半径 $R=51$mm,弹簧丝直径 $d=18$mm,圈数 $n=10$,剪切弹性模量 $G=8\times10^6$N/cm^2。同时装有四个阻尼器,总的阻尼比 $\xi=0.1$。在脱水时转速 $N=600$ r/min,此时衣物偏心重为 100N,偏心距为 40cm。试求:(1)洗衣机机器部分的最大振幅;(2)隔振系数 η 及隔振效率 ε。

题 2.20　试将题 2.20 图所示的半正弦力函数 $F(t)$ 展开成傅里叶级数,并列出该弹簧质量系统在该力函数 $F(t)$ 作用下的响应。并画出力函数的头四项叠加的近似值图。

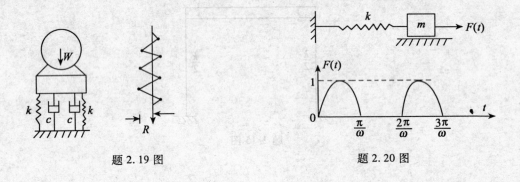

题 2.19 图　　　　　　　　　题 2.20 图

题 2.21　试求在 $t=0$ 时,有冲量 $\hat{F}$ 作用下,有阻尼的弹簧—质量系统的瞬态响应峰值 x_m 及其出现的时间 t_m。

题 2.22　试求题 2.22 图所示弹簧质量系统在力 $F=F_0 e^{-bt}$ 作用下的瞬态响应。系统初始时静止。

题 2.23　如题 2.23 图所示箱中有一无阻尼弹簧—质量系统,箱子由高 h 处静止自由下落。试求:(1)箱子下落过程中,质量块 m 相对于箱子的运动 $x(t)$;(2)箱子落地后传到地面上的最大力 $F_{\max}$。

习题 2 答案

题 2.1　$A=0.1986$cm;　$\dot{x}_{\max}=31.19$ cm/s。

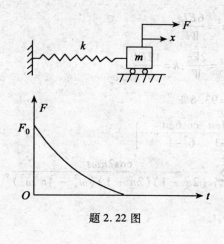

题 2.22 图

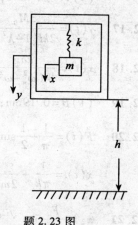

题 2.23 图

题 2.2 $A = 0.583\text{cm}$；$\dot{x}_{\max} = 18.32 \text{ cm/s}$；

$\ddot{x}_{\max} = 575 \text{cm/s}^2$；$\varphi = 30°57'50''$。

题 2.3 $f_n = \dfrac{1}{2\pi}\sqrt{\dfrac{k}{m}}$。

题 2.4   4cm。

题 2.5 $f_a = 11.14\text{Hz}$；$f_b = 4.824\text{Hz}$。

题 2.6 $A = \dfrac{m_2 g l^3}{3EI}$。

题 2.7 $k_l = 25\text{N/cm}$；4cm。

题 2.8 $f_n = \dfrac{1}{2\pi}\dfrac{l}{a}\sqrt{\dfrac{k}{m}}$ (Hz)。

题 2.9 $f_n = \dfrac{1}{2\pi}\sqrt{\dfrac{24EIg}{Wh^3}}$ (Hz)。

题 2.10 $f_n = \dfrac{1}{2\pi}\sqrt{\dfrac{2g(P_1 R_1 - P_2 R_2)}{3P_2 R_2^2 + P_1(r_1^2 + 2R_1^2)}}$。

题 2.11 $f_n = \dfrac{1}{2\pi}\sqrt{\dfrac{a_2^2 k_1 + a_3^2 k_2}{a_1^2 m_1 + a_4^2 m_2}}$。

题 2.12   (a) $\omega_n = 6.928\sqrt{\dfrac{EI}{ml^3}}$；(b) $\omega_n = 6.532\sqrt{\dfrac{EI}{ml^3}}$。

题 2.13 $T = 1.95\text{s}$。

题 2.14 $\xi = 0.005$。

题 2.15 $k = 139.28 \times 10^4 \text{N/m}$。

题 2.16   (1) $C_c = 44.81\text{N} \cdot \text{s/cm}$；(2) $t = 1.037\text{s}$。

(3) $T' = 0.434$ s；而 $T = 0.429$ s。

题 2.17　$y(t) = \dfrac{3M_0}{2kl(1-\lambda^2)} \cdot \sin\omega t$，$\lambda^2 = \dfrac{\omega^2}{\omega_n^2}$，$\omega_n^2 = \dfrac{6EIg}{Wl^3}$。

题 2.18　$x(t) = \dfrac{kag}{W(\omega_n^2 - \omega^2)}(\sin\omega t + \cos\omega t)$；$\omega_n^2 = \dfrac{2kg}{W}$；$k = \dfrac{12EI}{h^3}$。

题 2.19　(1) $B = 0.19$ cm；(2) $\eta = 0.0643$，$\varepsilon = 93.6\%$。

题 2.20　$F(t) = \dfrac{1}{\pi} + \dfrac{1}{2}\sin\omega t - \dfrac{2}{\pi}\left[\dfrac{\cos 2\omega t}{2^2-1} + \dfrac{\cos 4\omega t}{4^2-1} + \dfrac{\cos 6\omega t}{6^2-1} + \cdots\right]$

$x(t) = \dfrac{1}{\pi k} + \dfrac{\sin\omega t}{2m(\omega_n^2 - \omega^2)} - \dfrac{1}{\pi m}\sum_{n=1}^{\infty}\dfrac{\cos 2n\omega t}{(2n-1)(2n+1)(\omega_n^2 - 4n^2\omega^2)}$。

题 2.21　$x_m = \dfrac{\hat{F}}{m\omega_d} \cdot e^{-\frac{\xi}{\sqrt{1-\xi^2}} \cdot \arctan\left(\frac{\sqrt{1-\xi^2}}{\xi}\right)} \cdot \sin\omega_d t_m$。

$t_m = \dfrac{1}{\omega_d}\arctan\left(\dfrac{\sqrt{1-\xi^2}}{\xi}\right)$。

题 2.22　$x(t) = \dfrac{F_0}{mb^2 + k}\left(\dfrac{b}{\omega_n}\sin\omega_n t - \cos\omega_n t + e^{-bt}\right)$。

题 2.23　(1) $x(t) = -\dfrac{g}{\omega_n^2}(1 - \cos\omega_n t)$；

(2) $F_{\max} = kA = \dfrac{kg}{\omega_n^2}\sqrt{(\omega_n t_1 - \sin\omega_n t_1)^2 + (1 - \cos\omega_n t_1)^2}$。

第3章 二自由度系统的振动

在实际工程中,真正的单自由度系统是很少的,而是根据需要,将对象简化成单自由度系统来研究。但是,有些问题是不可能简化成单自由度系统的,或者为了满足工程精度要求,必须按多自由度系统来研究。二自由度系统是最简单的多自由度系统,由二自由度系统所得的结论和方法,可以推广应用于多自由度系统,因此二自由度系统也是研究多自由度系统的入门。所以,我们首先研究二自由度系统的振动。

二自由度系统具有两个固有频率。当系统按其中任一固有频率作自由振动时,称之为主振动。主振动是一种简谐振动。发生主振动时,其两个坐标和振幅之间具有确定的比例,亦即振幅比决定了整个系统的振动形态,故称之为主振型。所以,二自由度系统的特点是具有两个与固有频率相对应的主振型。在任意起始条件下的自由振动的响应,一般是由这两个不同频率的主振动的叠加,其结果不一定是简谐振动。但系统对简谐激励的响应是频率与激励频率相同的简谐振动。当激励频率接近于系统的任一固有频率时就发生共振,共振时的振型就是与固有频率相对应的主振型,此时系统的两个坐标的振幅将趋向最大值。

§3.1 二自由度系统的振动微分方程

现以双质量—弹簧阻尼系统为例进行讨论。这是从实际工程中的结构物或机械中经过力学抽象后得到的动力学模型。设系统同时受到力激励和位移激励的作用,如图 3-1(a) 所示。质量 m_1 与 m_2 在水平方向分别用弹簧 k_1、k_2 及 k_3 连接,且只限于水平光滑平面作往复直线运动。

任一瞬时,m_1 与 m_2 的位置可以用 x_1 及 x_2 两个独立坐标描述,故系统具有两个自由度。设 m_1 及 m_2 的静平衡位置为坐标原点。设系统处于平衡位置时,k_1、k_2 及 k_3 处于自然状态。m_1 及 m_2 的受力情况如图 3-1(b) 所示。

根据其受力图采用牛顿(Newton)第二定律,得到

$$\begin{cases} m_1\ddot{x}_1 = -k_1(x_1-x_0) - c_1(\dot{x}_1-\dot{x}_0) + k_2(x_2-x_1) + c_2(\dot{x}_2-\dot{x}_1) + F_1 \\ m_2\ddot{x}_2 = -k_2(x_2-x_1) - c_2(\dot{x}_2-\dot{x}_1) - k_3x_2 - c_3\dot{x}_2 + F_2 \end{cases} \quad (3\text{-}1)$$

上式经整理后便得到它们的运动微分方程为

$$\begin{cases} m_1\ddot{x}_1 + (c_1+c_2)\dot{x}_1 + (k_1+k_2)x_1 - c_2\dot{x}_2 - k_2x_2 = F_1 + c_1\dot{x}_0 + k_1x_0 \\ m_2\ddot{x}_2 + (c_2+c_3)\dot{x}_2 + (k_2+k_3)x_2 - c_2\dot{x}_1 - k_2x_1 = F_2 \end{cases} \quad (3\text{-}2)$$

式(3-2)中,第 1 式和第 2 式的左边最后两项互有联系,不能独立求解。此时,我们称这两式为耦合式子。而 $-c_2\dot{x}_2$、$-k_2x_2$、$-c_2\dot{x}_1$ 及 $-k_2x_1$ 称为耦合项。

为了研究的方便,我们引用矩阵方法来处理上述联立方程组。令

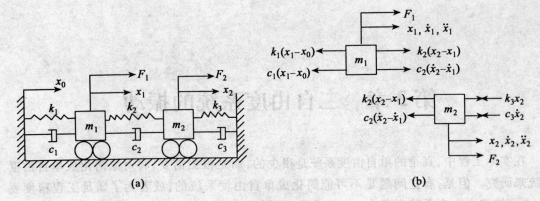

(a)　　　　　　　　　　　　　(b)

图 3-1

$$\begin{cases} [M] = \begin{bmatrix} m_1 & 0 \\ 0 & m_2 \end{bmatrix}, & [C] = \begin{bmatrix} c_1+c_2 & -c_2 \\ -c_2 & c_2+c_3 \end{bmatrix} \\ [K] = \begin{bmatrix} k_1+k_2 & -k_2 \\ -k_2 & k_2+k_3 \end{bmatrix}, & \{F\} = \begin{Bmatrix} F_1+c_1\dot{x}_0+k_1x_0 \\ F_2 \end{Bmatrix} \\ \{X\} = \begin{Bmatrix} x_1 \\ x_2 \end{Bmatrix}, & \{\dot{X}\} = \begin{Bmatrix} \dot{x}_1 \\ \dot{x}_2 \end{Bmatrix}, & \{\ddot{X}\} = \begin{Bmatrix} \ddot{x}_1 \\ \ddot{x}_2 \end{Bmatrix} \end{cases} \quad (3-3)$$

则式(3-2)可以改写为

$$[M]\{\ddot{X}\} + [C]\{\dot{X}\} + [K]\{X\} = \{F\} \quad (3-4)$$

式中，$[M]$、$[C]$ 和 $[K]$ 分别称为质量矩阵、阻尼矩阵和刚度矩阵。其中一般情况下，质量矩阵是对角矩阵，刚度矩阵是对称矩阵。此外，把 $\{X\}$、$\{\dot{X}\}$、$\{\ddot{X}\}$ 和 $\{F\}$ 分别称为位移、速度、加速度和力的列阵。

显然，运用矩阵方法，系统的运动微分方程就可以简单地表示为式(3-4)的形式，为研究二自由度系统的振动带来了方便。同时，不仅对二自由度系统，而且对多自由度系统都可以广泛采用这种方法进行振动分析。

二自由度系统的运动微分方程，除了用上述动力学基本定律或达朗贝尔（D'Alembert）原理来建立之外，还可以用分析力学的方法，合理选取系统的广义坐标，然后根据拉格朗日（Lagrange）方程来建立。

例 3-1 试用拉格朗日运动方程建立如图3-2所示系统的运动微分方程。

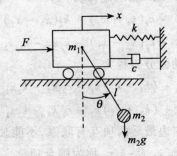

图 3-2

解 该系统属二自由度系统,设位移 x 及角位移 θ 为广义坐标,如图 3-2 所示。在作用于 m_1 及 m_2 上的各力中,重力 m_2g 及弹簧力 $-kx$ 是保守力,外力 F 与阻尼力 $-c\dot{x}$ 是非保守力。

首先求广义力:非保守力对虚位移 δ_x、δ_θ 所作虚功为

$$\delta_A = (F - c\dot{x})\delta_x + 0 \cdot \delta_\theta$$

则广义力为

$$Q'_x = F - c\dot{x}$$
$$Q'_\theta = 0$$

系统的动能及势能为

$$T = \frac{1}{2}m_1\dot{x}^2 + \frac{1}{2}m_2[(\dot{x} + l\dot{\theta}\cos\theta)^2 + (l\dot{\theta}\sin\theta)^2]$$

$$U = \frac{1}{2}kx^2 + m_2gl(1-\cos\theta)$$

将上述 Q'_x、Q'_θ 及 $L = T - U$ 代入拉氏方程

$$\frac{\mathrm{d}}{\mathrm{d}t}\frac{\partial L}{\partial \dot{x}} - \frac{\partial L}{\partial x} = Q'_x$$

$$\frac{\mathrm{d}}{\mathrm{d}t}\frac{\partial L}{\partial \dot{\theta}} - \frac{\partial L}{\partial \theta} = Q'_\theta$$

得

$$\begin{cases}(m_1+m_2)\ddot{x} + c\dot{x} + kx + m_2l\ddot{\theta}\cos\theta - m_2l\dot{\theta}^2\sin\theta = F \\ m_2l\ddot{x}\cos\theta + m_2l^2\ddot{\theta} + m_2gl\sin\theta = 0\end{cases}$$

经整理,并注意到 $\cos\theta \approx 1$,$\sin\theta \approx \theta$,且略去高价微量 $\dot{\theta}^2$,即 $\dot{\theta}^2 = 0$,便得到系统的运动微分方程为

$$\begin{cases}(m_1+m_2)\ddot{x} + m_2l\ddot{\theta} + c\dot{x} + kx = F \\ m_2l\ddot{x} + m_2l^2\ddot{\theta} + m_2gl\theta = 0\end{cases} \tag{3-5}$$

显然,这里的质量矩阵为

$$[M] = \begin{bmatrix} m_1+m_2 & m_2l \\ m_2l & m_2l^2 \end{bmatrix}$$

可见,质量矩阵的非对角元素不一定为零,也不一定具有质量的因次,我们称之为广义质量。

综合式(3-2)及式(3-5)可知,质量矩阵、阻尼矩阵及刚度矩阵可以分别拟用

$$\begin{cases}[M] = \begin{bmatrix} m_{11} & m_{12} \\ m_{21} & m_{22} \end{bmatrix} \\ [K] = \begin{bmatrix} k_{11} & k_{12} \\ k_{21} & k_{22} \end{bmatrix} \\ [C] = \begin{bmatrix} c_{11} & c_{12} \\ c_{21} & c_{22} \end{bmatrix}\end{cases} \tag{3-6}$$

表示。

因此,作为二自由度线性系统的运动微分方程一般可以表示为

$$\begin{cases} m_{11}\ddot{x}_1 + m_{12}\ddot{x}_2 + c_{11}\dot{x}_1 + c_{12}\dot{x}_2 + k_{11}x_1 + k_{12}x_2 = F_1 \\ m_{21}\ddot{x}_1 + m_{22}\ddot{x}_2 + c_{21}\dot{x}_1 + c_{22}\dot{x}_2 + k_{21}x_1 + k_{22}x_2 = F_2 \end{cases} \quad (3\text{-}7)$$

上面的分析是有阻尼的振动。阻尼的作用使自由振动的振幅逐渐衰减,在强迫振动时除在共振区附近范围内使系统振幅减少外,其他的影响很小。这些特性在多自由度系统中亦相同。为了研究的方便,并能突出振动的特性,本章在分析二自由度系统振动规律时,不考虑阻尼的作用。

§3.2 二自由度无阻尼系统的自由振动

3.2.1 动力学模型及运动微分方程

如图 3-3(a)所示一个二自由度的弹簧质量系统。其受力图如图 3-3(b)所示。

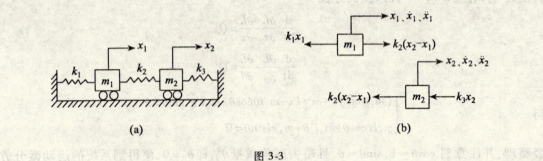

图 3-3

因此,该无阻尼系统的自由振动的运动微分方程,可以由方程式(3-7)中略去阻尼及激励项而得

$$\begin{cases} m_{11}\ddot{x}_1 + m_{12}\ddot{x}_2 + k_{11}x_1 + k_{12}x_2 = 0 \\ m_{21}\ddot{x}_1 + m_{22}\ddot{x}_2 + k_{21}x_1 + k_{22}x_2 = 0 \end{cases} \quad (3\text{-}8)$$

拟用矩阵方法表示为

$$[M]\{\ddot{x}\} + [K]\{x\} = 0 \quad (3\text{-}9)$$

由此可见,方程(3-9)和单自由度自由振动微分方程(2-1)具有相似的形式,其差别仅在于用各矩阵代替了式(2-1)中相应的各参数而已。

3.2.2 固有频率与主振型

对于二自由度系统的自由振动问题,其主要的问题是求出系统的固有频率及主振型。和单自由度系统一样,求系统的固有频率,必须求解系统的运动微分方程组(3-9)。

假定系统作 j 阶主振动时,m_1 与 m_2 均按相同固有频率 ω_{nj} 及相位角 φ_j 作简谐振动,只是振幅不同。这样就可以设方程(3-9)的解为

$$\begin{Bmatrix} x_1 \\ x_2 \end{Bmatrix} = \begin{Bmatrix} A_1^{(j)} \\ A_2^{(j)} \end{Bmatrix} \sin(\omega_{nj} t + \varphi) \quad (3\text{-}10)$$

式中，A_1、A_2 及 φ 均为待定值。由初始条件确定。

采用矩阵方法求解，将式(3-10)代回式(3-9)，可得

$$\left(-\omega_{nj}^2 \begin{Bmatrix} A_1 \\ A_2 \end{Bmatrix}^{(j)} [M] + [K] \begin{Bmatrix} A_1 \\ A_2 \end{Bmatrix}^{(j)}\right) \sin(\omega_{nj}t + \varphi) = 0$$

由于 $\sin(\omega_{nj}t+\varphi)$ 不恒等于零，所以必须是

$$([K] - \omega_{nj}^2 [M]) \begin{Bmatrix} A_1 \\ A_2 \end{Bmatrix}^{(j)} = 0 \tag{3-11}$$

式(3-11)称为系统的特征矩阵方程。其展开形式为

$$\begin{cases} (k_{11} - \omega_{nj}^2 m_{11}) A_1^{(j)} + (k_{12} - \omega_{nj}^2 m_{12}) A_2^{(j)} = 0 \\ (k_{21} - \omega_{nj}^2 m_{21}) A_1^{(j)} + (k_{22} - \omega_{nj}^2 m_{22}) A_2^{(j)} = 0 \end{cases} \tag{3-12}$$

这是 A_1 与 A_2 的线性齐次代数方程组。显然，$A_1 = A_2 = 0$ 也是一个解，即对应于系统处于静平衡状态。此解无意义，须另求其他解。

根据线性代数知识，若方程(3-11)具有非零解，则其系数行列式必须为零，即

$$|[K] - \omega_{nj}^2 [M]| = 0 \tag{3-13}$$

或

$$\begin{vmatrix} k_{11} - \omega_{nj}^2 m_{11} & k_{12} - \omega_{nj}^2 m_{12} \\ k_{21} - \omega_{nj}^2 m_{21} & k_{22} - \omega_{nj}^2 m_{22} \end{vmatrix} = (m_{11} m_{22} - m_{21} m_{12}) \omega_{nj}^4 -$$

$$(k_{11} m_{22} + k_{22} m_{11} - k_{12} m_{21} - k_{21} m_{12}) \omega_{nj}^2 + (k_{11} k_{22} - k_{12} k_{21}) = 0 \tag{3-14}$$

这就是一个以 ω_{nj}^2 为未知数的二次方程，也是二自由度无阻尼系统的频率方程。亦称为特征方程。

特征方程(3-14)的两个根（又称特征值）可以借助于一元二次方程的解确定为

$$\begin{Bmatrix} \omega_{n_1}^2 \\ \omega_{n_2}^2 \end{Bmatrix} = \frac{1}{2} \frac{k_{11} m_{22} + k_{22} m_{11} - k_{12} m_{21} - k_{21} m_{12}}{m_{11} m_{22} - m_{21} m_{12}} \mp$$

$$\frac{1}{2} \sqrt{\left(\frac{k_{11} m_{22} + k_{22} m_{11} - k_{12} m_{21} - k_{21} m_{12}}{m_{11} m_{22} - m_{21} m_{12}}\right)^2 - 4 \frac{k_{11} k_{22} - k_{12} k_{21}}{m_{11} m_{22} - m_{21} m_{12}}} \tag{3-15}$$

由于 $k_{11} = k_1 + k_2$，$k_{22} = k_2 + k_3$，$k_{12} = k_{21} = -k_2$，$m_{11} = m_1$，$m_{22} = m_2$，$m_{12} = m_{21} = 0$，又 k_1、k_2、k_3 和 m_1，m_2 恒为正数，则可以分析出 $\omega_{n_1}^2$ 及 $\omega_{n_2}^2$ 都是正实根。它们仅决定于系统的物理性质（m 及 k），因此和单自由度系统一样，称之为系统的固有频率。其中，较低的一个称为第一阶固有频率或简称为基频；较高的一个称为第二阶固有频率。

将 ω_{n_1} 及 ω_{n_2} 代入式(3-12)便可以求得 A_1 及 A_2。但是，由于式(3-12)是线性相关的，故振幅 A_1 和 A_2 不具有唯一性，得不到 A_1 和 A_2 的真实值，只能求出其对应于1阶和2阶固有频率的振幅比 u_j。即

$$u_j = \frac{A_2^{(j)}}{A_1^{(j)}} = -\frac{k_{11} - \omega_{nj}^2 m_{11}}{k_{12} - \omega_{nj}^2 m_{12}} = -\frac{k_{21} - \omega_{nj}^2 m_{21}}{k_{22} - \omega_{nj}^2 m_{22}} \tag{3-16}$$

式中，j 是固有频率的阶数（$j = 1, 2, \cdots$）。

我们知道，振幅的大小与振动的初始条件有关，但当系统按任一固有频率振动时，由式

(3-16)可知,其振幅比 u_j 却只决定于系统本身的物理性质。同时,从式(3-10)可知,两个质量的坐标在任一瞬时的比值 $\dfrac{x_2}{x_1}$ 同样是确定的,该比值等于振幅比 u_j。其他各点的位移同样决定于振幅比,所以说振幅比决定了整个系统的振动形态,因此称之为主振型。与 ω_{n_1} 对应的 u_1 称为第一主振型;与 ω_{n_2} 对应的 u_2 称为第二主振型。对于弹簧质量系统可以将 ω_{n_1} 和 ω_{n_2} 代回式(3-16),还可以证明

$$u_1 = \frac{A_2^{(1)}}{A_1^{(1)}} > 0, \quad u_2 = \frac{A_2^{(2)}}{A_1^{(2)}} < 0$$

说明系统以频率 ω_{n_1} 振动时,质量 m_1 与 m_2 总是按同一方向运动的,而以频率 ω_{n_2} 振动时,m_1 与 m_2 是按相反方向运动的。

依主振动的定义,当系统按 ω_{n_1} 振动时,称为第一阶主振动。第一阶主振动为

$$\begin{cases} x_1^{(1)} = A_1^{(1)} \sin(\omega_{n_1} t + \varphi_1) \\ x_2^{(1)} = A_2^{(1)} \sin(\omega_{n_1} + \varphi_1) = u_1 A_1^{(1)} \sin(\omega_{n_1} t + \varphi_1) \end{cases} \tag{3-17}$$

同样,第二阶主振动为

$$\begin{cases} x_1^{(2)} = A_1^{(2)} \sin(\omega_{n_2} t + \varphi_2) \\ x_2^{(2)} = A_2^{(2)} \sin(\omega_{n_2} t + \varphi_2) = u_2 A_1^{(2)} \sin(\omega_{n_2} t + \varphi_2) \end{cases} \tag{3-18}$$

可见,系统作主振动时,各点仍然以确定的频率和振型作简谐振动。系统作一阶主振动时,m_1 与 m_2 都按 ω_{n_1} 振动;系统作二阶主振动时,m_1 与 m_2 亦都按 ω_{n_2} 振动。两种主振动互不相关,这种特性称为主振型的正交性。

但是,并非任何情况下系统都可能作主振动。因为式(3-9)的通解是式(3-17)、式(3-18)两种主振型的叠加,即

$$\begin{cases} x_1 = x_1^{(1)} + x_1^{(2)} = A_1^{(1)} \sin(\omega_{n_1} t + \varphi_1) + A_1^{(2)} \sin(\omega_{n_2} t + \varphi_2) \\ x_2 = x_2^{(1)} + x_2^{(2)} = u_1 A_1^{(1)} \sin(\omega_{n_1} t + \varphi_1) + u_2 A_1^{(2)} \sin(\omega_{n_2} t + \varphi_2) \end{cases} \tag{3-19}$$

所以,一般情况下系统的自由振动是两种不同频率的主振动的叠加,其结果就不一定是简谐振动了。

实际上,系统是否作主振动或作哪种主振动,完全取决于振动的初始条件。即式(3-19)中的振幅 $A_1^{(1)}$、$A_1^{(2)}$ 及相位角 φ_1、φ_2 四个未知数,均按初始条件确定。当 $t=0$ 时

$$x_1(0) = x_{10} = A_1^{(1)} \sin\varphi_1 + A_1^{(2)} \sin\varphi_2$$
$$x_2(0) = x_{20} = u_1 A_1^{(1)} \sin\varphi_1 + u_2 A_1^{(2)} \sin\varphi_2$$
$$\dot{x}_1(0) = v_{10} = A_1^{(1)} \omega_{n_1} \cos\varphi_1 + A_1^{(2)} \omega_{n_2} \cos\varphi_2$$
$$\dot{x}_2(0) = v_{20} = u_1 A_1^{(1)} \omega_{n_1} \cos\varphi_1 + u_2 A_1^{(2)} \omega_{n_2} \cos\varphi_2$$

解之得

$$\begin{cases} A_1^{(1)} = \dfrac{1}{|u_2-u_1|}\sqrt{(u_2 x_{10}-x_{20})^2 + \dfrac{(u_2 v_{10}-v_{20})^2}{\omega_{n_1}^2}} \\ A_1^{(2)} = \dfrac{1}{|u_1-u_2|}\sqrt{(u_1 x_{10}-x_{20})^2 + \dfrac{(u_1 v_{10}-v_{20})^2}{\omega_{n_2}^2}} \\ \varphi_1 = \arctan\dfrac{\omega_{n_1}(u_2 x_{10}-x_{20})}{u_2 v_{10}-v_{20}} \\ \varphi_2 = \arctan\dfrac{\omega_{n_2}(u_1 x_{10}-x_{20})}{u_1 v_{10}-v_{20}} \end{cases} \quad (3-20)$$

将式(3-20)代入式(3-19)后,便得到系统在初始条件下的响应了。

系统何时出现主振动,对比式(3-17)、式(3-18)与式(3-19)便可知。当 $A_1^{(2)}=0$,即由式(3-20)得 $u_1 x_{10}=x_{20}$ 和 $u_1 v_{10}=v_{20}$,也就是说,当 $\dfrac{x_{20}}{x_{10}}=\dfrac{v_{20}}{v_{10}}=u_1$ 时,系统出现一阶主振动。同理当 $\dfrac{x_{20}}{x_{10}}=\dfrac{v_{20}}{v_{10}}=u_2$ 时,系统出现二阶主振动。可见,当系统中两个质量块的初位移之比或初速度之比等于其振幅比 u_j 时,系统就出现 j 阶主振动。

例 3-2 如图 3-4 所示,已知,$m_1=m$,$m_2=2m$,$k_1=k_2=k_3=k$,试求弹簧质量系统的固有圆频率及主振型。

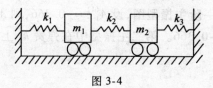

图 3-4

解 该系统属于二自由度无阻尼振动系统。依式(3-9)列出其运动微分方程为

$$[M]\{\ddot{x}\} + [K]\{x\} = \{0\}$$

式中

$$[M] = \begin{bmatrix} m_{11} & m_{12} \\ m_{21} & m_{22} \end{bmatrix} = \begin{bmatrix} m & 0 \\ 0 & 2m \end{bmatrix}$$

$$[K] = \begin{bmatrix} k_{11} & k_{12} \\ k_{21} & k_{22} \end{bmatrix} = \begin{bmatrix} k_1+k_2 & -k_2 \\ -k_2 & k_2+k_3 \end{bmatrix} = \begin{bmatrix} 2k & -k \\ -k & 2k \end{bmatrix}$$

则系统的运动微分方程又可以表示为

$$\begin{bmatrix} m & 0 \\ 0 & 2m \end{bmatrix}\begin{Bmatrix} \ddot{x}_1 \\ \ddot{x}_2 \end{Bmatrix} + \begin{bmatrix} 2k & -k \\ -k & 2k \end{bmatrix}\begin{Bmatrix} x_1 \\ x_2 \end{Bmatrix} = \{0\}$$

系统的特征矩阵方程可以用式(3-13)表示。将已知条件代入式(3-13)求其固有圆频率

$$\left| [K] - \omega_{nj}^2 [M] \right| = \left| \begin{bmatrix} 2k & -k \\ -k & 2k \end{bmatrix} - \omega_{nj}^2 \begin{bmatrix} m & 0 \\ 0 & 2m \end{bmatrix} \right| = 0$$

展开得

$$\begin{vmatrix} 2k-\omega_{nj}^2 m & -k \\ -k & 2k-2\omega_{nj}^2 m \end{vmatrix} = 0$$

令 $\omega_{nj}^2 = \lambda$，则由以上行列式得到特征方程

$$\lambda^2 - \left(\frac{3k}{m}\right)\lambda + \frac{3}{2}\left(\frac{k}{m}\right)^2 = 0$$

解以上方程得

$$\lambda_{1,2} = \frac{\frac{3k}{m} \mp \sqrt{\left(\frac{3k}{m}\right)^2 - 4 \times \frac{3}{2}\left(\frac{k}{m}\right)^2}}{2} = \frac{k}{m}\left(\frac{3}{2} \mp \frac{\sqrt{3}}{2}\right) = \begin{cases} 0.634\dfrac{k}{m} \\ 2.366\dfrac{k}{m} \end{cases}$$

因此，系统的固有圆频率分别为

$$\omega_{n_1} = \sqrt{\lambda_1} = \sqrt{0.634\frac{k}{m}} = 0.796\sqrt{\frac{k}{m}}$$

$$\omega_{n_2} = \sqrt{\lambda_2} = \sqrt{2.366\frac{k}{m}} = 1.538\sqrt{\frac{k}{m}}$$

把 ω_{n_1} 及 ω_{n_2} 代入式(3-16)得到系统的振幅比

$$u_1 = \left(\frac{A_2}{A_1}\right)^{(1)} = \frac{2k - 0.634k}{k} = 1.366$$

$$u_2 = \left(\frac{A_2}{A_1}\right)^{(2)} = \frac{2k - 2.366k}{k} = -0.366$$

以横坐标表示系统各点的静平衡位置，纵坐标表示各点振幅比，可以作出主振型图，如图 3-5 所示。图中：(a) 为第一阶主振型图，设 $A_1^{(1)} = -0.366$，则 $A_2^{(1)} = 1.366$；(b) 为第二阶主振型图，设 $A_1^{(2)} = 1$，则 $A_2^{(2)} = -0.366$。第二主振型中在弹簧 k_2 上有一个始终保持不动的点，称之为节点。

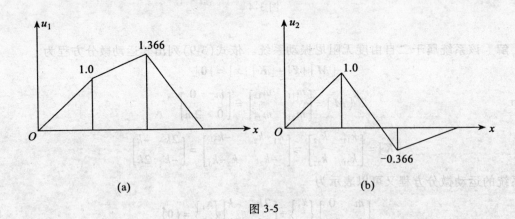

图 3-5

例 3-3 如图 3-6(a) 所示，一根两端固定的轴上装有两个飞轮，各部分尺寸如图所示（单位为 mm），飞轮材料之比重为 $r = 0.077\,(\text{N/cm}^3)$，轴的剪切弹性模量 $G = 7.8 \times 10^4$ (N/mm^2)，试求系统的扭转固有频率。已知 $k_{\theta_1} = k_{\theta_2} = k_{\theta_3} = k_\theta$，$I_1 = I_2 = I$。

解 扭转振动是旋转机械中普遍存在的问题。实际工程中旋转机械的转动部分往往比较复杂，本题的图示是系统经过简化之后的简单的力学模型。

一般简化之后的圆盘数即为系统的自由度数，故本题属于二自由度系统问题。

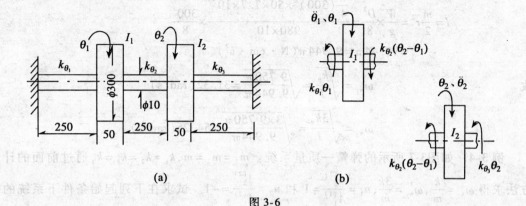

图 3-6

扭转振动在分析和计算上与前面所介绍的弹簧—质量系统是完全相似的,只是要将质量 m 代之以转动惯量 I,位移 x 代之以角位移 θ,刚度 k 代之以扭转刚度 k_θ 就是了。或者也可以根据动量矩定理,分别列出两圆盘的转动微分方程,亦可以得到系统扭振的微分方程组。因此,系统的扭振运动微分方程可以依图 3-6(b)而得

$$I_1\ddot{\theta}_1 = k_{\theta_2}(\theta_2-\theta_1) - k_{\theta_1} \cdot \theta_1 \tag{3-21}$$

$$I_2\ddot{\theta}_2 = -k_{\theta_2}(\theta_2-\theta_1) - k_{\theta_3} \cdot \theta_2 \tag{3-22}$$

由题设 $I_2 = I_1 = I, k_{\theta_1} = k_{\theta_2} = k_{\theta_3} = k_\theta$,故

$$I\ddot{\theta}_1 + 2k_\theta\theta_1 - k_\theta\theta_2 = 0 \tag{3-23}$$

$$I\ddot{\theta}_2 - k_\theta\theta_1 + 2k_\theta\theta_2 = 0 \tag{3-24}$$

用矩阵方法可以表示为

$$[I]\{\ddot{\theta}\} + [k_\theta]\{\theta\} = \{0\}$$

式中

$$[I] = \begin{bmatrix} I & 0 \\ 0 & I \end{bmatrix}, \quad [k_\theta] = \begin{bmatrix} 2k_\theta & -k_\theta \\ -k_\theta & 2k_\theta \end{bmatrix}$$

则系统的特征方程为

$$|[k_\theta] - \omega_{nj}^2[I]| = 0$$

即

$$\begin{vmatrix} 2k_\theta - \omega_{nj}^2 I & -k_\theta \\ -k_\theta & 2k_\theta - \omega_{nj}^2 I \end{vmatrix} = 0$$

展开得

$$(2k_\theta - \omega_{nj}^2 I)^2 - k_\theta^2 = (2k_\theta - \omega_{nj}^2 I - k_\theta)(2k_\theta - \omega_{nj}^2 I + k_\theta) = 0$$

即

$$2k_\theta - k_\theta - \omega_{n_1}^2 I = 0$$

$$2k_\theta + k_\theta - \omega_{n_2}^2 I = 0$$

故

$$\omega_{n_1}^2 = \frac{k_\theta}{I}$$

$$\omega_{n_2}^2 = \frac{3k_\theta}{I}$$

将已知数据代入求 ω_{n_1} 及 ω_{n_2}。因

$$k_\theta = \frac{G\pi d^4}{32l} = \frac{7.8 \times 10^4 \times \pi \times 10^4}{32 \times 250} = 97\,500\pi(\text{N/mm}) = 9\,750\pi(\text{N/cm})$$

$$I = \frac{m}{2}r^2 = \frac{W}{g} \times \frac{D^2}{8} = \frac{\frac{\pi}{4}(300)^2 \times 50 \times 7.7 \times 10^{-5}}{980 \times 10} \times \frac{300^2}{8}$$
$$= 99.44\pi = 9.944\pi(\text{N} \cdot \text{cm} \cdot \text{s}^2)$$

故
$$\omega_{n_1} = \sqrt{\frac{k_\theta}{I}} = \sqrt{\frac{9\,750\pi}{9.944\pi}} = 31.32(\text{rad/s})$$

$$\omega_{n_2} = \sqrt{\frac{3k_\theta}{I}} = \sqrt{\frac{3 \times 9\,750\pi}{9.944\pi}} = 54.25(\text{rad/s})$$

例 3-4 如图 3-7 所示的弹簧—质量系统。$m_1 = m_2 = m$，$k_1 = k_2 = k_3 = k$，通过前面的计算方法求得 $\omega_{n_1}^2 = \frac{k}{m}$，$\omega_{n_2}^2 = \frac{3k}{m}$，$u_1 = \frac{A_2^{(1)}}{A_1^{(1)}} = 1$ 和 $u_2 = \frac{A_2^{(2)}}{A_1^{(2)}} = -1$。试求在下列起始条件下系统的响应。已知 $x_1(0) = 5$，$x_2(0) = \dot{x}_1(0) = \dot{x}_2(0) = 0$。

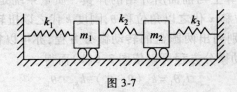

图 3-7

解 在任意初始条件下，系统的响应均可以考虑为两个主振型的叠加，即可按式(3-19)写出

$$x_1 = A_1^{(1)} \sin(\omega_{n_1} t + \varphi_1) + A_1^{(2)} \sin(\omega_{n_2} t + \varphi_2)$$
$$x_2 = u_1 A_1^{(1)} \sin(\omega_{n_1} t + \varphi_1) + u_2 A_1^{(2)} \sin(\omega_{n_2} t + \varphi_2)$$

依题意，式中的 u_1、u_2、ω_{n_1} 及 ω_{n_2} 为已知，只有 $A_1^{(1)}$、$A_1^{(2)}$、φ_1 及 φ_2 是未知，它们可以根据题设初始条件求得，当 $t=0$ 时

$x_1(0) = 5$ 得	$5 = A_1^{(1)} \sin\varphi_1 + A_1^{(2)} \sin\varphi_2$	(3-25)
$x_2(0) = 0$ 得	$0 = u_1 A_1^{(1)} \sin\varphi_1 + u_2 A_1^{(2)} \sin\varphi_2$	(3-26)
$\dot{x}_1(0) = 0$ 得	$0 = A_1^{(1)} \omega_{n_1} \cos\varphi_1 + A_1^{(2)} \omega_{n_2} \cos\varphi_2$	(3-27)
$\dot{x}_2(0) = 0$ 得	$0 = u_1 A_1^{(1)} \omega_{n_1} \cos\varphi_1 + u_2 A_1^{(2)} \omega_{n_2} \cos\varphi_2$	(3-28)

将 $u_1 = 1$ 及 $u_2 = -1$ 代入式(3-26)得
$$A_1^{(1)} \sin\varphi_1 - A_1^{(2)} \sin\varphi_2 = 0 \quad (3\text{-}29)$$

式(3-25)+式(3-29)得
$$A_1^{(1)} \sin\varphi_1 = 2.5$$

式(3-25)−式(3-29)得
$$A_1^{(2)} \sin\varphi_2 = 2.5$$

将式(3-27)代入式(3-28)得
$$u_1(-A_1^{(2)} \omega_{n_2} \cos\varphi_2) + u_2 A_1^{(2)} \omega_{n_2} \cos\varphi_2 = 0$$

解上式得
$$\cos\varphi_2 = 0 \text{ 或 } \varphi_2 = \frac{\pi}{2}$$

同理
$$\cos\varphi_1 = 0 \text{ 或 } \varphi_1 = \frac{\pi}{2}$$

故
$$A_1^{(1)}\sin\varphi_1 = A_1^{(1)} = 2.5$$
$$A_1^{(2)}\sin\varphi_2 = A_1^{(2)} = 2.5$$

将所求得的参数代入系统响应表达式得

$$x_1(t) = 2.5\sin\left(\sqrt{\frac{k}{m}}t + \frac{\pi}{2}\right) + 2.5\sin\left(\sqrt{\frac{3k}{m}}t + \frac{\pi}{2}\right)$$
$$= 2.5\cos\sqrt{\frac{k}{m}}t + 2.5\cos\sqrt{\frac{3k}{m}}t$$
$$x_2(t) = 2.5\sin\left(\sqrt{\frac{k}{m}}t + \frac{\pi}{2}\right) - 2.5\sin\left(\sqrt{\frac{3k}{m}}t + \frac{\pi}{2}\right)$$
$$= 2.5\cos\sqrt{\frac{k}{m}}t - 2.5\cos\sqrt{\frac{3k}{m}}t$$

用矩阵形式表示为

$$\begin{Bmatrix}x_1(t)\\x_2(t)\end{Bmatrix} = 2.5\begin{Bmatrix}1\\1\end{Bmatrix}\cos\sqrt{\frac{k}{m}}t - 2.5\begin{Bmatrix}-1\\1\end{Bmatrix}\cos\sqrt{\frac{3k}{m}}t。$$

系统响应曲线 $x_1(t)$、$x_2(t)$ 及其组成后的曲线如图 3-8 所示。

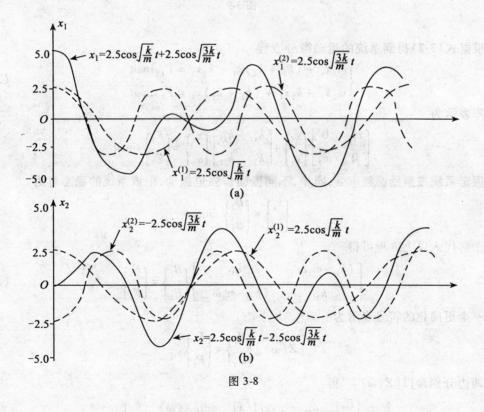

图 3-8

§3.3 二自由度无阻尼系统的强迫振动

本节我们将从两个方面来研究无阻尼的二自由度弹簧—质量系统,在同频率的两个谐波激励下的强迫振动。一方面是已知系统的刚度系数,用前面介绍过的动力方程求解方法研究;另一方面是已知系统的柔度系数,用位移方程求解方法研究。

3.3.1 动力方程求解法

动力方程求解法是运用动力方程求解系统的位移,进而求解系统的加速度、惯性力等。该方法是振动理论通常采用的方法。

仍以§3.1中图3-1的双质量—弹簧系统为例,略去阻尼,且 $x_0 = 0$,$F_1(t) = F_1\sin\omega t$、$F_2(t) = F_2\sin\omega t$ 如图3-9所示,讨论其一般性质并求其响应。

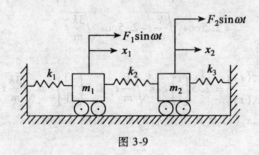

图 3-9

根据式(3-2)得到系统的运动微分方程

$$\begin{cases} m_1\ddot{x}_1 + (k_1 + k_2)x_1 - k_2 x_2 = F_1\sin\omega t \\ m_2\ddot{x}_2 - k_2 x_1 + (k_2 + k_3)x_2 = F_2\sin\omega t \end{cases} \quad (3\text{-}30)$$

用矩阵表示为

$$\begin{bmatrix} m_1 & 0 \\ 0 & m_2 \end{bmatrix}\begin{Bmatrix} \ddot{x}_1 \\ \ddot{x}_2 \end{Bmatrix} + \begin{bmatrix} k_{11} & k_{12} \\ k_{21} & k_{22} \end{bmatrix}\begin{Bmatrix} x_1 \\ x_2 \end{Bmatrix} = \begin{Bmatrix} F_1 \\ F_2 \end{Bmatrix}\sin\omega t$$

假定系统按激励圆频率 ω,同步,不同振幅作强迫振动,则该系统的稳态解为

$$\begin{Bmatrix} x_1 \\ x_2 \end{Bmatrix} = \begin{Bmatrix} B_1 \\ B_2 \end{Bmatrix}\sin\omega t$$

将这个解代入以上方程可得

$$\begin{bmatrix} (k_{11} - m_1\omega^2) & k_{12} \\ k_{21} & (k_{22} - m_2\omega^2) \end{bmatrix}\begin{Bmatrix} B_1 \\ B_2 \end{Bmatrix} = \begin{Bmatrix} F_1 \\ F_2 \end{Bmatrix} \quad (3\text{-}31)$$

采用一个更简化的符号表示为

$$[Z(\omega)]\begin{Bmatrix} B_1 \\ B_2 \end{Bmatrix} = \begin{Bmatrix} F_1 \\ F_2 \end{Bmatrix}。$$

上式两边分别乘以 $[Z(\omega)]^{-1}$ 得

$$\begin{Bmatrix} B_1 \\ B_2 \end{Bmatrix} = [Z(\omega)]^{-1}\begin{Bmatrix} F_1 \\ F_2 \end{Bmatrix} = \frac{adj[Z(\omega)]}{|Z(\omega)|}\begin{Bmatrix} F_1 \\ F_2 \end{Bmatrix} \quad (3\text{-}32)$$

又方程(3-31)中的行列式 $|Z(\omega)|$ 可以表示为

$$|Z(\omega)| = m_1 m_2(\omega_{n_1}^2 - \omega^2)(\omega_{n_2}^2 - \omega^2) \quad (3\text{-}33)(\text{注})$$

式中,ω_{n_1}、ω_{n_2} 是主振动频率,依式(3-15)求得。则式(3-32)变成

$$\begin{Bmatrix} B_1 \\ B_2 \end{Bmatrix} = \frac{1}{|Z(\omega)|} \begin{bmatrix} (k_{22}-m_2\omega^2) & -k_{12} \\ -k_{21} & (k_{11}-m_1\omega^2) \end{bmatrix} \begin{Bmatrix} F_1 \\ F_2 \end{Bmatrix} \qquad (3\text{-}34)$$

或

$$\begin{cases} B_1 = \dfrac{(k_{22}-m_2\omega^2)F_1 - k_{12}F_2}{m_1 m_2 (\omega_{n_1}^2 - \omega^2)(\omega_{n_2}^2 - \omega^2)} \\ B_2 = \dfrac{(k_{11}-m_1\omega^2)F_2 - k_{21}F_1}{m_1 m_2 (\omega_{n_1}^2 - \omega^2)(\omega_{n_2}^2 - \omega^2)} \end{cases} \qquad (3\text{-}35)$$

B_1、B_2 求得后,系统的稳态响应为

$$\begin{cases} x_1(t) = B_1 \sin\omega t \\ x_2(t) = B_2 \sin\omega t \end{cases}$$

注:求证式(3-33) $|Z(\omega)| = m_1 m_2 (\omega_{n_1}^2 - \omega^2)(\omega_{n_2}^2 - \omega^2)$。

证明:根据式(3-2)系统的运动微分方程为

$$\begin{cases} m_1 \ddot{x}_1 + (k_1 + k_2) x_1 - k_2 x_2 = F_1 \sin\omega t \\ m_2 \ddot{x}_2 - k_1 x_1 + (k_1 + k_2) x_2 = F_2 \sin\omega t \end{cases} \qquad (3\text{-}36)$$

设 $a = \dfrac{k_1+k_2}{m_1}$, $b = \dfrac{k_2}{m_1}$, $c = \dfrac{k_2}{m_2}$, $d = \dfrac{k_2+k_3}{m_2}$, $f_1 = \dfrac{F_1}{m_1}$, $f_2 = \dfrac{F_2}{m_2}$。

则式(3-36)变成

$$\begin{cases} \ddot{x}_1 + a x_1 - b x_2 = f_1 \sin\omega t \\ \ddot{x}_2 - c x_1 + d x_2 = f_2 \sin\omega t \end{cases} \qquad (3\text{-}37)$$

设上式的解为

$$\begin{cases} x_1 = B_1 \sin\omega t \\ x_2 = B_2 \sin\omega t \end{cases} \qquad (3\text{-}38)$$

代入式(3-37)得

$$\begin{cases} (a - \omega^2) B_1 - b B_2 = f_1 \\ -c B_1 + (d - \omega^2) B_2 = f_2 \end{cases} \qquad (3\text{-}39)$$

求解式(3-39)得

$$\begin{cases} B_1 = \dfrac{(d-\omega^2)f_1 + b f_2}{\Delta(\omega^2)} = \dfrac{\left[\dfrac{k_2+k_3}{m_2} - \omega^2\right]\dfrac{F_1}{m_1} + \dfrac{k_2}{m_1}\dfrac{F_2}{m_2}}{\Delta(\omega^2)} = \dfrac{[(k_2+k_3) - m_2\omega^2]F_1 + k_2 F_2}{m_1 m_2 \Delta(\omega^2)} \\ B_2 = \dfrac{cf_1 + (a-\omega^2)f_2}{\Delta(\omega^2)} = \dfrac{\left[\dfrac{k_1+k_2}{m_1} - \omega^2\right]\dfrac{F_2}{m_2} + \dfrac{k_2}{m_2}\dfrac{F_1}{m_1}}{\Delta(\omega^2)} = \dfrac{[(k_1+k_2) - m_1\omega^2]F_2 + k_2 F_1}{m_1 m_2 \Delta(\omega^2)} \end{cases}$$

$$(3\text{-}40)$$

式中 $m_1 m_2 \Delta(\omega^2) = |Z(\omega)|$ 又

$$\Delta(\omega^2) = (a - \omega^2)(d - \omega^2) - bc \qquad (3\text{-}41)$$

因 $\Delta(\omega^2) = (a - \omega^2)(d - \omega^2) - bc$

$$= \left(\frac{a+d}{2} - \omega^2 + \frac{a-d}{2}\right)\left(\frac{a+d}{2} - \omega^2 - \frac{a-d}{2}\right) - bc$$

$$= \left(\frac{a+d}{2}\right)^2 - 2\left(\frac{a+d}{2}\right)\omega^2 + \omega^4 - \left(\frac{a-d}{2}\right)^2 - bc$$

$$= \left(\frac{a+d}{2}\right)^2 - \left(\frac{a-d}{2}\right)^2 - bc - \left(\frac{a+d}{2}\right)\omega^2 +$$

$$\sqrt{\left(\frac{a-d}{2}\right)^2 + bc} \cdot \omega^2 - \left(\frac{a+d}{2}\right)\omega^2 - \sqrt{\left(\frac{a-d}{2}\right)^2 + bc} \cdot \omega^2 + \omega^4$$

$$= \left(\frac{a+d}{2} - \sqrt{\left(\frac{a-d}{2}\right)^2 + bc}\right)\left(\frac{a+d}{2} + \sqrt{\left(\frac{a-d}{2}\right)^2 + bc}\right) -$$

$$\left[\left(\frac{a+d}{2}\right) - \sqrt{\left(\frac{a-d}{2}\right)^2 + bc}\right]\omega^2 - \left[\left(\frac{a+d}{2}\right) + \sqrt{\left(\frac{a-d}{2}\right)^2 + bc}\right]\omega^2 + \omega^4 \tag{3-42}$$

根据
$$\omega_{n_1,2}^2 = \frac{a+d}{2} \mp \sqrt{\left(\frac{a+d}{2}\right)^2 - (ad-bc)} = \frac{a+d}{2} \mp \sqrt{\left(\frac{a-d}{2}\right)^2 - bc} \tag{3-43}$$

可得 $\Delta(\omega^2) = \omega_{n1}^2 \cdot \omega_{n2}^2 - \omega_{n1}^2 \omega^2 - \omega_{n2}^2 \cdot \omega^2 + \omega^4 = (\omega_{n_1}^2 - \omega^2)(\omega_{n_2}^2 - \omega^2)$

故 $|Z(\omega)| = m_1 m_2 \Delta(\omega^2) = m_1 m_2 (\omega_{n_1}^2 - \omega^2)(\omega_{n_2}^2 - \omega^2)$ 证毕.

例 3-5 如图 3-9 所示系统，若 $m_1 = m_2 = m$，$k_1 = k_2 = k_3 = k$，在 m_1 处受到 $F_1 \sin\omega t$ 力，而 $F_2 = 0$。(1)试求系统的稳态响应；(2)计算共振时的振幅比；(3)作出振幅频率响应曲线图。

解 (1)依题意用矩阵形式表示的运动微分方程为

$$\begin{bmatrix} m & 0 \\ 0 & m \end{bmatrix} \begin{Bmatrix} \ddot{x}_1 \\ \ddot{x}_2 \end{Bmatrix} + \begin{bmatrix} 2k & -k \\ -k & 2k \end{bmatrix} \begin{Bmatrix} x_1 \\ x_2 \end{Bmatrix} = \begin{Bmatrix} F_1 \\ 0 \end{Bmatrix} \sin\omega t$$

则 $k_{11} = k_{22} = 2k$，$k_{21} = k_{12} = -k$，$m_{11} = m_{22} = m$，$m_{12} = m_{21} = 0$。

首先通过式(3-15)求 $\omega_{n_1}^2$ 及 $\omega_{n_2}^2$

$$\begin{Bmatrix} \omega_{n_1}^2 \\ \omega_{n_2}^2 \end{Bmatrix} = \frac{1}{2}\left(\frac{k_{11}m_{22} + k_{22}m_{11} - k_{12}m_{21} - k_{21}m_{12}}{m_{11}m_{22}} \mp \right.$$

$$\left.\sqrt{\left(\frac{k_{11}m_{22} + k_{22}m_{11} - k_{12}m_{21} - k_{21}m_{12}}{m_{11}m_{22}}\right)^2 - 4\left(\frac{k_{11}k_{22} - k_{12}k_{21}}{m_{11}m_{22}}\right)}\right)$$

$$= \frac{1}{2}\left(\frac{2km + 2km}{m^2} \mp \sqrt{\left(\frac{2km+2km}{m^2}\right)^2 - 4\left(\frac{2k \cdot 2k - k^2}{m^2}\right)}\right) = \begin{Bmatrix} \dfrac{k}{m} \\ \dfrac{3k}{m} \end{Bmatrix}$$

然后将已知条件代入式(3-35)得

$$B_1 = \frac{(2k - m\omega^2)F_1}{m^2(\omega_{n_1}^2 - \omega^2)(\omega_{n_2}^2 - \omega^2)} = \frac{(2k - m\omega^2)F_1}{(k - m\omega^2)(3k - m\omega^2)}$$

$$B_2 = \frac{kF_1}{m^2(\omega_{n_1}^2 - \omega^2)(\omega_{n_2}^2 - \omega^2)} = \frac{kF_1}{(k - m\omega^2)(3k - m\omega^2)}$$

故该系统的稳态响应为

$$\begin{cases} x_1(t) = \dfrac{(2k-m\omega^2)F_1}{(k-m\omega^2)(3k-m\omega^2)}\sin\omega t \\ x_2(t) = \dfrac{kF_1}{(k-m\omega^2)(3k-m\omega^2)}\sin\omega t \end{cases}$$

(2) 系统的振幅比为

$$\frac{B_2}{B_1} = \frac{k}{2k-m\omega^2}$$

发生共振时的振幅比为：

当 $\omega^2 = \omega_{n_1}^2 = \dfrac{k}{m}$ 时，$\dfrac{B_2}{B_1} = \dfrac{k}{2k-m\dfrac{k}{m}} = 1 = u_1$；

当 $\omega^2 = \omega_{n_2}^2 = \dfrac{3k}{m}$ 时，$\dfrac{B_2}{B_1} = \dfrac{k}{2k-m\dfrac{3k}{m}} = -1 = u_2$。

(3) 作出振幅频率响应曲线图

将振幅改写成

$$B_1 = \frac{(2k-m\omega^2)F_1}{(k-m\omega^2)(3k-m\omega^2)} = \frac{F_1}{k}\frac{\left[2-\left(\dfrac{\omega}{\omega_{n_1}}\right)^2\right]}{\left[1-\left(\dfrac{\omega}{\omega_{n_1}}\right)^2\right]\left[3-\left(\dfrac{\omega}{\omega_{n_1}}\right)^2\right]}$$

同理

$$B_2 = \frac{F_1}{k}\frac{1}{\left[1-\left(\dfrac{\omega}{\omega_{n_1}}\right)^2\right]\left[3-\left(\dfrac{\omega}{\omega_{n_1}}\right)^2\right]}$$

以 $\dfrac{\omega}{\omega_{n_1}}$ 为横坐标，B 为纵坐标，绘出如图 3-10 所示的振幅频率响应曲线。

例 3-6 某钢铁公司烧结分厂筛粉楼中的振动筛系统，由振动筛、外壳与基座及基座通过螺旋弹簧 k_1 与主梁连接而成。因振动筛偏心、以工作频率 $\omega = 25\pi$ 1/s 运行时，产生离心惯性力 $F = F_0\sin\omega t$ 而引起主梁剧烈的谐迫振动，最大振幅达 0.3mm。为减小主梁的振动，试在振动筛的外壳基座上设计安装如图 3-11(a)所示的减振器。该减振器由弹簧为 E 的钢制圆截面弹性杆和杆两端通过螺纹连接两个重块 m_2 组成。

解 该题所设的减振器，主要是确定钢制弹性杆的杆长 l、杆截面直径 D 及重块 P。

依题意，将振动筛系统和减振器系统简化成二自由度无阻尼 m-k 系统，如图 3-11(b)所示。其中，m_1、k_1 分别为振动筛系统的等效质量及等效刚度，m_2、k_2 分别为减振器的等效质量及等效刚度，$F\sin\omega t$ 为振动筛的离心惯性力，ω 为振动筛的工作圆频率。x_1、x_2 分别表示 m_1、m_2 两个质量块相对于各自的平衡位置的位移。则系统的运动微分方程为

$$\begin{cases} m_1\ddot{x}_1 + k_1x_1 - k_2(x_2-x_1) = F\sin\omega t \\ m_2\ddot{x}_2 + k_2(x_2-x_1) = 0 \end{cases} \quad (3\text{-}44)$$

令

$$a = \frac{k_1+k_2}{m_1}, \quad b = \frac{k_2}{m_1}, \quad c = \frac{k_2}{m_2}, \quad f = \frac{F}{m_1} \quad (3\text{-}45)$$

则式(3-44)变为

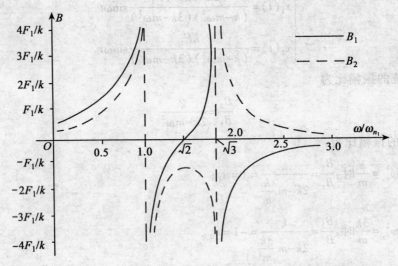

图 3-10

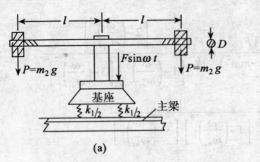
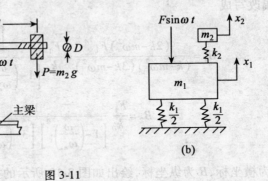

图 3-11

$$\begin{cases} \ddot{x}_1 + ax_1 - bx_2 = f\sin\omega t \\ \ddot{x}_2 - cx_1 + cx_2 = 0 \end{cases} \quad (3\text{-}46)$$

式(3-46)的稳态解为

$$\begin{cases} x_1 = B_1 \sin\omega t \\ x_2 = B_2 \sin\omega t \end{cases} \quad (3\text{-}47)$$

B_1、B_2 为 m_1、m_2 的强迫振动振幅, 为待定常数。

将式(3-47)代入式(3-46)得

$$\begin{cases} (a-\omega^2)B_1 - bB_2 = f \\ -cB_1 + (c-\omega^2)B_2 = 0 \end{cases} \quad (3\text{-}48)$$

解式(3-48)便得

$$\begin{cases} B_1 = \dfrac{f(c-\omega^2)}{(a-\omega^2)(c-\omega^2)-bc} \\ B_2 = \dfrac{fc}{(a-\omega^2)(c-\omega^2)-bc} \end{cases} \quad (3\text{-}49)$$

显然，$B_1=0$ 是表示振动筛在运行中，其基座不出现强迫振动，这也是我们安装减振器的目的。由式(3-49)的第一式得

$$f(c-\omega^2)=0$$

又依式(3-45)就可得

$$c-\omega^2=\frac{k_2}{m_2}-\omega^2=0$$

故

$$\frac{k_2}{m_2}=\omega^2=\omega_{n_2}^2$$

也就是说，为了使振动筛在工作中对基座不产生强迫振动（基座与主梁即保持静止），而要求减振器的固有圆频率 ω_{n_2} 等于振动筛的工作圆频率 ω。依此原理可以设计出合格的减振器。但此时，减振器以频率 ω 作 $x_2=-\frac{F}{k_2}\sin\omega t$ 的强迫振动，从而保证了系统的消振。

假定钢杆的质量不计，重块质量为 m_2，杆截面直径为 D，依材料力学公式得

$$k_2=\frac{3EI}{l^3}, \quad I=\frac{\pi D^4}{64}$$

又

$$\omega_{n_2}=\sqrt{\frac{k_2}{m_2}}=\sqrt{\frac{3E\pi D^4 g}{64Pl^3}}=\omega$$

故此，当 $P=m_2 g$，D、E、ω 已知时，减振器的钢杆长 l 为

$$l=\sqrt[3]{\frac{3E\pi D^4 g}{64P\omega^2}} \tag{3-50}$$

通过式(3-50)，假定一系列 $P=m_2 g$ 和 D，计算得其相应的一系列 l，例如，$E=2.1\times 10^5 \text{MPa}$，$\omega=25\pi \text{ 1/s}$，设 $D=2\text{cm}$，则 $P=250\text{N}$，$l=32\text{cm}$，或 $P=400\text{N}$，$l=27\text{cm}$ 等。制成图表，供使用单位选择。但要注意：

(1) 以上论述中没有考虑圆钢杆的质量和减振器的阻尼比 ξ，其计算结果为近似值，也就是说 B_1 不可能为零。为此，在圆钢杆两端用螺纹与重块连接，可以随时调节杆长 l，使之达到最佳减振效果。

(2) 从原理上讲，系统减振效果与减振器的质量块 m_2 关系不大，但由于是二自由度系统，有两个共振峰值等原因，减振器的质量块的质量不能太小（尽可能大些），要有一定的质量比，以免产生新的共振。同时，也希望加大减振器的刚度 k_2（本题用钢杆就是这个原因），以减小减振器的共振幅值。具体使用本研究成果时，最好作些试验，以便得到更好的减振效果。

最后，请读者思考：加大减振器的刚度 k_2 和质量 m_2 可以使其减振效果更好的理论根据是什么？

例 3-7 如图3-12所示轴盘扭振系统，已知圆盘 1、2 的转动惯量分别为 I_1 及 I_2，轴的抗扭弹性系数为 k_θ，设在圆盘 1 上作用一转矩 $M\sin\omega t$。试求系统的稳态响应及其共振频率。

解 在转矩 $M\sin\omega t$ 作用下，设圆盘 1、2 的角位移为 θ_1 及 θ_2，则系统的运动微分方程为

$$\begin{cases} I_1\ddot{\theta}_1+k_\theta(\theta_1-\theta_2)=M\sin\omega t \\ I_2\ddot{\theta}_2-k_\theta(\theta_1-\theta_2)=0 \end{cases} \tag{3-51}$$

设系统的稳态响应为

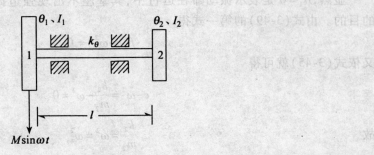

图 3-12

$$\begin{cases} \theta_1 = B_1 \sin\omega t \\ \theta_2 = B_2 \sin\omega t \end{cases} \quad (3\text{-}52)$$

将式(3-52)代入式(3-51),得

$$\begin{cases} (k_\theta - I_1\omega^2)B_1 - kB_2 = M \\ -k_\theta B_1 + (k_\theta - I_2\omega^2) = 0 \end{cases} \quad (3\text{-}53)$$

解式(3-53)得

$$\begin{cases} B_1 = \dfrac{1}{\Delta}(k_\theta - I_2\omega^2)M \\ B_2 = \dfrac{1}{\Delta}Mk_\theta \end{cases} \quad (3\text{-}54)$$

式中

$$\Delta = \omega^2[I_1 I_2 \omega^2 - k_\theta(I_1 + I_2)]$$

当 $\Delta = 0$ 时,系统将发生共振,共振频率分别为

$$\omega = 0 \quad \text{与} \quad \omega = \sqrt{\dfrac{k_\theta(I_1 + I_2)}{I_1 I_2}}。$$

3.3.2 位移方程求解法

位移方程求解法是根据结构的柔度系数 δ_{ij} (表示 j 点上作用一单位力时,在 i 点上产生的位移),通过位移方程求解系统的稳态响应——惯性力,进而求解系统的内力、位移等。在工程结构计算中常用该方法。

如求图 3-13(a)所示系统的强迫振动。假定系统在图示的激励力作用下产生的位移和内力均与激励力同频、同步振动。则任意质点 m_i 的位移 $y_i(t)$ 为

$$y_i(t) = B_i \sin\omega t \quad (3\text{-}55)$$

其惯性力为

$$-m_i \ddot{y}_i(t) = m_i \omega^2 B_i \sin\omega t \quad (3\text{-}56)$$

惯性力幅值为

$$F_i = m_i \omega^2 B_i \quad (3\text{-}57)$$

故振幅为

$$B_i = \dfrac{F_i}{m_i \omega^2} \quad (3\text{-}58)$$

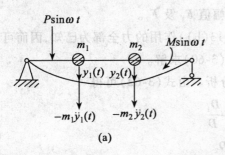 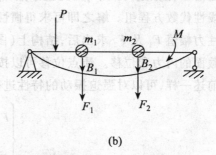

图 3-13

由式(3-55)及式(3-56)说明系统响应的位移、惯性力均与激励力一样是按正弦规律变化的,并同时达到最大幅值。因此可以列出其幅值方程。如图 3-13(b)所示为在振幅上的受力情况。

由式(3-57)说明,惯性力与位移同位,惯性力幅值 F_i 等于振幅 B_i 乘以 $m_i\omega^2$,因此可以列出 m_1 与 m_2 的位移方程为

$$\begin{cases} B_1 = \delta_{11}F_1 + \delta_{12}F_2 + \Delta_{1P} \\ B_2 = \delta_{21}F_1 + \delta_{22}F_2 + \Delta_{2P} \end{cases} \quad (3\text{-}59)$$

式(3-59)中,Δ_{1P}、Δ_{2P} 为激励幅值在静力作用下于 1、2 点处产生的位移。具体计算见例 3-8。

在式(3-59)中,有振幅 B_i 及惯性力 F_i 两种未知量,可以利用式(3-57)或式(3-58)将之变成以 B_i 为单一未知量或以 F_i 为单一未知量表示的方程再进行计算,其计算工作量都相同。

若以 F_i 为未知量表示方程,则由式(3-58)得

$$\begin{cases} B_1 = \dfrac{F_1}{m_1\omega^2} \\ B_2 = \dfrac{F_2}{m_2\omega^2} \end{cases} \quad (3\text{-}60)$$

代入式(3-59)变为

$$\begin{cases} \left(\delta_{11} - \dfrac{1}{m_1\omega^2}\right)F_1 + \delta_{12}F_2 + \Delta_{1P} = 0 \\ \delta_{21}F_1 + \left(\delta_{22} - \dfrac{1}{m_2\omega^2}\right)F_2 + \Delta_{2P} = 0 \end{cases} \quad (3\text{-}61)$$

或

$$\begin{cases} \delta_{11}^{*}F_1 + \delta_{12}F_2 + \Delta_{1P} = 0 \\ \delta_{21}F_1 + \delta_{22}^{*}F_2 + \Delta_{2P} = 0 \end{cases} \quad (3\text{-}62)$$

式中的 δ_{11}^{*} 及 δ_{22}^{*} 称为主系数,分别为

$$\begin{cases} \delta_{11}^{*} = \delta_{11} - \dfrac{1}{m_1\omega^2} \\ \delta_{22}^{*} = \delta_{22} - \dfrac{1}{m_2\omega^2} \end{cases} \quad (3\text{-}63)$$

这里的 ω 是激励力频率,因此主系数 δ_{ii}^* 与其他系数一样都是已知数,所以式(3-62)是一般的线性代数方程组。解之即可求得惯性力幅值 F_1 及 F_2。

惯性力幅值 F_1 及 F_2 求出后,结构上(图3-13(b))作用的力全部为已知,因而可以求出其任一截面的内力和位移。质点位移可以按式(3-60)求解。

与前述一样,可以对强迫振动的特性进行分析。由式(3-62)可得

$$\begin{cases} F_1 = -\dfrac{D_1}{D} \\ F_2 = \dfrac{D_2}{D} \end{cases} \tag{3-64}$$

式(3-64)中,D、D_1 及 D_2 为相应的行列式。分母 D 为

$$D = \begin{vmatrix} \delta_{11} - \dfrac{1}{m_1\omega^2} & \delta_{12} \\ \delta_{21} & \delta_{22} - \dfrac{1}{m_2\omega^2} \end{vmatrix} = \dfrac{1}{m_1 m_2} \begin{vmatrix} m_1\delta_{11} - \dfrac{1}{\omega^2} & m_2\delta_{12} \\ m_2\delta_{21} & m_2\delta_{22} - \dfrac{1}{\omega^2} \end{vmatrix} \tag{3-65}$$

又由式(3-9)的 $[K]$ 代以 $[\delta]^{-1}$,化简后得

$$\begin{vmatrix} \left(m_1\delta_{11} - \dfrac{1}{\omega_{nj}^2}\right) & m_2\delta_{12} \\ m_1\delta_{21} & \left(m_2\delta_{22} - \dfrac{1}{\omega_{nj}^2}\right) \end{vmatrix} = 0 \tag{3-66}$$

比较式(3-65)与式(3-66),可见在式(3-65)中当 $\omega = \omega_{nj}$ 时,分母行列式 $D = 0$,从而 $F_1 = F_2 = \infty$。即当激励频率与系统的某个固有频率之重合时,系统就发生共振。可见,二自由度振动系统一般有两个共振区。

必须指出,在特殊情况下,激励频率与某个固有频率重合时,不会发生共振。例如,对称系统在对称(反对称)荷载作用下,ω 与反对称(对称)振型的固有频率重合时,就不发生共振。此时,分子行列式 D_1 及 D_2 也等于零,解不等式后,F_1 及 F_2 可以得到有限值。

例3-8 如图3-14所示系统,已知梁为等截面,受到激励力 $P\sin\omega t$ 的作用,激励频率 $\omega = 0.6\omega_{n_1}$,$\omega_{n_1} = 5.69\sqrt{\dfrac{EI}{ml^3}}$。试求系统的强迫振动。

解 依题意,阻尼忽略不计,$\omega = 0.6\omega_{n_1}$。则

$$\omega = 0.6 \times 5.69 \sqrt{\dfrac{EI}{ml^3}} = 3.41 \sqrt{\dfrac{EI}{ml^3}} \text{ 即}$$

$$\omega^2 = 11.65 \dfrac{EI}{ml^3}$$

由于二质点位于梁的三分点,且 $m_1 = m_2 = m$,梁为等截面直杆,依结构力学中的图乘法算得

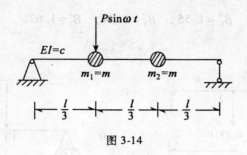

图 3-14

$$\delta_{11} = \delta_{22} = \frac{8}{486} \frac{l^3}{EI} = 1.65 \times 10^{-2} \frac{l^3}{EI}$$

$$\delta_{12} = \delta_{21} = \frac{7}{486} \frac{l^3}{EI} = 1.44 \times 10^{-2} \frac{l^3}{EI}$$

$$\Delta_{1P} = \delta_{11} \cdot P, \quad \Delta_{2P} = \delta_{21} \cdot P$$

又由式(3-63)得

$$\delta_{11}^* = \delta_{22}^* = \delta_{11} - \frac{1}{m\omega^2} = \left(1.65 \times 10^{-2} - \frac{1}{11.65}\right) \frac{l^3}{EI} = -0.0693 \frac{l^3}{EI}$$

代入方程(3-62),解得

$$F_1 = 0.297P, \quad F_2 = 0.271P$$

质点振幅 B_1 及 B_2 可以按式(3-60)求得

$$B_1 = \frac{F_1}{m_1 \omega^2} = 0.297P \frac{l^3}{11.65EI} = 2.55 \times 10^{-2} \frac{Pl^3}{EI}$$

$$B_2 = \frac{F_2}{m_2 \omega^2} = 0.271P \frac{l^3}{11.65EI} = 2.33 \times 10^{-2} \frac{Pl^3}{EI}$$

系统的受力(幅值)情况如图3-15(a)所示。据此,可以用材料力学方法绘出其弯矩图、剪力图及位移图。如图3-15(b)、(c)、(d)所示。

求动力系数,为此需绘出激励力幅值 P 引起的静力弯矩图、剪力图及位移图。如图3-16(a)、(b)、(c)、(d)所示。

由图3-15与图3-16,可以求得截面1的弯矩、剪力与位移的动力系数分别为

$$\beta_1^M = \frac{0.317Pl}{0.223Pl} = 1.42$$

$$\beta_1^Q = \frac{0.950P}{0.667P} = 1.42$$

$$\beta_1^y = \frac{2.55 \times \frac{Pl^3}{EI} \times 10^{-2}}{1.65 \times \frac{Pl^3}{EI} \times 10^{-2}} = 1.55$$

截面2相应的动力系数为

$$\beta_2^M = 1.82, \quad \beta_2^Q = 1.86, \quad \beta_2^y = 1.62$$

截面 3 相应的动力系数为

$$\beta_3^M = 1.55, \quad \beta_3^Q = 1.04, \quad \beta_3^y = 1.62_\circ$$

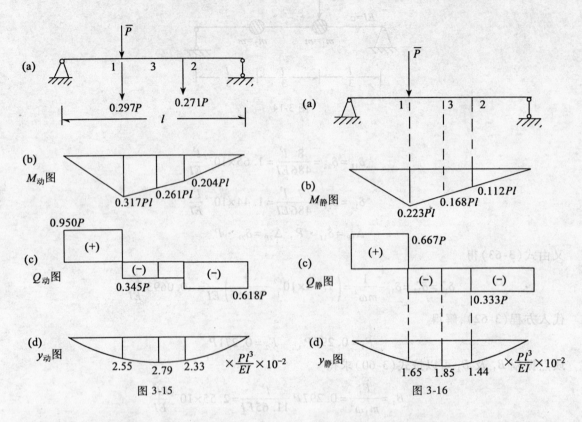

图 3-15　　　　　　　　　　　　图 3-16

由此可见,在多自由度系统中不存在一个统一的动力系数。其原因是,多自由度振动系统产生的惯性力与激励力不成比例(如图 3-15(a)所示),甚至分布情况也不相同。因此,动力作用时系统所受的力(见图 3-15)与静力作用时系统所受的力(见图 3-16)不成比例。从而动力弯矩图、剪力图和位移图与静力的各图形状不同,不可能将静力的图乘以一个系数获得动力的图,可见不存在统一的动力系数。

一般来说,同一截面内弯矩、剪力和位移的动力系数各不相同;不同截面弯矩的动力系数也不相同,剪力动力系数和位移动力系数也各不相同。

由第 2 章可知,激励不作用在质点上的单自由度振动系统,也不存在统一的动力系数。只有激励作用于质点上的单自由度振动系统,动力系数才有意义。

关于系统对称性的利用,对称系统在对称荷载作用下振动形式是对称的;在反对称荷载作用下振动形式是反对称的。利用这一性质,将激励分解为对称及反对称两组,可以使计算简化。

对于本例,激励力可以分解为如图 3-17(b)与(d)所示情况。则对称情况的计算和反对称情况的计算均可以变成一个单自由度系统的计算(如图 3-17(c)与(e)所示),只要将计算结果叠加即可得原激励的作用(即图 3-17(a)所示的激励之作用)。

若以振幅 B_1、B_2 为未知量,亦可以进行计算。

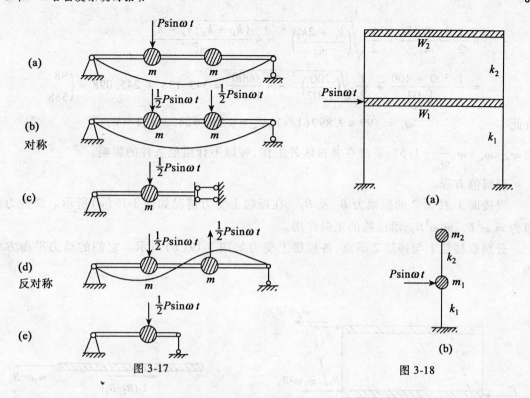

图 3-17   图 3-18

例 3-9 如图 3-18(a)所示的刚架结构。在第一层楼面上作用有机器的水平干扰力 $P\sin\omega t$,已知楼层水平刚度 $k_1=300\text{kN/cm}$,$k_2=200\text{kN/cm}$,重量 $W_1=W_2=1\,000\text{kN}$,机器转速为 $n_0=360\text{r/min}$,干扰力幅值 $P=2.17\text{KN}$。试求楼面的强迫振动振幅。

解 依题意,该刚架结构可以简化成如图 3-18(b)所示的二自由度系统研究。题中给出系统的刚度系数,故采用动力平衡方程求解。

干扰力频率 $$\omega=\frac{2n_0\pi}{60}=37.7(1/s)$$

计算固有圆频率。

楼面 1 的质量 $$m_1=\frac{W_1}{g}=\frac{1\,000}{981}=1.02\text{t}$$

楼面 2 的质量 $$m_2=m_1=1.02\text{t}$$

将 m_1、m_2、k_1 及 k_2 之值代入式(3-15)并注意到,$k_{11}=k_1+k_2$,$k_{22}=k_2$,$k_{12}=k_{21}=-k_2$,$m_{11}=m_1$,$m_{22}=m_2$,$m_{12}=m_{21}=0$,得

$$\begin{Bmatrix}\omega_{n_1}^2\\ \omega_{n_2}^2\end{Bmatrix}=\frac{1}{2}\frac{k_{11}m_{22}+k_{22}m_{11}-k_{12}m_{21}-k_{21}m_{12}}{m_{11}m_{22}}$$

$$\mp\frac{1}{2}\sqrt{\left(\frac{k_{11}m_{22}+k_{22}m_{11}-k_{12}m_{21}-k_{21}m_{12}}{m_1 m_2}\right)-4\frac{k_{11}k_{22}-k_{12}k_{21}}{m_{11}m_{22}}}$$

$$=\frac{1}{2}\frac{(k_1+k_2)m_2+k_2 m_1}{m_1 m_2}\mp\frac{1}{2}\sqrt{\left(\frac{m_2(k_1+k_2)+m_1 k_2}{m_1 m_2}\right)^2-4\frac{(k_1+k_2)k_2-k_2^2}{m_1 m_2}}$$

$$= \frac{1}{2}\frac{k_1+2k_2}{m_1} \mp \frac{1}{2}\sqrt{\left(\frac{k_1+2k_2}{m_1}\right)^2 - 4\frac{(k_1+k_2)k_2 - k_2^2}{m_1^2}}$$

$$= \frac{1}{2}\frac{300+400}{1.02} \mp \frac{1}{2}\sqrt{\left(\frac{700}{1.02}\right)^2 - 4\frac{6000}{1.02^2}} = 343.138 \mp 245.098 = \begin{cases}98\\588\end{cases}$$

故此 $\omega_{n_1} = \sqrt{99} = 9.899(1/\text{s})$，$\omega_{n_2} = \sqrt{588} = 24.248(1/\text{s})$

则 $\omega_{n_1} < \omega_{n_2} < \omega$，$\frac{\omega}{\omega_{n_2}} = 1.55$，系统在共振区外工作，可以不计阻尼条件的影响。

列幅值方程。

设楼面1、楼面2的振幅为 B_1 及 B_2。在振幅上受力情况如图3-19(a)所示。惯性力幅值为 $m_1\omega^2 B_1$、$m_2\omega^2 B_2$，沿位移的正向作用。

分别取楼层1与楼层2研究，各楼层上受力如图3-19(b)所示。它们的动力平衡方程为

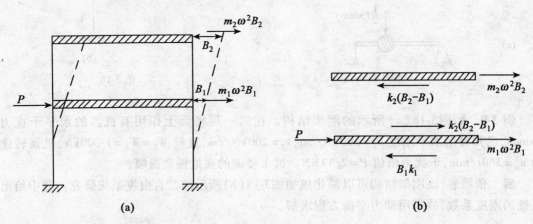

图 3-19

$$\begin{cases} k_1 B_1 - k_2(B_2 - B_1) = m_1\omega^2 B_1 + P \\ k_2(B_2 - B_1) = m_2\omega^2 B_2 \end{cases}$$

或

$$\begin{cases} B_1[(k_1+k_2) - m_1\omega^2] + B_2(-k_2) = P \\ B_1(-k_2) + B_2(k_2 - m_2\omega^2) = 0 \end{cases} \quad (3\text{-}67)$$

因为 $k_1 + k_2 = 500\,\text{kN/cm}$，$\omega^2 = 1\,421.2\,(1/\text{s}^2)$

$m_1\omega^2 = m_2\omega^2 = 1\,450\,\text{kN/cm}$

$k_1 + k_2 - m_1\omega^2 = -950$；$k_2 - m_2\omega^2 = -1\,250$

将上述数据代入式(3-67)得

$$\begin{cases} B_1(-950) + B_2(-200) = 2.17 \\ B_1(-200) + B_2(-1\,250) = 0 \end{cases}$$

解之得 $B_1 = -23.637 \times 10^{-4}(\text{cm}) = -0.0236(\text{mm})$

$$B_2 = 3.78 \times 10^{-4} (\text{cm}) = 0.00378 (\text{mm})$$

振幅如图 3-20 所示。这里以直线代替了变形曲线。

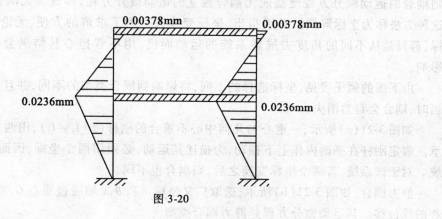

图 3-20

在此,我们必须说明,本节研究问题的方法,只适用于阻尼力为零及 m_1、m_2 上作用相同频率的简谐激励的情况。如果考虑阻尼的影响,并且为非简谐周期激励、任意激励或者 m_1 与 m 作用着不同频率的激励,则必须采用其他方法来研究,如下节所介绍的解耦分析法。

§3.4 解耦分析法

为解决自由度较多、考虑阻尼的影响、且是任意激励作用下的系统强迫振动问题,本节将介绍一种较有效的方法——解耦分析法(又称为模态分析法)。该方法涉及坐标耦合、如何解耦等,下面逐一介绍。

3.4.1 坐标耦合与解耦

在研究二自由度系统的振动时,我们发现其运动微分方程一般都是耦合的,即每一方程中均存在着两个坐标,所以又称之为坐标耦合。如在§3.2 中无阻尼的自由振动的运动微分方程式(3-8)所示

$$\begin{cases} m_{11}\ddot{x}_1 + m_{12}\ddot{x}_2 + k_{11}x_1 + k_{12}x_2 = 0 \\ m_{21}\ddot{x}_1 + m_{22}\ddot{x}_2 + k_{21}x_1 + k_{22}x_2 = 0 \end{cases}$$

用矩阵形式表示为

$$\begin{bmatrix} m_{11} & m_{12} \\ m_{21} & m_{22} \end{bmatrix} \begin{Bmatrix} \ddot{x}_1 \\ \ddot{x}_2 \end{Bmatrix} + \begin{bmatrix} k_{11} & k_{12} \\ k_{21} & k_{22} \end{bmatrix} \begin{Bmatrix} x_1 \\ x_2 \end{Bmatrix} = \begin{Bmatrix} 0 \\ 0 \end{Bmatrix}$$

可以通过上述方程直接显示耦合的类型。如果质量矩阵是非对角线的,即 $m_{21} = m_{12} \neq 0$,而刚度矩阵是对角线的,即 $k_{12} = k_{21} = 0$,则称之为动力耦合;若质量矩阵是对角线的,即 $m_{21} = m_{12} = 0$,而刚度矩阵是非对角线的,即 $k_{12} = k_{21} \neq 0$,则称之为静力耦合;若质量矩阵和刚度矩阵都是非对角线的,则称之为动静耦合。

显然,发生坐标耦合之后,其运动微分方程组的求解是不方便的。如果能通过一种恰当的坐标变换,使之成为无耦合的坐标系统,即相当于两个单自由系统,问题则可以大为简化。

我们把这种恰当的坐标称为解耦坐标(又称为主坐标或正坐标)。

在耦合的运动微分方程中,利用解耦坐标进行坐标变换,使$[M]$及$[K]$变成对角矩阵,则耦合的运动微分方程便变成无耦合独立的运动微分方程,即成为无耦合的坐标系统了。这种方法称为坐标解耦。必须指出,坐标变换只是为了求解的方便,无论采取什么样的坐标,都只是从不同的角度去描述系统的运动而已,用不着担心其结果会受到坐标变换的影响。

由下面的例子可见,坐标选择的不同,将影响到耦合类型的不同,并且,若坐标选择得恰当时,耦合会自然消失。

如图 3-21(a)所示,一重心与几何中心不重合的刚杆(即$l_1 \neq l_2$),用两只弹簧k_1和k_2支承。假定刚杆在平面内作上下振动,为描述其运动,必须用两个坐标,因而属于二自由度系统。对于该系统,若两个坐标变换之后,则耦合也不同。

静力耦合:如图 3-21(b)所示,选取广义坐标x和θ,x轴通过质心G,则x坐标为质量中心的线位移。其运动微分方程是静力耦合类型

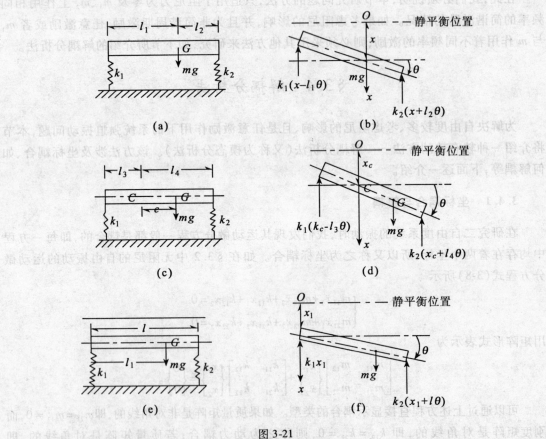

图 3-21

$$\begin{bmatrix} m & 0 \\ 0 & I_G \end{bmatrix} \begin{Bmatrix} \ddot{x} \\ \ddot{\theta} \end{Bmatrix} + \begin{bmatrix} (k_1+k_2) & (k_2 l_2 - k_1 l_1) \\ (k_2 l_2 - k_1 l_1) & (k_1 l_1^2 + k_2 l_2^2) \end{bmatrix} \begin{Bmatrix} x \\ \theta \end{Bmatrix} = \{0\} \qquad (3\text{-}68)$$

这里若能选一恰当坐标,使 $k_1l_1=k_2l_2$,则方程(3-68)的耦合会全部消失,就得到 x 与 θ 无关的振动了。

动力耦合:如图3-21(c)所示,若 x 轴通过刚杆的动力某点 c 处,当有力垂直作用于该点 c 时,杆将产生上下方向的移动,此时,$k_1l_3=k_2l_4$,用 x_c 及 θ 表示广义坐标,受力图如图3-21(d)所示,则其运动微分方程为

$$\begin{bmatrix} m & me \\ me & I_c \end{bmatrix} \begin{Bmatrix} \ddot{x}_c \\ \ddot{\theta} \end{Bmatrix} + \begin{bmatrix} (k_1+k_2) & 0 \\ 0 & (k_1l_3^2+k_2l_4^2) \end{bmatrix} \begin{Bmatrix} x_c \\ \theta \end{Bmatrix} = \{\mathbf{0}\} \qquad (3\text{-}69)$$

可见,坐标变换后,静力耦合消失了,但动力耦合出现了。

动静耦合:如图3-21(e)所示。若 x 轴通过杆端 k_1 处,则广义坐标取为 x_1 和 θ,受力图如图3-21(f)所示,其运动微分方程为

$$\begin{bmatrix} m & ml_1 \\ ml_1 & I_1 \end{bmatrix} \begin{Bmatrix} \ddot{x}_1 \\ \ddot{\theta} \end{Bmatrix} + \begin{bmatrix} (k_1+k_2) & k_2l \\ k_2l & k_2l^2 \end{bmatrix} \begin{Bmatrix} x_1 \\ \theta \end{Bmatrix} = \{\mathbf{0}\} \qquad (3\text{-}70)$$

作这样的坐标变换后,方程既出现静力耦合又出现动力耦合,这种耦合即为上述的动静耦合。

由以上所述可知,对于同一个系统,由于坐标选择不同,其耦合也不同。同时,如果坐标选择恰当,就会使方程的耦合全部消失。显然,我们感兴趣的是使方程解耦。对于具体问题,要直接找其解耦坐标是不容易的,可以通过其他办法寻找解耦坐标,使方程解耦。

3.4.2 解耦分析法——振型叠加法

求解多自由度系统强迫振动问题的最简便方法是,把一个多自由度系统问题化解(解耦)为多个单自由度系统问题的叠加,而单个自由度系统的动力响应,可以用杜哈美积分求得,这种方法可以称为解耦分析法,又可以称为振型叠加法。由于该方法要直接用到各阶固有频率和主振型,因此,可以在多自由度系统自由振动问题求解的基础上来求解多自由度系统强迫振动问题。

解耦分析法的核心是坐标解耦——即运动微分方程解耦。所以,我们称之为解耦分析法。

该方法的关键是寻找解耦坐标。经研究得知,系统的主振型对系统的质量与刚度具有正交性质,有解耦作用,应通过系统的主振型来建立解耦坐标。

该方法的思路是建立一种解耦坐标(模态坐标),经过坐标变换后,使运动微分方程不再互相耦合(解耦),变成一组独立的单自由度系统的运动微分方程。显然,这些独立方程的解是以解耦坐标表示的解,再经变换后,还原为原坐标表示的解,问题就得到解决。

为使方法简单明了、重点突出,对三个自由度以上的问题、阻尼影响问题,仍放在下一章研究。这里只研究如图3-22所示的无阻尼强迫振动问题。其运动微分方程为

$$\begin{bmatrix} m_1 & 0 \\ 0 & m_2 \end{bmatrix} \begin{Bmatrix} \ddot{x}_1 \\ \ddot{x}_2 \end{Bmatrix} + \begin{bmatrix} k_1+k_2 & -k_2 \\ -k_2 & k_2+k_3 \end{bmatrix} \begin{Bmatrix} x_1 \\ x_2 \end{Bmatrix} = \begin{Bmatrix} F_1(t) \\ F_2(t) \end{Bmatrix} \qquad (3\text{-}71)$$

这是一个静力耦合方程。如果能找到一种坐标,使刚度矩阵变成对角矩阵,问题就解决了。下面我们用矩阵演算方法,介绍解耦分析的具体做法。

1. 建立解耦矩阵

对于二自由度无阻尼自由振动问题,其固有频率与主振型之间的关系为

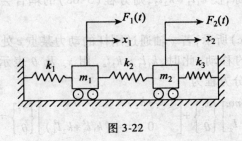

图 3-22

$$[K]\{A^{(j)}\} - \omega_{nj}^2[M]\{A^{(j)}\} = 0 \tag{3-72}$$

考虑特征值问题，上式的解为 $\omega_{n_1}^2$、$\{A^{(1)}\}$ 和 $\omega_{n_2}^2$、$\{A^{(2)}\}$。这些解可以写成

$$[K]\{A^{(1)}\} = \omega_{n_1}^2[M]\{A^{(1)}\} \tag{3-73}$$

$$[K]\{A^{(2)}\} = \omega_{n_2}^2[M]\{A^{(2)}\} \tag{3-74}$$

用转置矩阵 $\{A^{(2)}\}^T$ 和 $\{A^{(1)}\}^T$ 分别左乘式(3-73)和式(3-74)的两边，得

$$\{A^{(2)}\}^T[K]\{A^{(1)}\} = \omega_{n_1}^2\{A^{(2)}\}^T[M]\{A^{(1)}\} \tag{3-75}$$

$$\{A^{(1)}\}^T[K]\{A^{(2)}\} = \omega_{n_2}^2\{A^{(1)}\}^T[M]\{A^{(2)}\} \tag{3-76}$$

可以证明 $[M]$ 和 $[K]$ 是对称矩阵（证明已超出本书范围）。又式(3-75)左边三个因子的乘积是一个标量，而标量的转置仍然是一个标量，故此

$$\{A^{(2)}\}^T[K]\{A^{(1)}\} = (\{A^{(2)}\}^T[K]\{A^{(1)}\})^T = \{A^{(1)}\}^T[K]\{A^{(2)}\} \tag{3-77}$$

因 $[M]$、$[K]$ 为对称矩阵，故

$$[M] = [M]^T, \quad [K] = [K]^T$$

则由式(3-77)可得

$$\{A^{(2)}\}^T[K]\{A^{(1)}\} = \{A^{(1)}\}^T[K]\{A^{(2)}\}$$

$$\{A^{(2)}\}^T[M]\{A^{(1)}\} = \{A^{(1)}\}^T[M]\{A^{(2)}\}$$

因此，式(3-75)与式(3-76)相减可得

$$(\omega_{n_1}^2 - \omega_{n_2}^2)(\{A^{(1)}\}^T[M]\{A^{(2)}\}) = 0 \tag{3-78}$$

一般说，$\omega_{n_1} \neq \omega_{n_2}$，则式(3-78)成立的条件为

$$\{A^{(1)}\}^T[M]\{A^{(2)}\} = 0 \tag{3-79}$$

将式(3-79)代回式(3-76)得

$$\{A^{(1)}\}^T[K]\{A^{(2)}\} = 0 \tag{3-80}$$

式(3-79)与式(3-80)表明，不相等的两个固有频率所对应的两个主振型之间，既存在着对质量矩阵 $[M]$ 的正交性，又存在着对刚度矩阵 $[K]$ 的正交性，统称为主振型的正交性。用能量观点来解析正交性的物理意义，就是说，各主振动之间不会发生能量的传递，好像一个独立的单自由度系统的振动情况一样。

我们把相互之间存在着正交性的各阶主振型列阵，依序排列成各列，构成 2×2 的振型矩阵 $[A_P]$——这个矩阵具有方程解耦的作用，称之为解耦矩阵。即

$$[A_P] = [\{A^{(1)}\}\{A^{(2)}\}] = \left[\begin{Bmatrix} A_1^{(1)} \\ A_2^{(1)} \end{Bmatrix} \begin{Bmatrix} A_1^{(2)} \\ A_2^{(2)} \end{Bmatrix} \right] = \begin{bmatrix} A_1^{(1)} & A_1^{(2)} \\ A_2^{(1)} & A_2^{(2)} \end{bmatrix} \tag{3-81}$$

解耦矩阵的转置矩阵为

$$[A_P]^T = \begin{bmatrix} A_1^{(1)} & A_2^{(1)} \\ A_1^{(2)} & A_2^{(2)} \end{bmatrix} \tag{3-82}$$

2. 矩阵对角化

一般地，$[M]$ 或 $[K]$ 是对称的，但不一定是对角矩阵，要根据主振型的正交性，式(3-79)与式(3-80)通过下面的变换，将矩阵对角化。如

$$\begin{aligned}
[A_P]^T[M][A_P] &= [\{A^{(1)}\}^T \{A^{(2)}\}^T][M][\{A^{(1)}\}\{A^{(2)}\}] \\
&= \begin{bmatrix} \{A^{(1)}\}^T[M]\{A^{(1)}\} & \{A^{(1)}\}^T[M]\{A^{(2)}\} \\ \{A^{(2)}\}^T[M]\{A^{(1)}\} & \{A^{(2)}\}^T[M]\{A^{(2)}\} \end{bmatrix} \\
&= \begin{bmatrix} \{A^{(1)}\}^T[M]\{A^{(1)}\} & 0 \\ 0 & \{A^{(2)}\}^T[M]\{A^{(2)}\} \end{bmatrix} \\
&= \begin{bmatrix} M_1 & 0 \\ 0 & M_2 \end{bmatrix} = \lfloor M_P \rfloor
\end{aligned} \tag{3-83}$$

式中，对角线项 M_1、M_2 称为解耦质量（M_j）（广义质量）。$M_j = \{A^{(j)}\}^T[M]\{A^{(j)}\}$。$\lfloor M_P \rfloor$ 称为解耦质量矩阵，或称为对角质量矩阵（模态质量矩阵）。同理

$$\begin{aligned}
[A_P]^T[K][A_P] &= \begin{bmatrix} \{A^{(1)}\}^T[K]\{A^{(1)}\} & \{A^{(1)}\}^T[K]\{A^{(2)}\} \\ \{A^{(2)}\}^T[K]\{A^{(1)}\} & \{A^{(2)}\}^T[K]\{A^{(2)}\} \end{bmatrix} \\
&= \begin{bmatrix} K_1 & 0 \\ 0 & K_2 \end{bmatrix} = \lfloor K_P \rfloor
\end{aligned} \tag{3-84}$$

式中，对角线项 K_1、K_2 称为解耦刚度（K_j）（广义刚度）。$K_j = \{A^{(j)}\}^T[K]\{A^{(j)}\}$。$\lfloor K_P \rfloor$ 称为解耦刚度矩阵，或称为对角刚度矩阵（模态刚度矩阵）。

由于主振型列阵只表示系统作主振动时，各坐标之间幅值的相对大小，则当 $A_1^{(j)} \neq 0$ 时，可以令 $A_1^{(j)} = 1$（$j = 1, 2, \cdots$），这时才确定主振型列阵各元素的具体数值。因此，由这样的主振型列阵构成的解耦矩阵 $[A_P]$ 的每一列 $\{A_P^{(j)}\}$ 除以对应的解耦质量 M_j 的平方根，以此组成一个新矩阵——称为解耦正矩阵（正振型矩阵），记做 $[A_N]$。即

$$[A_N] = \left[\frac{1}{\sqrt{M_1}} \{A_P^{(1)}\} \cdots \frac{1}{\sqrt{M_n}} \{A_P^{(n)}\} \right] = [\{A_N^{(1)}\} \cdots \{A_N^{(n)}\}] \tag{3-85}$$

显然，解耦正矩阵亦能使质量矩阵对角化，并且得到一个单位质量矩阵 $\lfloor I \rfloor$。即

$$[A_N]^T[M][A_N] = \lfloor M_N \rfloor = \lfloor I \rfloor \tag{3-86}$$

或

$$\lfloor M_N \rfloor = \begin{bmatrix} 1 & 0 \\ 0 & 1 \end{bmatrix} \tag{3-87}$$

式中，$\lfloor M_N \rfloor$ 称为解耦正质量矩阵。

同理

$$[A_N]^T[K][A_N] = \lfloor K_N \rfloor \tag{3-88}$$

式中，$\lfloor K_N \rfloor$ 称为解耦正刚度矩阵。

又由于
$$\omega_{nj}^2 = \frac{\{A_N^{(j)}\}^T[K]\{A_N^{(j)}\}}{\{A_N^{(j)}\}^T[M]\{A_N^{(j)}\}} = \frac{K_{Nj}}{1} = K_{Nj} \quad (j=1,2) \tag{3-89}$$

故
$$\lfloor K_N \rfloor = [A_N]^T[K][A_N] = \begin{bmatrix} K_{N_1} & 0 \\ 0 & K_{N_2} \end{bmatrix} = \begin{bmatrix} \omega_{n_1}^2 & 0 \\ 0 & \omega_{n_2}^2 \end{bmatrix} \tag{3-90}$$

上式说明,用解耦正矩阵按式(3-84)算得的解耦正刚度矩阵$\lfloor K_N \rfloor$,其对角线元素分别是各阶固有频率的平方值。这一结论具有实用意义。

例3-10 如图3-23所示的二自由度系统,通过前面的计算方法求得其固有频率及主振型分别为
$$\omega_{n_1}^2 = \frac{k}{m}, \quad \omega_{n_2}^2 = \frac{3k}{m}, \quad \begin{Bmatrix} A_1^{(1)} \\ A_2^{(1)} \end{Bmatrix} = \begin{Bmatrix} 1 \\ 1 \end{Bmatrix}, \quad \begin{Bmatrix} A_1^{(2)} \\ A_2^{(2)} \end{Bmatrix} = \begin{Bmatrix} 1 \\ -1 \end{Bmatrix}$$

现用这个结果,求解解耦矩阵$[A_P]$及与之对应的解耦质量矩阵$\lfloor M_P \rfloor$、解耦刚度矩阵$\lfloor K_P \rfloor$,进而求解解耦正矩阵$[A_N]$及解耦正刚度矩阵$\lfloor K_N \rfloor$。

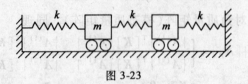

图3-23

解 以矩阵形式表示的系统的运动微分方程为
$$\begin{bmatrix} m & 0 \\ 0 & m \end{bmatrix} \begin{Bmatrix} \ddot{x}_1 \\ \ddot{x}_2 \end{Bmatrix} + \begin{bmatrix} 2k & -k \\ -k & 2k \end{bmatrix} \begin{Bmatrix} x_1 \\ x_2 \end{Bmatrix} = \mathbf{0}$$

利用$\{A^{(1)}\}$及$\{A^{(2)}\}$,按定义可得解耦矩阵$[A_P]$为
$$[A_P] = \begin{bmatrix} 1 & 1 \\ 1 & -1 \end{bmatrix}$$

则解耦质量矩阵依式(3-83)得
$$\lfloor M_P \rfloor = [A_P]^T[M][A_P] = \begin{bmatrix} 1 & 1 \\ 1 & -1 \end{bmatrix} \begin{bmatrix} m & 0 \\ 0 & m \end{bmatrix} \begin{bmatrix} 1 & 1 \\ 1 & -1 \end{bmatrix}$$
$$= \begin{bmatrix} m & m \\ m & -m \end{bmatrix} \begin{bmatrix} 1 & 1 \\ 1 & -1 \end{bmatrix} = \begin{bmatrix} 2m & 0 \\ 0 & 2m \end{bmatrix}$$

解耦刚度矩阵依式(3-84)得
$$\lfloor K_P \rfloor = [A_P]^T[K][A_P] = \begin{bmatrix} 1 & 1 \\ 1 & -1 \end{bmatrix} \begin{bmatrix} 2k & -k \\ -k & 2k \end{bmatrix} \begin{bmatrix} 1 & 1 \\ 1 & -1 \end{bmatrix}$$
$$= \begin{bmatrix} k & k \\ 3k & -3k \end{bmatrix} \begin{bmatrix} 1 & 1 \\ 1 & -1 \end{bmatrix} = \begin{bmatrix} 2k & 0 \\ 0 & 6k \end{bmatrix}$$

解耦正矩阵按式(3-85)得
$$[A_N] = \frac{1}{\sqrt{M_i}}[A_P] = \frac{1}{\sqrt{2m}} \begin{bmatrix} 1 & 1 \\ 1 & -1 \end{bmatrix}, \quad (M_1 = M_2 = 2m)$$

则解耦正刚度矩阵按式(3-90)得

$$[K_N] = [A_N]^T[K][A_N] = \frac{1}{\sqrt{2m}}\begin{bmatrix} 1 & 1 \\ 1 & -1 \end{bmatrix}\begin{bmatrix} 2k & -k \\ -k & 2k \end{bmatrix}\frac{1}{\sqrt{2m}}\begin{bmatrix} 1 & 1 \\ 1 & -1 \end{bmatrix}$$

$$= \frac{1}{\sqrt{2m}}\begin{bmatrix} k & k \\ 3k & -3k \end{bmatrix}\frac{1}{\sqrt{2m}}\begin{bmatrix} 1 & 1 \\ 1 & -1 \end{bmatrix} = \frac{1}{2m}\begin{bmatrix} 2k & 0 \\ 0 & 6k \end{bmatrix}$$

$$= \begin{bmatrix} \frac{k}{m} & 0 \\ 0 & \frac{3k}{m} \end{bmatrix} = \begin{bmatrix} \omega_{n_1}^2 & 0 \\ 0 & \omega_{n_2}^2 \end{bmatrix}。$$

3. 解耦坐标与方程解耦

从以上所述可知,利用解耦矩阵$[A_P]$,通过式(3-83)及式(3-84)的运算,可以使系统的质量矩阵$[M]$及刚度矩阵$[K]$对角化,成为解耦质量矩阵$[M_P]$及解耦刚度矩阵$[K_P]$。我们利用这个办法找到解耦坐标,使方程解耦。

仍以系统无阻尼强迫振动为例。其振动微分方程的一般形式为

$$[M]\{\ddot{x}\} + [K]\{x\} = \begin{Bmatrix} F_1(t) \\ F_2(t) \end{Bmatrix} \tag{3-91}$$

设该方程组为动静耦合方程组。

通过前面公式求得系统的固有频率ω_{n_1}、ω_{n_2}及主振型矩阵——解耦振型矩阵,$[A_P]$及其转置矩阵$[A_P]^T$。若将方程(3-91)全式各项左乘$[A_P]^T$,得

$$[A_P]^T[M]\{\ddot{x}\} + [A_P]^T[K]\{x\} = [A_P]^T\begin{Bmatrix} F_1(t) \\ F_2(t) \end{Bmatrix} \tag{3-92}$$

显然,要使$[M]$及$[K]$对角化,必须使

$$\{x\} = [A_P]\{x_P\} \tag{3-93}$$

相应

$$\{\dot{x}\} = [A_P]\{\dot{x}_P\} \tag{3-94}$$

$$\{\ddot{x}\} = [A_P]\{\ddot{x}_P\} \tag{3-95}$$

将式(3-93)及式(3-95)代入式(3-92),得

$$[A_P]^T[M][A_P]\{\ddot{x}_P\} + [A_P]^T[K][A_P]\{x_P\} = [A_P]^T\begin{Bmatrix} F_1(t) \\ F_1(t) \end{Bmatrix} \tag{3-96}$$

又将式(3-83)及式(3-84)代入式(3-96)即得

$$[M_P]\{\ddot{x}_P\} + [K_P]\{x_P\} = [A_P]^T\begin{Bmatrix} F_1(t) \\ F_1(t) \end{Bmatrix} \tag{3-97}$$

如果用坐标$\{x_P\}$描述系统的运动,则式(3-97)中各方程之间不再耦合。其展开后的形式为

$$\begin{cases} M_1\ddot{x}_{P_1} + K_1 x_{P_1} = F_{P_1}^{(t)} \\ M_2\ddot{x}_{P_2} + K_2 x_{P_2} = F_{P_2}^{(t)} \end{cases} \tag{3-98}$$

式中

$$\begin{Bmatrix} F_{P_1}^{(t)} \\ F_{P_2}^{(t)} \end{Bmatrix} = [A_P]^T\begin{Bmatrix} F_1(t) \\ F_2(t) \end{Bmatrix} \tag{3-99}$$

显然,式(3-98)中各方程均可以单独求解。这个过程称为方程解耦。而式中的$\{x_P\}$称为解耦坐标。解耦坐标$\{x_P\}$与原广义坐标$\{x\}$的关系为

$$\{x\} = [A_P]\{x_P\}$$

或

$$\{x_P\} = [A_P]^{-1}\{x\} \tag{3-100}$$

4. 利用解耦分析法求解二自由度无阻尼的强迫振动

解耦分析法在一些专著中被称为振型分析法或模态分析法。其求解的方法步骤见下面例题。

例 3-11 如图3-24所示,双质量—弹簧系统在m_1上作用—谐波激励$F_1\sin\omega t$。已知,$m_1=m,m_2=2m,k_1=k_2=k,k_3=2k$,试用解耦分析法:(1)求系统的响应;(2)求强迫振动的振幅比;(3)绘出幅频曲线图。

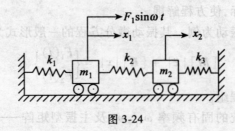

图 3-24

解 (1)求系统的响应

1)首先用一般方法求出系统的固有频率及其主振型。

① 建立系统振动微分方程的矩阵表达式

$$\begin{bmatrix} m & 0 \\ 0 & 2m \end{bmatrix}\begin{Bmatrix} \ddot{x}_1 \\ \ddot{x}_2 \end{Bmatrix} + \begin{bmatrix} 2k & -k \\ -k & 3k \end{bmatrix}\begin{Bmatrix} x_1 \\ x_2 \end{Bmatrix} = \begin{Bmatrix} F_1 \\ 0 \end{Bmatrix}\sin\omega t \tag{3-101}$$

② 求系统的固有频率及主振型

运用一般方法,可以依式(3-15)得

$$\begin{Bmatrix} \omega_{n_1}^2 \\ \omega_{n_2}^2 \end{Bmatrix} = \frac{1}{2}\left(\frac{k_{11}m_{22}+k_{22}m_{11}-k_{12}m_{21}-k_{21}m_{12}}{m_{11}m_{22}}\right) \mp$$

$$\sqrt{\left(\frac{k_{11}m_{22}+k_{22}m_{11}-k_{12}m_{21}-k_{21}m_{12}}{m_{11}m_{22}}\right)^2 - 4\frac{k_{22}k_{11}-k_{12}k_{21}}{m_{11}m_{22}}}$$

$$= \frac{1}{2}\left(\frac{4km+3km}{2m^2} \mp \sqrt{\left(\frac{4km+3km}{2m^2}\right)^2 - 4\frac{6k^2-k^2}{2m^2}}\right)$$

$$= \frac{1}{2}\left(\frac{7km}{2m^2} \mp \sqrt{\frac{49k^2m^2-40k^2m^2}{4m^4}}\right) = \begin{cases} \dfrac{k}{m} \\ \dfrac{5k}{2m} \end{cases}$$

由式(3-16)可得第一、第二主振型分别为

第 3 章　二自由度系统的振动

$$u_1 = \frac{A_2^{(1)}}{A_1^{(1)}} = -\frac{k_{11} - \omega_{n_1}^2 m_{11}}{k_{12} - \omega_{n_1}^2 m_{12}} = -\frac{2k - \dfrac{k}{m}m}{-k} = 1$$

$$u_2 = \frac{A_2^{(2)}}{A_1^{(2)}} = -\frac{k_{21} - \omega_{n_2}^2 m_{21}}{k_{22} - \omega_{n_2}^2 m_{22}} = -\frac{-k}{3k - \dfrac{5k}{2m}\cdot 2m} = -\frac{1}{2}$$

2）建立解耦矩阵 $[A_P]$

因 $A_1^{(i)} \neq 0$，令 $A_1^{(i)} = 1$，根据式(3-81)得

$$[A_P] = [\{A^{(1)}\}\{A^{(2)}\}] = \begin{bmatrix} A_1^{(1)} & A_1^{(2)} \\ A_2^{(1)} & A_2^{(2)} \end{bmatrix} = \begin{bmatrix} 1 & 1 \\ 1 & -\dfrac{1}{2} \end{bmatrix} \tag{3-102}$$

则转置矩阵为

$$[A_P]^T = \begin{bmatrix} 1 & 1 \\ 1 & -\dfrac{1}{2} \end{bmatrix}$$

3）方程解耦

① 设解耦坐标为 $\{x_P\}$，依式(3-93)有

$$\{x\} = [A_P]\{x_P\} \tag{3-103}$$

则

$$\{x_P\} = [A_P]^{-1}\{x\} \tag{3-104}$$

② 求出解耦质量矩阵 $[M_P]$ 及解耦刚度矩阵 $[K_P]$ 依式(3-83)得

$$[M_P] = [A_P]^T[M][A_P] = \begin{bmatrix} 1 & 1 \\ 1 & -\dfrac{1}{2} \end{bmatrix} \begin{bmatrix} m & 0 \\ 0 & 2m \end{bmatrix} \begin{bmatrix} 1 & 1 \\ 1 & -\dfrac{1}{2} \end{bmatrix}$$

$$= \begin{bmatrix} m & 2m \\ m & -m \end{bmatrix} \begin{bmatrix} 1 & 1 \\ 1 & -\dfrac{1}{2} \end{bmatrix} = \begin{bmatrix} 3m & 0 \\ 0 & \dfrac{3m}{2} \end{bmatrix} \tag{3-105}$$

依式(3-85)得

$$[K_P] = [A_P]^T[K][A_P] = \begin{bmatrix} 1 & 1 \\ 1 & -\dfrac{1}{2} \end{bmatrix} \begin{bmatrix} 2k & -k \\ -k & 3k \end{bmatrix} \begin{bmatrix} 1 & 1 \\ 1 & -\dfrac{1}{2} \end{bmatrix}$$

$$= \begin{bmatrix} k & 2k \\ \dfrac{5}{2}k & -\dfrac{5}{2}k \end{bmatrix} \begin{bmatrix} 1 & 1 \\ 1 & -\dfrac{1}{2} \end{bmatrix} = \begin{bmatrix} 3k & 0 \\ 0 & \dfrac{15}{4}k \end{bmatrix} \tag{3-106}$$

③ 列出以解耦坐标 $\{x_P\}$ 表示的方程

根据式(3-97)，则式(3-101)可以写成

$$[M_P]\{\ddot{x}_P\} + [K_P]\{x_P\} = [A_P]^T\begin{Bmatrix} F_1 \\ 0 \end{Bmatrix}\sin\omega t \tag{3-107}$$

式中

$$[A_P]^T\begin{Bmatrix} F_1 \\ 0 \end{Bmatrix}\sin\omega t = \begin{bmatrix} 1 & 1 \\ 1 & -\dfrac{1}{2} \end{bmatrix}\begin{Bmatrix} F_1\sin\omega t \\ 0 \end{Bmatrix} = \begin{Bmatrix} F_1\sin\omega t \\ F_1\sin\omega t \end{Bmatrix}。 \tag{3-108}$$

$[M_P]$ 如式(3-105)所示,$[K_P]$ 如式(3-106)所示。

将式(3-105)、式(3-106)、式(3-108)代入式(3-107)得

$$\begin{bmatrix} 3m & 0 \\ 0 & \dfrac{3m}{2} \end{bmatrix} \{\ddot{x}_P\} + \begin{bmatrix} 3k & 0 \\ 0 & \dfrac{15k}{4} \end{bmatrix} \{x_P\} = \begin{Bmatrix} F_1 \sin\omega t \\ F_1 \sin\omega t \end{Bmatrix} \quad (3\text{-}109)$$

展开式(3-109)得

$$3m\ddot{x}_{P_1} + 3kx_{P_1} = F_1 \sin\omega t \quad (3\text{-}110)$$

$$\frac{3m}{2}\ddot{x}_{P_2} + \frac{15k}{4}x_{P_2} = F_1 \sin\omega t \quad (3\text{-}111)$$

4) 求方程(3-110)与方程(3-111)的解

根据单自由度无阻尼振动系统强迫振动求解方法,由式(2-8)可得方程(3-110)的齐次方程的通解为

$$x'_{P_1} = B'_1 \sin\omega_{n_1} t + B''_1 \cos\omega_{n_1} t$$

式中,$\omega_{n_1}^2 = \dfrac{k}{m}$;$B'_1$ 及 B''_1 由初始条件确定。

又方程(3-110)的特解,可以依式(2-53)得

$$x''_{P_1} = B'''_1 \sin(\omega t - \psi)$$

式中,B'''_1 依式(2-56)且 $\xi = 0$ 而得

$$B'''_1 = \frac{f}{\omega_{n_1}^2 - \omega^2} = \frac{F_1}{3m(\omega_{n_1}^2 - \omega^2)}$$

$$\tan\psi = 0, \text{ 即 } \psi = 0$$

故方程(3-110)的通解为

$$x_{P_1} = x'_{P_1} + x''_{P_1} = B'_1 \sin\omega_{n_1} t + B''_1 \cos\omega_{n_1} t + \frac{F_1}{3m(\omega_{n_1}^2 - \omega^2)}\sin\omega t \quad (3\text{-}112)$$

同理,方程(3-111)的通解为

$$x_{P_2} = x'_{P_2} + x''_{P_2} = B'_2 \sin\omega_{n_2} t + B''_2 \cos\omega_{n_2} t + \frac{2F_1}{3m(\omega_{n_2}^2 - \omega^2)}\sin\omega t \quad (3\text{-}113)$$

代入初始条件求 B'_1、B''_1 及 B'_2、B''_2。

设初始条件为:

$t = 0$ 时
$$x_1(0) = 0, \quad x_2(0) = 0$$
$$\dot{x}_1(0) = 0, \quad \dot{x}_2(0) = 0$$

由式(3-104)得

$$\{x_P\} = [A_P]^{-1}\{x\} \quad (3\text{-}114)$$

因

$$[A_P]^{-1} = \frac{adj[A_P]}{|A_P|} = \frac{[C_{ij}]^T}{|A_P|} = \frac{\begin{bmatrix} -\dfrac{1}{2} & -1 \\ -1 & 1 \end{bmatrix}}{\begin{vmatrix} 1 & 1 \\ 1 & -\dfrac{1}{2} \end{vmatrix}} = \frac{-2}{3}\begin{bmatrix} -\dfrac{1}{2} & -1 \\ -1 & 1 \end{bmatrix}$$

故

$$\{x_P(0)\} = [A_P]^{-1}\{x(0)\} = \frac{-2}{3}\begin{bmatrix} -\frac{1}{2} & -1 \\ -1 & 1 \end{bmatrix}\begin{Bmatrix} 0 \\ 0 \end{Bmatrix} = \{0\}$$

$$\{\dot{x}_P(0)\} = [A_P]^{-1}\{\dot{x}(0)\} = \frac{-2}{3}\begin{bmatrix} -\frac{1}{2} & -1 \\ -1 & 1 \end{bmatrix}\begin{Bmatrix} 0 \\ 0 \end{Bmatrix} = \{0\}$$

即

$$\begin{cases} x_{P_1}(0) = 0, x_{P_2}(0) = 0 \\ \dot{x}_{P_1}(0) = 0, \dot{x}_{P_2}(0) = 0 \end{cases}$$

(3-115)

将初始条件式(3-115)分别代入式(3-112)和式(3-113)得

$$B''_1 = 0; B'_1 = -\frac{\omega F_1}{3m\omega_{n_1}(\omega_{n_1}^2 - \omega^2)} = \frac{\omega F_1}{3m\omega_{n_1}(\omega^2 - \omega_{n_1}^2)}$$

$$B''_2 = 0; B'_2 = \frac{2\omega F_1}{3m\omega_{n_2}(\omega^2 - \omega_{n_2}^2)}$$

故此，方程(3-110)与方程(3-111)的解分别为

$$x_{P_1} = \frac{\omega F_1}{3m\omega_{n_1}(\omega^2 - \omega_{n_1}^2)}\sin\omega_{n_1}t + \frac{F_1}{3m(\omega_{n_1}^2 - \omega^2)}\sin\omega t \tag{3-116}$$

$$x_{P_2} = \frac{2\omega F_1}{3m\omega_{n_2}(\omega^2 - \omega_{n_2}^2)}\sin\omega_{n_2}t + \frac{2F_1}{3m(\omega_{n_2}^2 - \omega^2)}\sin\omega t \tag{3-117}$$

5）将解耦坐标还原为广义坐标

根据式(3-93)得

$$\begin{Bmatrix} x_1 \\ x_2 \end{Bmatrix} = [A_P]\begin{Bmatrix} x_{P_1} \\ x_{P_2} \end{Bmatrix}$$

$$= \begin{bmatrix} 1 & 1 \\ 1 & -\frac{1}{2} \end{bmatrix}\begin{Bmatrix} \frac{\omega F_1}{3m\omega_{n_1}(\omega^2 - \omega_{n_1}^2)}\sin\omega_{n_1}t + \frac{F_1}{3m(\omega_{n_1}^2 - \omega^2)}\sin\omega t \\ \frac{2\omega F_1}{3m\omega_{n_2}(\omega^2 - \omega_{n_2}^2)}\sin\omega_{n_2}t + \frac{2F_1}{3m(\omega_{n_2}^2 - \omega^2)}\sin\omega t \end{Bmatrix}$$

$$= \begin{Bmatrix} \frac{\omega F_1}{3m\omega_{n_1}(\omega^2 - \omega_{n_1}^2)}\sin\omega_{n_1}t + \frac{2\omega F_1}{3m\omega_{n_2}(\omega^2 - \omega_{n_2}^2)}\sin\omega_{n_2}t + \\ \left[\frac{F_1}{3m(\omega_{n_1}^2 - \omega^2)} + \frac{2F_1}{3m(\omega_{n_2}^2 - \omega^2)}\right]\sin\omega t \\ \frac{\omega F_1}{3m\omega_{n_1}(\omega^2 - \omega_{n_1}^2)}\sin\omega_{n_1}t - \frac{\omega F_1}{3m\omega_{n_2}(\omega^2 - \omega_{n_2}^2)}\sin\omega_{n_2}t + \\ \left[\frac{F_1}{3m(\omega_{n_1}^2 - \omega^2)} - \frac{F_1}{3m(\omega_{n_2}^2 - \omega^2)}\right]\sin\omega t \end{Bmatrix}$$

即

$$\begin{cases} x_1 = \dfrac{\omega F_1}{3m\omega_{n_1}(\omega^2 - \omega_{n_1}^2)}\sin\omega_{n_1}t + \dfrac{2\omega F_1}{3m\omega_{n_2}(\omega^2 - \omega_{n_2}^2)}\sin\omega_{n_2}t + \\ \qquad \dfrac{F_1(3k - 2m\omega^2)}{(k - m\omega^2)(5k - 2m\omega^2)}\sin\omega t \\ x_2 = \dfrac{\omega F_1}{3m\omega_{n_1}(\omega^2 - \omega_{n_1}^2)}\sin\omega_{n_1}t - \dfrac{\omega F_1}{3m\omega_{n_2}(\omega^2 - \omega_{n_2}^2)}\sin\omega_{n_2}t + \\ \qquad \dfrac{kF_1}{(k - m\omega^2)(5k - 2m\omega^2)}\sin\omega t \end{cases}$$

上式就是用广义坐标表示的系统总的响应。显然,上式是由三个简谐振动 $\left(\text{固有频率 } \omega_{n_1}^2 = \dfrac{k}{m}、\omega_{n_2}^2 = \dfrac{5k}{2m} \text{ 及激振频率 } \omega\right)$ 叠加而成。上式包括了初始条件为 $x_0(0) = 0$ 及 $\dot{x}_0(0) = 0$ 时的稳态振动和瞬态振动。然而,阻尼总是存在的,瞬态振动在一段时间后就逐渐衰减掉。所以,系统只剩下稳态振动,即按与激振力相同的频率 ω 作强迫振动。即

$$\begin{cases} x_1(t) = \dfrac{F_1(3k - 2m\omega^2)}{(k - m\omega^2)(5k - 2m\omega^2)}\sin\omega t \\ x_2(t) = \dfrac{kF_1}{(k - m\omega^2)(5k - 2m\omega^2)}\sin\omega t \end{cases}$$

(2)强迫振动的振幅比为

$$u_j = \frac{B_2^{(j)}}{B_1^{(j)}} = \frac{k}{3k - 2m\omega^2}$$

当 $\omega^2 = \omega_{n_1}^2 = \dfrac{k}{m}$ 时,$\dfrac{B_2^{(1)}}{B_1^{(1)}} = 1 = u_1$。

当 $\omega^2 = \omega_{n_2}^2 = \dfrac{5k}{2m}$ 时,$\dfrac{B_2^{(2)}}{B_1^{(2)}} = -\dfrac{1}{2} = u_2$。

(3)绘制幅频响应曲线图

将振幅改写为

$$B_1 = \frac{2F_1}{5k} \frac{\dfrac{3}{2} - \left(\dfrac{\omega}{\omega_{n_1}}\right)^2}{\left[1 - \left(\dfrac{\omega}{\omega_{n_1}}\right)^2\right]\left[1 - \left(\dfrac{\omega}{\omega_{n_2}}\right)^2\right]}$$

$$B_2 = \frac{F_1}{5k} \frac{1}{\left[1 - \left(\dfrac{\omega}{\omega_{n_1}}\right)^2\right]\left[1 - \left(\dfrac{\omega}{\omega_{n_2}}\right)^2\right]}$$

以 $\dfrac{\omega}{\omega_{n_1}}$ 为横坐标,B_1 与 B_2 为纵坐标,即可以绘出幅频响应曲线图,如图 3-25(a)、(b)所示。该图与图 3-10 相同。

由图可见,系统有两次共振,每次共振时,两个质量块的振幅同时达到最大值。当激励频率 $\omega = \sqrt{\dfrac{3k}{2m}}$ 时,m_1 的振幅为零,这种现象通常称为反共振。当 $\omega < \sqrt{\dfrac{3k}{2m}}$ 时,两个质量块的

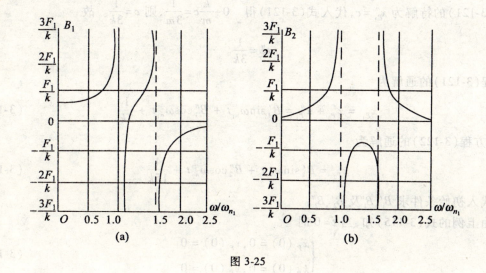

图 3-25

运动是同向的,而当 $\omega > \sqrt{\dfrac{3k}{2m}}$ 时,两个质量块的运动则是反向的。当 $\omega \gg \omega_{n_2}$ 时,两个质量块的振幅都非常小而趋于零。

从本例可知,求解无阻尼的二自由度系统在简谐激励下的响应,用解耦分析法(与例3-5比较)不是很方便。只有在自由度较多、考虑阻尼影响和在一般激励作用下的系统,用解耦分析法求其响应才比较简便,见以下例子。

例 3-12 如上例题中,在 m_1 上作用一单位常力 $F_1(t)=1$,试求系统的瞬态响应。

解 本例的激励不是简谐激励,但其解题方法与步骤和上例相同。只是在式(3-107)中变成

$$[M_P]\{\ddot{x}_P\} + [K_P]\{x_P\} = [A_P]^\mathrm{T}\begin{Bmatrix}1\\0\end{Bmatrix} \tag{3-118}$$

式中

$$[A_P]^\mathrm{T}\begin{Bmatrix}1\\0\end{Bmatrix} = \begin{bmatrix}1 & 1\\1 & -\dfrac{1}{2}\end{bmatrix}\begin{Bmatrix}1\\0\end{Bmatrix} = \begin{Bmatrix}1\\1\end{Bmatrix} \tag{3-119}$$

将 $[M_P]$,$[K_P]$ 及式(3-119)代入式(3-118)得

$$\begin{bmatrix}3m & 0\\0 & \dfrac{3m}{2}\end{bmatrix}\{\ddot{x}_P\} + \begin{bmatrix}3k & 0\\0 & \dfrac{15k}{4}\end{bmatrix}\{x_P\} = \begin{Bmatrix}1\\1\end{Bmatrix} \tag{3-120}$$

展开得

$$\begin{cases}3m\ddot{x}_{P_1} + 3kx_{P_1} = 1\\ \dfrac{3}{2}m\ddot{x}_{P_2} + \dfrac{15k}{4}x_{P_2} = 1\end{cases} \tag{3-121} \\ \tag{3-122}$$

方程(3-121)的齐次方程的通解为

$$x'_{P_1} = B'_1 \sin\omega_{n_1} t + B''_1 \cos\omega_{n_1} t$$

方程(3-121)的特解为 $x_{P_1}'' = c$，代入式(3-121)得 $0 + \frac{k}{m}c = \frac{1}{3m}$，则 $c = \frac{1}{3k}$。故

$$x_{P_1}'' = \frac{1}{3k}。$$

则方程(3-121)的通解为

$$x_{P_1} = x_{P_1}' + x_{P_1}'' = B_1' \sin\omega_{n_1} t + B_1'' \cos\omega_{n_1} t + \frac{1}{3k} \qquad (3\text{-}123)$$

同理，方程(3-122)的通解为

$$x_{P_2} = B_2' \sin\omega_{n_2} t + B_2'' \cos\omega_{n_2} t + \frac{4}{15k} \qquad (3\text{-}124)$$

代入初始条件求 B_1'、B_1'' 及 B_2'、B_2''。

由上例的式(3-115)知，当 $t = 0$ 时

$$\begin{cases} x_{P_1}(0) = 0, x_{P_2}(0) = 0 \\ \dot{x}_{P_1}(0) = 0, \dot{x}_{P_2}(0) = 0 \end{cases} \qquad (3\text{-}125)$$

将式(3-125)代入式(3-123)与式(3-124)解得

$$B_1'' = -\frac{1}{3k}, \quad B_1' = 0$$

$$B_2'' = -\frac{4}{15k}, \quad B_2' = 0$$

故此，式(3-123)及式(3-124)分别变成

$$\begin{cases} x_{P_1} = -\frac{1}{3k}\cos\omega_{n_1} t + \frac{1}{3k} = \frac{1}{3k}(1 - \cos\omega_{n_1} t) & (3\text{-}126) \\ x_{P_2} = -\frac{4}{15k}\cos\omega_{n_2} t + \frac{4}{15k} = \frac{4}{15k}(1 - \cos\omega_{n_2} t) & (3\text{-}127) \end{cases}$$

将解耦坐标还原回广义坐标表示，即

$$\begin{Bmatrix} x_1 \\ x_2 \end{Bmatrix} = [A_P] \begin{Bmatrix} x_{P_1} \\ x_{P_2} \end{Bmatrix} = \begin{bmatrix} 1 & 1 \\ 1 & -\frac{1}{2} \end{bmatrix} \begin{Bmatrix} \frac{1}{3k}(1 - \cos\omega_{n_1} t) \\ \frac{4}{15k}(1 - \cos\omega_{n_2} t) \end{Bmatrix} \qquad (3\text{-}128)$$

展开得

$$\begin{cases} x_1 = \frac{1}{3k}(1 - \cos\omega_{n_1} t) + \frac{4}{15k}(1 - \cos\omega_{n_2} t) & (3\text{-}129) \\ x_2 = \frac{1}{3k}(1 - \cos\omega_{n_1} t) - \frac{2}{15k}(1 - \cos\omega_{n_2} t) & (3\text{-}130) \end{cases}$$

这就是系统的瞬态响应。显然，该结果是由两个简谐振动 $\left(\omega_{n_1}^2 = \frac{k}{m}, \omega_{n_2}^2 = \frac{5k}{2m}\right)$ 叠加而成。

必须指出，若本题的激励不是简谐的，不能用一般方法求解，一定要用解耦分析法才能求解。请读者想一想，为什么？

综上所述，可以得到求解系统响应时：

1. 必须首先建立振动的力学模型，判断其自由度、建立坐标系、依力学模型用达朗贝尔

方程、动量矩方程、牛顿第二定律、拉格朗日方程或影响系数法等来建立系统的运动微分方程,解方程求得系统的固有频率 ω_{ni} 和主振型 A_{ni}。如单自由度系统可按公式代入即可求解。

2. 计算系统的响应,若为单自由度系统的,有两种可能:①在初位移 X_0、初速度 V_0 作用下将产生自由振动的响应($X = A\sin\omega_{nt}+\varphi$ 系统;A、φ 由 X_0、V_0 确定);②如 $X_0 = V_0 = 0$,仅在激励(谐波、冲击、脉冲、任意随机等)作用下,体系产生的谐波振动响应,可以用谐波激励解的公式或直接用杜哈美积分式求解;③有初始位移、初速度及各种激励共同作用下,将由上述响应的叠加求解。

习 题 3

题 3.1 某振动输送机,为了估算其固有圆频率,可以将其简化成题 3.1 图所示弹簧—质量系统,测得其数据为:上体重 $w_2 = 3\,989\text{N}$,下体重 $w_1 = 13\,926\text{N}$,弹簧刚度为 $k_1 = 1\,724\,800\text{N/m}$,$k_2 = 3\,214\,400\text{N/m}$。试求系统的固有频率及主振型。

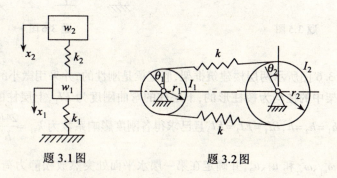

题 3.1 图   题 3.2 图

题 3.2 试求题 3.2 图所示简化皮带轮系统作自由角振动时的固有圆频率及主振型。图中 I_1、I_2 分别为两轮绕定轴的转动惯量,r_1、r_2 分别为其半径,k 为皮带的拉伸弹簧刚度。

题 3.3 如题 3.3 图所示,两个质量为 m_1 和 m_2,固结于张力为 T 的无质量的弦上,假如质量作横向振动时,弦中的张力不变。试列出振动微分方程,并求当 $m_1 = m_2$ 时系统的固有频率。(提示:先求刚度影响系数。)

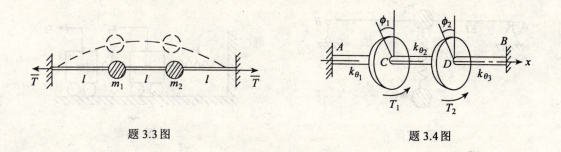

题 3.3 图   题 3.4 图

题 3.4 如题 3.4 图所示系统,在距两固定端各 25cm 处装一飞轮,其上作用有扭矩 T_1 和 T_2,且两飞轮间的距离为 25cm,轴的直径为 1cm,飞轮直径为 30cm、厚为 5cm,材料的容

重为 $r = 7.85\text{g/cm}^3$，剪切弹性模量为 $G = 8 \times 10^6 \text{N/cm}^2$，试求其旋转运动微分方程，并写成矩阵形式。

题 3.5 如题 3.5 图所示二跨连续梁，其截面相等，跨长为 l，弯曲刚度为 EI，在每一跨中有一质量分别为 m_1 和 m_2，假设 $m_1 = m_2 = m$，试确定其特征值 $\omega_{n_1}^2$ 和 $\omega_{n_2}^2$，以及其振幅比 u_1 及 u_2。$\left(\text{提示：静力计算得 } \delta_{11} = \dfrac{23l^3}{1\,536EI};\delta_{22} = \dfrac{23l^3}{1\,536EI};\delta_{12} = \delta_{21} = \dfrac{3l^3}{512EI}\right)$

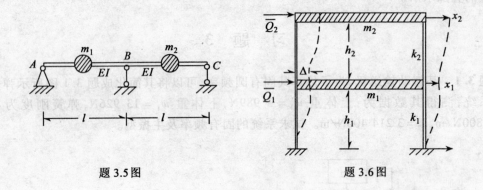

题 3.5 图   题 3.6 图

题 3.6 如题 3.6 图所示两层楼建筑框架，假定梁是刚性的，并采用微小的水平位移 x_1 和 x_2 作为位移坐标。框架中的柱均为棱柱形的，下层柱的弯曲刚度为 EI_1，上层柱的弯曲刚度为 EI_2。若 $m_1 = 2m$、$m_2 = m$，$h_1 = h_2 = h$，$EI_1 = EI_2 = EI$，且已求得各刚度影响系数为 $k_{11} = \dfrac{24EI}{h^3}$，$k_{12} = k_{21} = -\dfrac{12EI}{h^3}$，$k_{22} = \dfrac{12EI}{h^3}$。试计算 $\omega_{n_1}^2$、$\omega_{n_2}^2$ 和 u_1、u_2，并确定在第一层水平面处突然放松静力荷载 $(Q_1)_{st}$ 所产生的自由振动响应。$\left(\text{提示：由 }(Q_1)_{st}\text{ 引起一层顶处的水平静位移 } \Delta_{10} = \dfrac{Q_1}{k_{11}} = \dfrac{Q_1 h^3}{24EI}\right)$

题 3.7 如题 3.7 图所示两个自由度系统，横梁的刚度为 k_1，其上置有一质量为 m_1，悬挂弹簧的弹簧刚度为 k_2，悬挂质量为 m_2。若 $k_1 = k_2 = k$，$m_1 = 2m$，$m_2 = m$，试确定特征值 $\omega_{n_1}^2$、$\omega_{n_2}^2$ 及其振幅比 u_1 和 u_2。

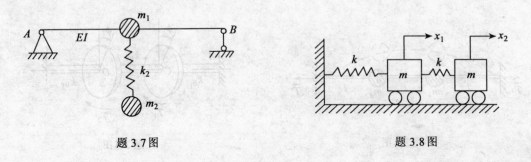

题 3.7 图   题 3.8 图

题 3.8 如题 3.8 图所示的弹簧质量系统在光滑水平面上自由振动。若运动的初始条件为 $t = 0$ 时，初始位移为 $x_{10} = 5\text{mm}$，$x_{20} = 5\text{mm}$，初始速度为 $\dot{x}_{10} = \dot{x}_{20} = 0$，试求系统的响应。

题 3.9 试用解耦分析法求题 3.9 图所示弹簧质量系统当受到激振力 $F_1(t)=0$,$F_2(t)=F_0\sin\omega t$ 作用时的稳态响应。(提示:可以用矩阵求逆法)

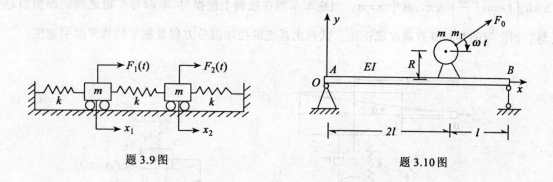

题 3.9 图　　　　　　　　　题 3.10 图

题 3.10 如题 3.10 图所示质量为 m 的电机固定在长 $3l$ 的简支梁上,电机转子的偏心质量为 m_1,其离心惯性力 $F_0=m_1 e\omega^2$(其中 e 为偏心距,ω 为转子的角速度)。试求系统的固有频率和强迫振动的振幅。已知电机质心到梁轴线的距离为 $R=\dfrac{l}{4}$,电机对其质心的转动惯量为 $I_0=ml^2/4$,角速度 $\omega=2\sqrt{EI/ml^3}$。梁的质量与电机相比较可以忽略不计,其抗弯刚度为 EI。

题 3.11 为了模拟地震对建筑物的影响,把建筑物当做刚体,并假定基础通过两种弹簧与地相连。已知拉伸弹簧的刚度为 k,扭转弹簧的刚度为 k_θ,地面以 $x_1(t)=a\sin\omega t$ 作简谐振动,建筑物的质量为 M,重心 C 与支持点的距离为 d,对过 C 点与题 3.11 图所示平面垂直的轴的转动惯量为 I_0。试通过拉格朗日方程建立系统在题 3.11 图所示平面内振动的微分方程。

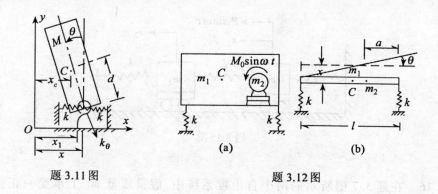

题 3.11 图　　　　　　　题 3.12 图

题 3.12 如题 3.12 图(a)所示一质量为 m_2 的机器,安装在质量为 m_1 的柜内。柜子的重心在两个刚度均为 k 的柔性腿的中间。若机器受到一简谐力矩 $M_0\sin\omega t$ 的作用。试问:(1)欲使柜子不产生摆动,k 应为多少?(2)欲使柜子不产生垂直振动,机器应安装在什么位置?(提示:可以将系统简化成题 3.12 图(b))

题 3.13 如题 3.13 图所示的拖车在不平道路上行驶。已知拖车车厢质量为 m,车轮

的质量为 m_1，拖车对 O 点（连杆横截面的水平直径轴）的转动惯量为 I_0，板簧的刚度为 k，轮胎的刚度为 k_1，拖车的牵引速度为 v。O 点可以视为无垂直位移，路面波形状由公式 $h = h_0 \left(1 - \cos\dfrac{2\pi x}{l_1}\right)$ 表示，其中 $x = vt$。当拖车车厢在板簧上摇摆时，车厢与车轮之间的摩擦阻尼与它们之间的相对垂直速度成正比。试列出系统的振动微分方程及拖车的临界牵引速度。

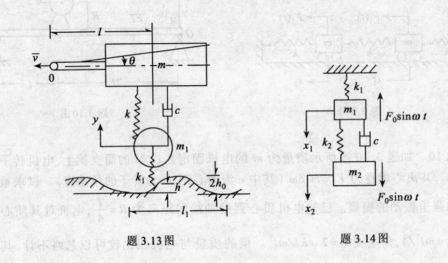

题 3.13 图　　　　　题 3.14 图

题 3.14 试求题 3.14 图所示双弹簧—质量系统在两简谐激励力 $F_0\sin\omega t$ 作用下强迫振动的振幅。

题 3.15 在题 3.15 图所示系统中，质量 m_1 受到 $P_1\sin\omega t$ 的激励。试用解耦分析法求系统强迫振动的稳态响应。设 $m_1 = m_2 = m$，$k_1 = k_2 = k_3 = k$，并已知 $k_{11} = 2k$，$k_{12} = k_{21} = -k$，$k_{22} = 2k$。

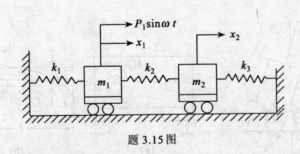

题 3.15 图

题 3.16 在题 3.7 图所示的两个自由度系统中，假设质量 m_1 上承受一正弦激励力 $P_1\sin\omega t$ 作用，试用解耦分析法求系统运动的稳态响应。

习题 3 答案

题 3.1　$\omega_{n_1} = 30.28$ 1/s；$\omega_{n_2} = 102.26$ 1/s；$u_1 = \dfrac{A_2^{(1)}}{A_1^{(1)}} = 1.131$；$u_2 = \dfrac{A_2^{(2)}}{A_1^{(2)}} = -3.086$。

第3章 二自由度系统的振动

题 3.2 $\omega_{n_1}=0$；$\omega_{n_2}=\sqrt{2k\left(\dfrac{r_1^2}{I_1}+\dfrac{r_2^2}{I_2}\right)}$；$u_1=\dfrac{r_1}{r_2}$；$u_2=\dfrac{r_2 I_1}{r_1 I_2}$，两轮按 u_2 作比例反向摆动。

题 3.3 $\omega_{n_1}=\sqrt{\dfrac{T}{ml}}$；$\omega_{n_2}=1.732\sqrt{\dfrac{T}{ml}}$。

题 3.4 略。

题 3.5 $\omega_{n_1}^2=\dfrac{48EI}{ml^3}$；$\omega_{n_2}^2=\dfrac{768EI}{7ml^3}$；$u_1=-1$；$u_2=1$。

题 3.6 $\omega_{n_1}^2=\dfrac{(12-6\sqrt{2})EI}{mh^3}$；$\omega_{n_2}^2=\dfrac{(12+6\sqrt{2})EI}{mh^3}$；$u_1=\dfrac{1}{\sqrt{2}}$；$u_2=-\dfrac{1}{\sqrt{2}}$。

$A_1^{(1)}=\dfrac{1}{|-\sqrt{2}-\sqrt{2}|}\sqrt{(-\sqrt{2}\Delta-2\Delta)^2}=1.207\Delta$；$\varphi_1=90°$

$A_1^{(2)}=\dfrac{1}{|\sqrt{2}+\sqrt{2}|}\sqrt{(\sqrt{2}\Delta-2\Delta)^2}=0.207\Delta$

$\Delta=\dfrac{Q_1}{k_{11}}=\dfrac{Q_1 h^3}{24EI}$

$x_1(t)=1.207\Delta\cos\omega_{n_1}t+0.207\Delta\cos\omega_{n_2}t$

$x_2(t)=1.207\Delta\cos\omega_{n_1}t-0.207\Delta\cos\omega_{n_2}t$。

题 3.7 $\omega_{n_1}^2=0.293\dfrac{k}{m}$；$\omega_{n_2}^2=1.707\dfrac{k}{m}$；$u_1=0.707$；$u_2=-0.707$。

题 3.8 $x_1(t)=3.618\cos\left(0.618\sqrt{\dfrac{k}{m}}t\right)+1.382\cos\left(1.618\sqrt{\dfrac{k}{m}}t\right)$

$x_2(t)=5.854\cos\left(0.618\sqrt{\dfrac{k}{m}}t\right)-0.854\cos\left(1.618\sqrt{\dfrac{k}{m}}t\right)$。

题 3.9 $\{x\}=\begin{Bmatrix}x_1(t)\\x_2(t)\end{Bmatrix}=\begin{Bmatrix}k\\2k-m\omega^2\end{Bmatrix}\dfrac{F_0\sin\omega t}{(k-m\omega^2)(3k-m\omega^2)}$。

题 3.10 $y_{\max}=0.465\dfrac{m_1 e\omega^2 l^3}{EI}$；$\theta_{\max}=0.318\dfrac{m_1 e\omega^2 l^2}{EI}$；

$\omega_{n_1}=1.436\sqrt{\dfrac{EI}{ml^3}}$；$\omega_{n_2}=3.964\sqrt{\dfrac{EI}{ml^3}}$。

题 3.11 略

题 3.12 $k=\dfrac{m_1+m_2}{2}\omega^2$；$a=\dfrac{l}{2}$。

题 3.13 $v_{1c}=\dfrac{l_1\omega_{n_1}}{2\pi}$；$v_{2c}=\dfrac{l_1\omega_{n_2}}{2\pi}$。

题 3.14 $|B_1|=F_0\dfrac{m_2\omega^2}{\sqrt{[(k_1-m_1\omega^2)(k_2-m_2\omega^2)-k_2 m_2\omega^2]^2+c^2\omega^2[k_1-(m_1+m_2)\omega^2]}}$

$|B_2|=\dfrac{k_1-m_1\omega^2}{m_2\omega^2}\cdot|B_1|$。

题 3.15 $x_1(t) = \dfrac{(2k-\omega^2 m)P_1}{m^2(\omega_{n_1}^2-\omega^2)(\omega_{n_2}^2-\omega^2)}\sin\omega t;$

$x_2(t) = \dfrac{kP_1}{m^2(\omega_{n_1}^2-\omega^2)(\omega_{n_2}^2-\omega^2)}\sin\omega t。$

题 3.16 $x_1(t) = \dfrac{(k-m\omega^2)P_1}{2(k-m\omega^2)^2-k^2}\sin\omega t;$

$x_2(t) = \dfrac{kP_1}{2(k-m\omega^2)^2-k^2}\sin\omega t。$

第4章 多自由度系统的振动

实际工程中的振动问题,其自由度数的多少,是根据需要而人为确定的。如工程结构中的板、梁、柱、壳或刚架等,或机械中的部件、旋转构件等,都是一些复杂的弹性结构。由于它们的质量与刚度都具有分布的性质,理论上都是些具有无限多自由度的系统。但根据设计与使用的要求,可以将其简化成单自由度系统或多自由度系统来研究,以求得一个或若干个主要较低阶频率的一些振动特性及规律。

多自由度系统的振动是在二自由度系统振动的基础上进一步研究的。二自由度系统的振动问题是最简单的多自由度系统的振动问题。它们之间没有本质上的差别,许多分析与计算方法是相同的,只是因自由度数的增加,使问题变得复杂些。因此,在运动微分方程的建立和求解时,要考虑探讨一些较简便和适用的方法,使之更清楚地导出预想的结果,而不纠缠中间的细节。实践证明,矩阵方法仍然是一种较理想的方法。

对于运动微分方程的建立,我们在动力学定律和分析力学方法的基础上,增加一种较简便的方法——影响系数法。

在求解固有频率及主振动时,将介绍矩阵迭代法、传递矩阵法及一些近似计算的方法——瑞雷法和邓柯莱法。

在强迫振动中,进一步推广运用解耦分析法(亦称为振型叠加法或模态分析法)。这个方法对求解多自由度系统的强迫振动,特别是自由度数较多、考虑阻尼影响和在任意激励情况下系统的响应,更显出该方法的优势。在许多实际工程中也广泛使用该方法。此外,也可以用直接积分法求解,即用计算机求运动微分方程的数值解。由 SAP 程序解决如欧拉法,线性加速度法,威尔逊-θ 法,等。

同前述一样,阻尼的影响将放在多自由度系统的强迫振动中加以叙述。

§4.1 用影响系数法建立系统的运动微分方程

多自由度系统的运动微分方程和二自由度系统一样可以用矩阵形式表示。

为方便起见,我们以三个自由度系统为例,说明如何用影响系数法来建立多自由度系统的运动微分方程。

如图 4-1 所示,由三个质点组成的三个自由度的弹簧—质量系统,其运动微分方程为

$$\begin{cases} m_1\ddot{x}_1+(c_1+c_2)\dot{x}_1-c_2\dot{x}_2+(k_1+k_2)x_1-k_2x_2=F_1 \\ m_2\ddot{x}_2-c_2\dot{x}_1+(c_2+c_3)\dot{x}_2-c_3\dot{x}_3-k_2x_1+(k_2+k_3)x_2-k_3x_3=F_2 \\ m_3\ddot{x}_3-c_3\dot{x}_2+(c_3+c_4)\dot{x}_3-k_3x_2+(k_3+k_4)x_3=F_3 \end{cases} \quad (4\text{-}1)$$

矩阵形式表达式为

$$[M]\{\ddot{x}\}+[C]\{\dot{x}\}+[K]\{x\}=\{F\} \quad (4\text{-}2)$$

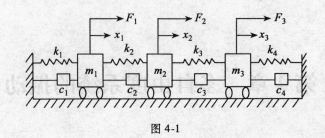

图 4-1

式中

$$[M] = \begin{bmatrix} m_1 & 0 & 0 \\ 0 & m_2 & 0 \\ 0 & 0 & m_3 \end{bmatrix} = \begin{bmatrix} m_{11} & m_{12} & m_{13} \\ m_{21} & m_{22} & m_{23} \\ m_{31} & m_{32} & m_{33} \end{bmatrix}$$ ——质量矩阵

$$[C] = \begin{bmatrix} c_1+c_2 & -c_2 & 0 \\ -c_2 & c_2+c_3 & -c_3 \\ 0 & -c_3 & c_3+c_4 \end{bmatrix} = \begin{bmatrix} c_{11} & c_{12} & c_{13} \\ c_{21} & c_{22} & c_{23} \\ c_{31} & c_{32} & c_{33} \end{bmatrix}$$ ——阻尼矩阵

$$[K] = \begin{bmatrix} k_1+k_2 & -k_2 & 0 \\ -k_2 & k_2+k_3 & -k_3 \\ 0 & -k_3 & k_3+k_4 \end{bmatrix} = \begin{bmatrix} k_{11} & k_{12} & k_{13} \\ k_{21} & k_{22} & k_{23} \\ k_{31} & k_{32} & k_{33} \end{bmatrix}$$ ——刚度矩阵

$$\{\ddot{x}\} = \begin{Bmatrix} \ddot{x}_1 \\ \ddot{x}_2 \\ \ddot{x}_3 \end{Bmatrix}, \quad \{\dot{x}\} = \begin{Bmatrix} \dot{x}_1 \\ \dot{x}_2 \\ \dot{x}_3 \end{Bmatrix}, \quad \{x\} = \begin{Bmatrix} x_1 \\ x_2 \\ x_3 \end{Bmatrix}$$

$$\{F\} = \begin{Bmatrix} F_1 \\ F_2 \\ F_3 \end{Bmatrix}$$

$\{\ddot{x}\}$、$\{\dot{x}\}$、$\{x\}$ 及 $\{F\}$ 分别称为加速度、速度、位移及激励力列阵。

为了分析方便,设系统为在无阻尼及无激励作用情况下的自由振动。则系统的运动微分方程的一般形式为

$$[M]\{\ddot{x}\} + [K]\{x\} = \{0\} \tag{4-3}$$

由此可知,建立上述运动微分方程的关键在于求得系统的刚度矩阵 $[K]$。如果事先能够把系统的刚度矩阵建立起来,则上述方程就很容易列出来了。基于这样的想法,而引出了影响系数法。

4.1.1 影响系数与矩阵

1. 柔度影响系数与柔度矩阵

所谓柔度就是指单位外"力"所引起的系统的位移。现以图 4-2(a)所示,以一 m_1、m_2 和 m_3 的集中质量块的简支梁为例,进行分析说明。

设 δ_{ij} 为柔度影响系数。δ_{ij} 表示仅在系统的 j 点作用一单位力时,在系统的 i 点产生的位

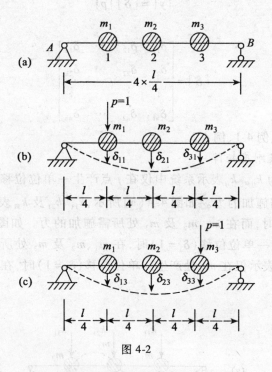

图 4-2

移。如图 4-2(b)所示,δ_{11}、δ_{21} 及 δ_{31} 分别表示仅在 m_1 处作用一单位力($p=1$)时,在 m_1、m_2 及 m_3 处产生的位移。又如图 4-2(c)所示,δ_{33}、δ_{23} 及 δ_{13} 分别表示仅在 m_3 处作用一单位力($p=1$)时,在 m_3、m_2 及 m_1 处产生的位移。

根据结构力学中的互等原理,则 $\delta_{13}=\delta_{31}$,亦即 $\delta_{ij}=\delta_{ji}$。

仅此推理,如图 4-3 所示,若在简支梁上的 n 个质点 $m_1,m_2,\cdots,m_n$ 分别作用有静外力 $\bar{p}_1,\bar{p}_2,\cdots,\bar{p}_n$,则可以应用叠加原理,以柔度影响系数来表示各质点的位移。

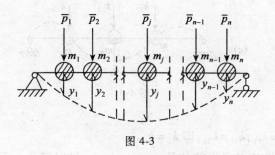

图 4-3

$$\begin{cases} y_1 = p_1\delta_{11} + p_2\delta_{12} + \cdots + p_n\delta_{1n} \\ y_2 = p_1\delta_{21} + p_2\delta_{22} + \cdots + p_n\delta_{2n} \\ \vdots \quad \vdots \quad \vdots \quad \vdots \\ y_n = p_1\delta_{n1} + p_2\delta_{n2} + \cdots + p_n\delta_{nn} \end{cases} \quad (4-4)$$

上式可以用矩阵形式表示为

$$\{y\} = [\boldsymbol{\delta}]\{p\} \tag{4-5}$$

式中

$$[\boldsymbol{\delta}] = \begin{bmatrix} \delta_{11} & \delta_{12} & \cdots & \delta_{1n} \\ \delta_{21} & \delta_{22} & \cdots & \delta_{2n} \\ \vdots & \vdots & & \vdots \\ \delta_{n1} & \delta_{n2} & \cdots & \delta_{nn} \end{bmatrix} \tag{4-6}$$

$[\boldsymbol{\delta}]$ 称为柔度矩阵。见例 4-1、例 4-2。

2. 刚度影响系数及刚度矩阵

设刚度影响系数为 k_{ij}。k_{ij} 表示系统中仅在 j 点产生一单位位移（其余各点均不位移），而在系统的 i 点处所需施加的力。如图 4-4(a) 所示，k_{11}、k_{21} 及 k_{31} 表示系统中仅在 m_1 处产生一单位位移（$\delta_1 = 1$）时，而在 m_1、m_2 及 m_3 处所需施加的力。如图 4-4(b) 所示，k_{13}、k_{23} 及 k_{33} 表示仅在 m_3 处产生一单位位移（$\delta_3 = 1$）时，在 m_1、m_2 及 m_3 处所需施加的力。如图 4-4(c) 所示，k_{12}、k_{22} 及 k_{32} 表示仅在 m_2 处产生一单位位移（$\delta_2 = 1$）时，在 m_1、m_2 及 m_3 处所需施加的力。

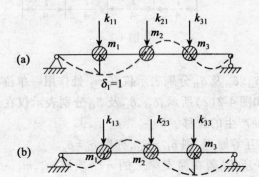

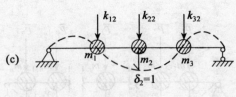

图 4-4

同理，$k_{21} = k_{12}$，$k_{31} = k_{13}$，$k_{32} = k_{23}$，即 $k_{ij} = k_{ji}$。

又如图 4-3 所示，将各点产生的位移 $y_1, y_2, \cdots, y_n$ 和相应在 $m_1, m_2, \cdots, m_n$ 各点所需要加的力 $p_1, p_2, \cdots, p_n$，用刚度影响系数的形式表示，叠加后可以得到下列方程组

$$\begin{cases} p_1 = k_{11}y_1 + k_{12}y_2 + \cdots + k_{1n}y_n \\ p_2 = k_{21}y_1 + k_{22}y_2 + \cdots + k_{2n}y_n \\ \vdots \quad \vdots \quad \vdots \quad \quad \vdots \\ p_n = k_{n1}y_1 + k_{n2}y_2 + \cdots + k_{nn}y_n \end{cases} \tag{4-7}$$

用矩阵形式将上式表示为
$$\{p\} = [K]\{y\} \tag{4-8}$$
式中
$$[K] = \begin{bmatrix} k_{11} & k_{12} & \cdots & k_{1n} \\ k_{21} & k_{22} & \cdots & k_{2n} \\ \vdots & \vdots & & \vdots \\ k_{n1} & k_{n2} & \cdots & k_{nn} \end{bmatrix} \tag{4-9}$$

$[K]$ 称为刚度矩阵。见例 4-3。

3. 柔度矩阵与刚度矩阵的关系

如果将方程(4-5)的两边左乘以柔度矩阵的逆阵 $[\delta]^{-1}$，便得到方程式
$$[\delta]^{-1}\{y\} = \{p\}$$
又由式(4-8)
$$\{p\} = [K]\{y\}$$
则
$$[\delta]^{-1}\{y\} = [K]\{y\}$$
故
$$[\delta]^{-1} = [K] \text{ 或 } [\delta] = [K]^{-1} \tag{4-10}$$
即柔度矩阵和刚度矩阵是互逆的，显然 $[\delta][K] = [I]$（单位矩阵）。

4.1.2 通过影响系数建立系统的运动微分方程

现在将上面分析的方法再回到梁系统的振动上来。根据达朗贝尔(D'Alembert)原理，将各质点的惯性力虚加在各质点上，由柔度影响系数求得系统在外力与惯性力共同作用下的位移，从而建立系统的振动微分方程。如图 4-5 所示，梁系统上有 n 个质量 $m_1, m_2, \cdots, m_n$。系统运动时各质点的横向位移 $y_1, y_2, \cdots, y_n$ 值，可以由作用在各质点上的外力 $p_1, p_2, \cdots, p_n$ 及虚加的惯性力 $-m_1\ddot{y}_1, -m_2\ddot{y}_2, \cdots, -m_n\ddot{y}_n$ 确定。根据方程式(4-4)可得

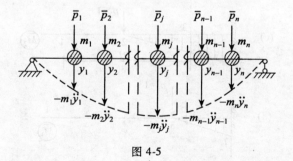

图 4-5

$$\begin{cases} y_1 = \delta_{11}(p_1 - m_1\ddot{y}_1) + \delta_{12}(p_2 - m_2\ddot{y}_2) + \cdots + \delta_{1n}(p_n - m_n\ddot{y}_n) \\ y_2 = \delta_{21}(p_1 - m_1\ddot{y}_1) + \delta_{22}(p_2 - m_2\ddot{y}_2) + \cdots + \delta_{2n}(p_n - m_n\ddot{y}_n) \\ \vdots \qquad \vdots \qquad \vdots \qquad \vdots \\ y_n = \delta_{n1}(p_1 - m_1\ddot{y}_1) + \delta_{n2}(p_2 - m_2\ddot{y}_2) + \cdots + \delta_{nn}(p_n - m_n\ddot{y}_n) \end{cases} \tag{4-11}$$

用矩阵形式表示为
$$\{y\} = [\delta]\{p\} - [\delta][M]\{\ddot{y}\} \tag{4-12}$$

当外力 $\{p\} = \{0\}$ 时，成为自由振动微分方程

$$\{y\} + [\delta][M]\{\ddot{y}\} = \{0\} \tag{4-13}$$

这就是用柔度矩阵表示的系统的运动微分方程。

若在式 (4-12) 两边左乘以刚度矩阵 $[K]$，得

$$[K]\{y\} = [K][\delta]\{p\} - [K][\delta][M]\{\ddot{y}\}$$
$$= \{p\} - [M]\{\ddot{y}\} \; (\text{注意到}\,[K][\delta] = 1) \tag{4-14}$$

当 $\{p\} = \{0\}$ 时，便得到用刚度矩阵表示的系统自由振动的微分方程。

$$[M]\{\ddot{y}\} + [K]\{y\} = \{0\} \tag{4-15}$$

这个结果与前面用动力学定律或分析力学方法推导的式 (4-3) 完全相同。

例 4-1 如图 4-6(a) 所示，均质等截面悬臂梁在 1、2 和 3 点处有质量 m_1、m_2 及 m_3。梁的质量略去不计。试求该系统 1、2 及 3 点的柔度影响系数，并建立其运动微分方程。

解 首先求柔度系数。求系统的柔度影响系数的方法很多，有结构力学中的图乘法，材料力学中的挠度公式等。现采用图乘法计算。如图 4-6(b)、(c)、(d) 所示，分别在悬臂梁的 1、2 及 3 点处施加一单位力，作出 $\widehat{M_1}$、$\widehat{M_2}$ 及 $\widehat{M_3}$ 图，依图乘法得柔度影响系数

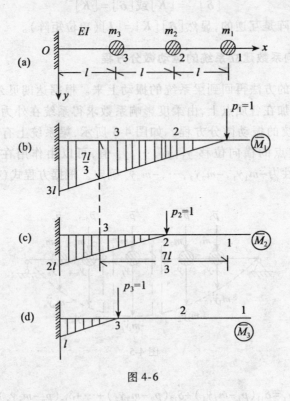

图 4-6

$$\delta_{12} = \delta_{21} = \frac{1}{EI}\left[\frac{1}{2}(2l)^2 \times \frac{7}{3}l\right] = \frac{14}{3}\frac{l^3}{EI}$$

$$\delta_{11} = \frac{27}{3}\frac{l^3}{EI}, \quad \delta_{23} = \delta_{32} = \frac{2.5}{3}\frac{l^3}{EI}, \quad \delta_{22} = \frac{8}{3}\frac{l^3}{EI}$$

$$\delta_{13} = \delta_{31} = \frac{4}{3}\frac{l^3}{EI}, \quad \delta_{33} = \frac{1}{3}\frac{l^3}{EI}.$$

则柔度矩阵为

$$[\boldsymbol{\delta}] = \frac{l^3}{3EI} \times \begin{bmatrix} 27 & 14 & 4 \\ 14 & 8 & 2.5 \\ 4 & 2.5 & 1 \end{bmatrix}$$

系统的质量矩阵为

$$[\boldsymbol{M}] = \begin{bmatrix} m_1 & 0 & 0 \\ 0 & m_2 & 0 \\ 0 & 0 & m_3 \end{bmatrix}$$

根据式(4-13)得到系统的运动微分方程为

$$\frac{l^3}{3EI}\begin{bmatrix} 27 & 14 & 4 \\ 14 & 8 & 2.5 \\ 4 & 2.5 & 1 \end{bmatrix}\begin{bmatrix} m_1 & 0 & 0 \\ 0 & m_2 & 0 \\ 0 & 0 & m_3 \end{bmatrix}\begin{Bmatrix} \ddot{y}_1 \\ \ddot{y}_2 \\ \ddot{y}_3 \end{Bmatrix} + \begin{Bmatrix} y_1 \\ y_2 \\ y_3 \end{Bmatrix} = \begin{Bmatrix} 0 \\ 0 \\ 0 \end{Bmatrix}。$$

本题还可以用悬臂梁在单位力作用下的挠度公式直接计算各柔度影响系数。其挠度公式为

$$f = \frac{x^2}{6EI}(3a - x) \quad (0 \le x \le a)$$

$$f = \frac{a^2}{6EI}(3x - a) \quad (a \le x \le L)$$

式中,L 为梁长,a 为单位力作用点至固定端的距离。

若 $p_1 = 1$ 作用在 1 点处,则

$$a = 3l, \quad L = 3l, \quad x_1 = 3l, \quad x_2 = 2l, \quad x_3 = l$$

则

$$\delta_{11} = \frac{(3l)^2}{6EI}(3 \times 3l - 3l) = \frac{27l^3}{3EI}$$

$$\delta_{21} = \frac{(2l)^2}{6EI}(3 \times 3l - 2l) = \frac{14l^3}{3EI}$$

$$\delta_{31} = \frac{l^2}{6EI}(3 \times 3l - l) = \frac{4l^3}{3EI}。$$

若 $p_2 = 1$ 作用在 2 点处,则

$$a = 2l, \quad L = 3l, \quad x_1 = 3l, \quad x_2 = 2l, \quad x_3 = l$$

则

$$\delta_{12} = \frac{14l^3}{3EI}, \quad \delta_{22} = \frac{8l^3}{3EI}, \quad \delta_{23} = \frac{2.5l^3}{3EI}$$

类似地可以求得 $\delta_{33} = \frac{l^3}{3EI}$, $\delta_{13} = \delta_{31}$, $\delta_{32} = \delta_{32}$。

例 4-2 如图 4-7(a)所示,为一个三重摆,其中,摆的质量 $m_1 = m_2 = m_3 = m$,摆长 $l_1 = l_2 = l_3 = l$。设摆角 θ 很小,试求其柔度系数,并列出其运动微分方程。

解 根据定义求各柔度系数。

当在 m_1 上作用一单位力 $p_1 = 1$ 时,则各质量的位移如图 4-7(b)之左图所示,m_1 的受力图如图 4-7(c)之左图所示,依平衡条件可以求得位移 x_1。即

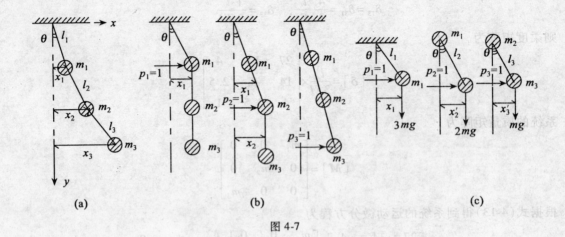

图 4-7

$$3mg \cdot x_1 = p_1 \cdot l \cdot \cos\theta \quad (\theta \text{ 很小时 } \cos\theta \approx 1, \text{ 又 } p_1 = 1)$$

故

$$x_1 = \frac{l}{3mg}$$

其柔度影响系数为

$$\delta_{11} = \delta_{21} = \delta_{31} = x_1 = \frac{l}{3mg}$$

当在 m_2 上作用单位力 $p_2 = 1$ 时，则各质量的位移如图 4-7(b)之中图所示，m_2 的受力图如图 4-7(c)之中图所示。此时，m_1 的位移仍为 x_1，而 m_2 相对 m_1 的位移为 x_2'。可以由 m_2 的平衡条件得

$$2mg \cdot x_2' \approx p_2 l, \quad (p_2 = 1)$$

即

$$x_2' = \frac{l}{2mg}$$

故其柔度影响系数为

$$\delta_{22} = \delta_{32} = x_1 + x_2' = \frac{l}{3mg} + \frac{l}{2mg} = \frac{5l}{6mg}$$

同理可以求得

$$\delta_{33} = \frac{l}{3mg} + \frac{l}{2mg} + \frac{l}{mg} = \frac{11l}{6mg}$$

此外

$$\delta_{23} = \delta_{32}, \quad \delta_{12} = \delta_{21}, \quad \delta_{13} = \delta_{31}$$

所以，系统的柔度矩阵为

$$[\delta] = \begin{bmatrix} 2 & 2 & 2 \\ 2 & 5 & 5 \\ 2 & 5 & 11 \end{bmatrix} \frac{l}{6mg}$$

代入式(4-13)便得到系统的运动微分方程为

$$\frac{l}{6mg} \begin{bmatrix} 2 & 2 & 2 \\ 2 & 5 & 5 \\ 2 & 5 & 11 \end{bmatrix} \begin{bmatrix} m & 0 & 0 \\ 0 & m & 0 \\ 0 & 0 & m \end{bmatrix} \begin{Bmatrix} \ddot{x}_1 \\ \ddot{x}_2 \\ \ddot{x}_3 \end{Bmatrix} + \begin{Bmatrix} x_1 \\ x_2 \\ x_3 \end{Bmatrix} = \begin{Bmatrix} 0 \\ 0 \\ 0 \end{Bmatrix}$$

本题还可以采用单位变位法求出刚度矩阵及建立运动微分方程。如图 4-8(a)所示,首先用单位变位法求各刚度影响系数 k_{ij}。

如图 4-8(b)所示,设 $\delta_1=1,\delta_2=\delta_3=0$,由各质点的静力平衡方程可得杆 l_1、l_2 及 l_3 所受到的拉力分别为 $(m_1+m_2+m_3)g$,$(m_2+m_3)g$ 及 $m_3 g$。则其刚度影响系数为

$$k_{11}=(m_2+m_3)g\left(\frac{1}{l_2}\right)+(m_1+m_2+m_3)g\left(\frac{1}{l_1}\right)=\frac{5mg}{l}$$

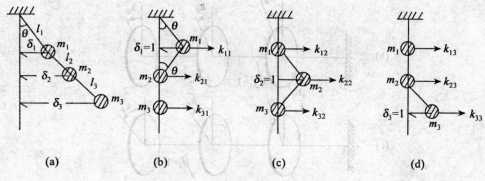

图 4-8

$$k_{21}=-(m_2+m_3)g\left(\frac{1}{l_2}\right)=-\frac{2mg}{l}$$
$$k_{31}=0$$

依次设 $\delta_2=1,\delta_1=\delta_3=0$(如图 4-8(c)所示)和 $\delta_3=1,\delta_1=\delta_2=0$(如图 4-8(d)所示),即可得

$$k_{12}=-\frac{2mg}{l},\quad k_{13}=0,\quad k_{23}=-\frac{mg}{l},\quad k_{22}=\frac{3mg}{l},\quad k_{32}=-\frac{mg}{l},\quad k_{33}=\frac{mg}{l}$$

故

$$[K]=\frac{mg}{l}\begin{bmatrix}5 & -2 & 0\\ -2 & 3 & -1\\ 0 & -1 & 1\end{bmatrix}$$

则

$$\begin{bmatrix}m_1 & 0 & 0\\ 0 & m_2 & 0\\ 0 & 0 & m_3\end{bmatrix}\{\ddot{x}\}+\frac{mg}{l}\begin{bmatrix}5 & -2 & 0\\ -2 & 3 & -1\\ 0 & -1 & 1\end{bmatrix}\{x\}=\{0\}$$

例 4-3 如图 4-9(a)所示的扭振系统中,假设各盘的转动惯量分别为 I_1、I_2 和 I_3,而各轴段的抗扭刚度均为 k_θ,轴本身的质量可以略去不计,试求系统的柔度矩阵。

解 由图 4-9(b)可知,当在盘 1 上作用有一单位力偶时,各盘的角位移均为 $\frac{1}{k_\theta}$,则有

$$\delta_{11}=\frac{1}{k_\theta},\quad \delta_{21}=\frac{1}{k_\theta},\quad \delta_{31}=\frac{1}{k_\theta}$$

又由图 4-9(c)可知,当在盘 2 上作用有一单位力偶时,盘 1 的角位移为 $\frac{1}{k_\theta}$,盘 2 与盘 3 的角位移均为 $\frac{2}{k_\theta}$,则有

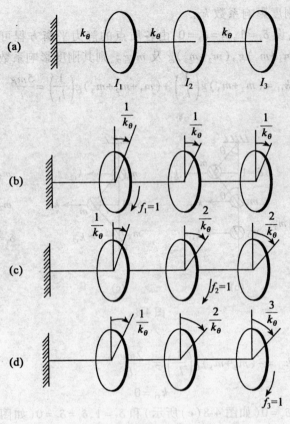

图 4-9

$$\delta_{12} = \frac{1}{k_\theta}, \quad \delta_{22} = \frac{2}{k_\theta}, \quad \delta_{32} = \frac{2}{k_\theta}$$

同理,从图 4-9(d)可得

$$\delta_{13} = \frac{1}{k_\theta}, \quad \delta_{23} = \frac{2}{k_\theta}, \quad \delta_{33} = \frac{3}{k_\theta}$$

则其柔度矩阵为

$$[\boldsymbol{\delta}] = \frac{1}{k_\theta} \begin{bmatrix} 1 & 1 & 1 \\ 1 & 2 & 2 \\ 1 & 2 & 3 \end{bmatrix}$$

从上式可见,该柔度矩阵是对称矩阵。

例 4-4 如图4-10所示,一个三自由度的弹簧—质量系统,试求其刚度矩阵及系统的运动微分方程。

解 根据定义求刚度矩阵。

令 $x_1 = 1.0$、$x_2 = x_3 = 0$,则弹簧 k_1 及 k_2 有单位变位,而 k_3 及 k_4 无变位。此时作用于 m_1 上的弹性力为 $-x_1(k_1+k_2)$(向左为负),作用于 m_2 上的弹性力为 $+x_1 k$(向右为正),所以要想维持系统的静力平衡,必须在 m_1 上施加力 $(k_1+k_2)x_1$(向右),在 m_2 上施加力 $-x_1 k_2$(向左)。

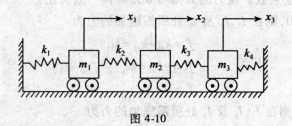

图 4-10

在 m_3 上不用加力。即

$$f_1 = (k_1+k_2)x_1 = k_1+k_2 = k_{11}$$
$$f_2 = -k_2 x_1 = -k_2 = k_{21}$$
$$f_3 = 0 = k_{31}$$

再令 $x_2=1.0$, $x_1=x_3=0$, 则在 m_1、m_2 及 m_3 处所需施加的力分别为

$$f_1 = -k_2 = k_{12}$$
$$f_2 = k_2 + k_3 = k_{22}$$
$$f_3 = -k_3 = k_{32}$$

最后令 $x_3=1.0$, $x_1=x_2=0$, 则在 m_1、m_2 及 m_3 处所需施加的力为

$$f_1 = 0 = k_{13}$$
$$f_2 = -k_3 = k_{23}$$
$$f_3 = k_3 + k_4 = k_{33}$$

故得到系统的刚度矩阵为

$$[K] = \begin{bmatrix} k_1+k_2 & -k_2 & 0 \\ -k_2 & k_2+k_3 & -k_3 \\ 0 & -k_3 & k_3+k_4 \end{bmatrix}$$

将 $[K]$ 及 $[M]$ 代入式(4-15),便得到系统的运动微分方程为

$$\begin{bmatrix} m_1 & 0 & 0 \\ 0 & m_2 & 0 \\ 0 & 0 & m_3 \end{bmatrix} \begin{Bmatrix} \ddot{x}_1 \\ \ddot{x}_2 \\ \ddot{x}_3 \end{Bmatrix} + \begin{bmatrix} k_1+k_2 & -k_2 & 0 \\ -k_2 & k_2+k_3 & -k_3 \\ 0 & -k_3 & k_3+k_4 \end{bmatrix} \begin{Bmatrix} x_1 \\ x_2 \\ x_3 \end{Bmatrix} = \begin{Bmatrix} 0 \\ 0 \\ 0 \end{Bmatrix}$$

例 4-5 有一转轴质量不计的三圆盘扭振系统。已知条件如图 4-11 所示。试求其刚度矩阵及其振动微分方程。

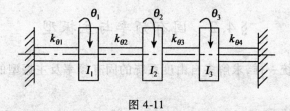

图 4-11

解 建立刚度矩阵

首先依定义求刚度系数。设力的方向与 θ 角转向一致为正。

设 $\theta_1=1, \theta_2=\theta_3=0$，则在 I_1、I_2 及 I_3 处所需施加的力为

$$f_1 = k_{\theta 1} + k_{\theta 2} = k_{11}$$
$$f_2 = -k_{\theta 2} = k_{21}$$
$$f_3 = 0 = k_{31}$$

又设 $\theta_2=1, \theta_1=\theta_3=0$，则在 I_1、I_2 及 I_3 处所需施加的力为

$$f_1 = -k_{\theta 2} = k_{12}$$
$$f_2 = k_{\theta 2} + k_{\theta 3} = k_{22}$$
$$f_3 = -k_{\theta 3} = k_{32}$$

再设 $\theta_3=1, \theta_1=\theta_2=0$，则在 I_1、I_2 及 I_3 处所需施加的力为

$$f_1 = 0 = k_{13}$$
$$f_2 = -k_{\theta 3} = k_{23}$$
$$f_3 = k_{\theta 3} + k_{\theta 4} = k_{33}$$

故得到刚度矩阵为

$$[K] = \begin{bmatrix} k_{\theta 1}+k_{\theta 2} & -k_{\theta 2} & 0 \\ -k_{\theta 2} & k_{\theta 2}+k_{\theta 3} & -k_{\theta 3} \\ 0 & -k_{\theta 3} & k_{\theta 3}+k_{\theta 4} \end{bmatrix}$$

将 $[K]$ 及 $[M]$ 代入式(4-15)便得到系统的振动微分方程为

$$\begin{bmatrix} I_1 & 0 & 0 \\ 0 & I_2 & 0 \\ 0 & 0 & I_3 \end{bmatrix} \begin{Bmatrix} \ddot{\theta}_1 \\ \ddot{\theta}_2 \\ \ddot{\theta}_3 \end{Bmatrix} + \begin{bmatrix} k_{\theta 1}+k_{\theta 2} & -k_{\theta 2} & 0 \\ -k_{\theta 2} & k_{\theta 2}+k_{\theta 3} & -k_{\theta 3} \\ 0 & -k_{\theta 3} & k_{\theta 3}+k_{\theta 4} \end{bmatrix} \begin{Bmatrix} \theta_1 \\ \theta_2 \\ \theta_3 \end{Bmatrix} = \begin{Bmatrix} 0 \\ 0 \\ 0 \end{Bmatrix}。$$

由以上各例题可知，对于一般的弹簧—质量系统，其刚度影响系数较易确定，这类问题应该用刚度系数法建立其运动微分方程；而一些梁类系统，其柔度影响系数较易确定，这类系统应该用柔度影响系数法建立其运动微分方程。但某些未被完全固定，而可以作一定刚体运动的系统，即所谓半正定系统，例如没有任何约束的梁或盘轴系统，显然不存在柔度影响系数问题，当然不能用柔度影响系数法建立方程。究竟用哪种方法为好？应视具体问题作具体分析而定。虽然还可以利用刚度矩阵与柔度矩阵的互逆条件来建立运动微分方程，然而这个条件对半正定系统却不适用。故柔度影响系数法一般只适用于正定系统（所谓正定系统，即只能在稳定平衡位置附近作微小振动而不能远逸的系统）。

§4.2 固有频率与主振型

如同二自由度系统一样，求解多自由度系统的固有频率及主振型的一般方法，是采用特征方程求解的方法。

4.2.1 自由振动的一般解

如无阻尼的 n 个自由度系统的自由振动微分方程为

第4章 多自由度系统的振动

$$\begin{bmatrix} m_{11} & m_{12} & \cdots & m_{1n} \\ m_{21} & m_{22} & \cdots & m_{2n} \\ \vdots & \vdots & & \vdots \\ m_{n1} & m_{n2} & \cdots & m_{nn} \end{bmatrix} \begin{Bmatrix} \ddot{x}_1 \\ \ddot{x}_2 \\ \vdots \\ \ddot{x}_n \end{Bmatrix} + \begin{bmatrix} k_{11} & k_{12} & \cdots & k_{1n} \\ k_{21} & k_{22} & \cdots & k_{2n} \\ \vdots & \vdots & & \vdots \\ k_{n1} & k_{n2} & \cdots & k_{nn} \end{bmatrix} \begin{Bmatrix} x_1 \\ x_2 \\ \vdots \\ x_n \end{Bmatrix} = \begin{Bmatrix} 0 \\ 0 \\ \vdots \\ 0 \end{Bmatrix} \quad (4\text{-}16)$$

上式可以简写成

$$[M]\{\ddot{x}\} + [K]\{x\} = \{0\} \quad (4\text{-}17)$$

设式(4-17)的解为

$$x_i = A_i^{(j)} \sin(\omega_{nj} t + \varphi_j) \quad (i = 1, 2, \cdots, n) \quad (4\text{-}18)$$

即假设系统偏离平衡位置按 j 阶主振动作自由振动时,各质点 i 的位移 x_i 值是按同一频率 ω_{nj}、同一相位角 φ_j 和不同振幅 $A_i^{(j)}$ 作简谐振动。

将式(4-18)代入式(4-16)得

$$\begin{cases} (k_{11} - m_{11}\omega_{nj}^2)A_1^{(j)} + (k_{12} - m_{12}\omega_{nj}^2)A_2^{(j)} + \cdots + (k_{1n} - m_{1n}\omega_{nj}^2)A_n^{(j)} = 0 \\ (k_{21} - m_{21}\omega_{nj}^2)A_1^{(j)} + (k_{22} - m_{22}\omega_{nj}^2)A_2^{(j)} + \cdots + (k_{2n} - m_{2n}\omega_{nj}^2)A_n^{(j)} = 0 \\ \vdots \\ (k_{n1} - m_{n1}\omega_{nj}^2)A_1^{(j)} + (k_{n2} - m_{n2}\omega_{nj}^2)A_2^{(j)} + \cdots + (k_{nn} - m_{nn}\omega_{nj}^2)A_n^{(j)} = 0 \end{cases} \quad (4\text{-}19)$$

用矩阵形式表示的特征矩阵方程为

$$[K]\{A^{(j)}\}_i - \omega_{nj}^2[M]\{A_i^{(j)}\} = \{0\} \quad (4\text{-}20)$$

式中,$\{A_i^{(j)}\}$ 是 j 阶主振型列阵,亦称为系统的特征向量,即

$$\{A_i^{(j)}\} = \begin{Bmatrix} A_1^{(j)} \\ A_2^{(j)} \\ \vdots \\ A_n^{(j)} \end{Bmatrix} \quad (4\text{-}21)$$

式(4-19)或式(4-20)是一组 $A_i^{(j)}$ 的 n 元线性齐次代数方程组,该方程组有非零解的条件是系数行列式等于零,即

$$\left| [K] - \omega_{nj}^2 [M] \right| = 0 \quad (4\text{-}22)$$

或

$$\begin{vmatrix} k_{11} - m_{11}\omega_{nj}^2 & k_{12} - m_{12}\omega_{nj}^2 & \cdots & k_{1n} - m_{1n}\omega_{nj}^2 \\ k_{21} - m_{21}\omega_{nj}^2 & k_{22} - m_{22}\omega_{nj}^2 & \cdots & k_{2n} - m_{2n}\omega_{nj}^2 \\ \vdots & \vdots & & \vdots \\ k_{n1} - m_{n1}\omega_{nj}^2 & k_{n2} - m_{n2}\omega_{nj}^2 & \cdots & k_{nn} - m_{nn}\omega_{nj}^2 \end{vmatrix} = 0 \quad (4\text{-}23)$$

这就是多自由度系统无阻尼自由振动的特征方程式,将其展开后可以得到 ω_{nj}^2 的 n 次代数方程式

$$\omega_{nj}^{2n} + a_1 \omega_{nj}^{2(n-1)} + a_2 \omega_{nj}^{2(n-2)} + \cdots + a_{n-1}\omega_{nj}^2 + a_n = 0 \quad (4\text{-}24)$$

求解式(4-24),便得到系统的特征值,即系统的 n 个固有频率

$$0 < \omega_{n1} < \omega_{n2} < \cdots < \omega_{n(n-1)} < \omega_{nn} \quad (4\text{-}25)$$

将式(4-25)中的某一频率 $\omega_{nj}(j=1,2,\cdots,n)$ 代回式(4-20),经过演算即可以得到对应于固有频率 ω_{nj} 的 n 个振幅值 $A_1^{(j)}, A_2^{(j)}, \cdots, A_n^{(j)}$ 之间的比值关系,称之为振幅比。

再将 ω_{nj} 及 $A_i^{(j)}(i,j=1,2,\cdots,n)$ 代回式(4-18),便得到 n 组特解,将这 n 组特解相加,可以得到系统自由振动的一般解,即

$$\begin{cases} x_1 = A_1^{(1)}\sin(\omega_{n1}t+\varphi_1) + A_1^{(2)}\sin(\omega_{n2}t+\varphi_2) + \cdots + A_1^{(n)}\sin(\omega_{nn}t+\varphi_n) \\ x_2 = A_2^{(1)}\sin(\omega_{n1}t+\varphi_1) + A_2^{(2)}\sin(\omega_{n2}t+\varphi_2) + \cdots + A_2^{(n)}\sin(\omega_{nn}t+\varphi_n) \\ \vdots \\ x_n = A_n^{(1)}\sin(\omega_{n1}t+\varphi_1) + A_n^{(2)}\sin(\omega_{n2}t+\varphi_2) + \cdots + A_n^{(n)}\sin(\omega_{nn}t+\varphi_n) \end{cases} \quad (4\text{-}26)$$

或

$$x_i = \sum_{j=1}^{n} A_i^{(j)}\sin(\omega_{nj}t+\varphi_j), \quad (i=1,2,\cdots,n) \quad (4\text{-}27)$$

由于对同一阶固有频率 ω_{nj},各个 $A_1^{(j)}, A_2^{(j)}, \cdots, A_n^{(j)}$ 之间具有确定的相对比值,因此上述一般解中有 $2n$ 个待定常数 $\varphi_1, \varphi_2, \cdots, \varphi_n$ 及 $A_n^{(1)}, A_n^{(2)}, \cdots, A_n^{(n)}$(其他振幅可以按振幅比求得),必须由系统的初始条件来确定。我们在第 3 章的例 3-4 中已求解过,这里不再举例说明。同样,若已知 $[\delta]$ 及 $[M]$,则由式(4-13)可得 $\{y\} + [\delta][M]\{\ddot{y}\} = \{0\}$。设 $y_i = A_i^{(j)}\sin(\omega_{nj}t+\varphi_j)$,则得 $\dfrac{1}{\omega_{nj}^2}\{A^{(j)}\} - [\delta][M]\{A^{(j)}\} = \{0\}$。按上面的方法即可以求得 ω_{nj} 及 $A_i^{(j)}$,从而得到系统自由振动的一般解。

4.2.2 主振动与振型矩阵

主振动的概念与第 3 章介绍的相同,只是由于自由度数增加,其固有频率、振幅及主振型等也随之增加而已。

如果系统在某一特殊的初始条件下(例 3-1 中介绍过),使得待定常数中只有 $A_i^{(1)} \neq 0$ ($i=1,2,\cdots,n$),其他的 $A_i^{(2)} = A_i^{(3)} = \cdots = A_i^{(n)} = 0 (i=1,2,\cdots,n)$,则式(4-26)便成为下列的特殊形式

$$\begin{cases} x_1 = A_1^{(1)}\sin(\omega_{n1}t+\varphi_1) \\ x_2 = A_2^{(1)}\sin(\omega_{n1}t+\varphi_1) \\ \vdots \\ x_n = A_n^{(1)}\sin(\omega_{n1}t+\varphi_1) \end{cases} \quad (4\text{-}28)$$

此时,每个质点均以同一固有频率 ω_{n1}、同一相位角 φ_1 和不同振幅 $A_i^{(1)}$ 作简谐振动。在振动过程中,各质点同时经过平衡位置(即 $x_i = 0$),也同时(当 $\sin(\omega_{n1}t+\varphi_1) = \pm 1$ 时)到达最大的偏离位置。各质点的位移值在任何瞬时都保持固定不变的比值,即恒有

$$\frac{x_1}{A_1^{(1)}} = \frac{x_2}{A_2^{(1)}} = \cdots = \frac{x_n}{A_n^{(1)}} \quad (4\text{-}29)$$

的关系。

因此,$\{A^{(1)}\}$ 中各元素的比值完全确定了系统振动的形态,故称之为第一主振型。按照式(4-28)描述的系统的运动,称之为第一阶主振动。同样,系统在某些特殊初始条件下和一阶主振动一样,由 $\{A^{(2)}\}, \{A^{(3)}\}, \cdots, \{A^{(n)}\}$ 各元素的比值分别所确定的系统振动的形态,就称之为第二、第三、$\cdots$、第 n 阶主振型。按照上述相应各阶主振型所描述的系统的运动,称之为第二、第三、$\cdots$、第 n 阶主振动。

如果在 $A_1^{(1)}, A_2^{(1)}, \cdots, A_n^{(1)}$ 中，$A_1^{(1)} \neq 0$，我们就设定 $A_1^{(1)} = 1$，则 $A_2^{(1)}, A_3^{(1)}, \cdots, A_n^{(1)}$ 可以由下式

$$\begin{cases} (k_{11}-m_{11}\omega_{nj}^2)A_1^{(j)}+(k_{12}-m_{12}\omega_{nj}^2)A_2^{(j)}+\cdots+(k_{1,n-1}-m_{1,n-1}\omega_{nj}^2)A_{n-1}^{(j)}=-(k_{1n}-m_{1n}\omega_{nj}^2)A_n^{(j)} \\ (k_{21}-m_{21}\omega_{nj}^2)A_1^{(j)}+(k_{22}-m_{22}\omega_{nj}^2)A_2^{(j)}+\cdots+(k_{2,n-1}-m_{2,n-1}\omega_{nj}^2)A_{n-1}^{(j)}=-(k_{2n}-m_{2m}\omega_{nj}^2)A_n^{(j)} \\ \vdots \\ (k_{n-1,1}-m_{n-1,1}\omega_{nj}^2)A_1^{(j)}+(k_{n-1,2}-m_{n-1,2}\omega_{nj}^2)A_2^{(j)}+\cdots+(k_{n-1,n-1}-m_{n-1,n-1}\omega_{nj}^2)A_{n-1}^{(j)}= \\ -(k_{n-1,n}-m_{n-1,n}\omega_{nj}^2)A_n^{(j)} \end{cases}$$

(4-30)

$j=1$ 来确定。

将 n 个幅值 $A_1^{(1)}, A_2^{(1)}, \cdots, A_n^{(1)}$ 作为元素组成一个列阵 $\{A^{(1)}\}$，称之为第一阶主振型列阵。即

$$\{A^{(1)}\} = \begin{Bmatrix} A_1^{(1)} \\ A_2^{(1)} \\ \vdots \\ A_n^{(1)} \end{Bmatrix} \tag{4-31}$$

类似地可以求得第二阶、第三阶至第 n 阶主振型列阵，分别为

$$\{A^{(2)}\} = \begin{Bmatrix} A_1^{(2)} \\ A_2^{(2)} \\ \vdots \\ A_n^{(2)} \end{Bmatrix}, \quad \{A^{(3)}\} = \begin{Bmatrix} A_1^{(3)} \\ A_2^{(3)} \\ \vdots \\ A_n^{(3)} \end{Bmatrix}, \cdots, \quad \{A^{(n)}\} = \begin{Bmatrix} A_1^{(n)} \\ A_2^{(n)} \\ \vdots \\ A_n^{(n)} \end{Bmatrix} \tag{4-32}$$

前面讲过，由于各阶主振动是相互独立的，不发生能量传递，即主振型之间存在着正交性。我们把相互之间存在正交性的各阶主振型列阵，依序排列构成一个 $n \times n$ 阶的振型矩阵 $[A_P]$，即

$$[A_P] = \begin{bmatrix} A_1^{(1)} & A_1^{(2)} & \cdots & A_1^{(n)} \\ A_2^{(1)} & A_2^{(2)} & \cdots & A_2^{(n)} \\ \vdots & \vdots & & \vdots \\ A_n^{(1)} & A_n^{(2)} & \cdots & A_n^{(n)} \end{bmatrix} \tag{4-33}$$

这就是在第 3 章中介绍过的振型矩阵——解耦矩阵。

§4.3 确定系统固有频率与主振型的矩阵迭代法

对于自由度数较多的系统，采用第 3 章中介绍的传统的计算方法，用特征矩阵方程式 (4-20) 与特征方程式 (4-22) 求解其固有频率和相应的主振型，虽然可行但是很不方便。一些专家学者通过研究，已提出了许多好方法，甚至用电算方法时都有了标准的计算程序。在此，我们仅介绍一种大家较熟悉、并适用于电算的计算方法——矩阵迭代法。

首先建立迭代式，由上一节得知，无阻尼多自由度系统自由振动的固有频率及主振型，可以由特征矩阵方程式(4-20)

$$[K]\{A^{(j)}\} - \omega_{nj}^2[M]\{A^{(j)}\} = \{0\}$$

得
$$[K]\{A^{(j)}\} = \omega_{nj}^2[M]\{A^{(j)}\} \tag{4-34}$$

对于正定系统,还可以用柔度矩阵代替刚度矩阵而得

$$\frac{1}{\omega_{nj}^2}\{A^{(j)}\} - [\delta][M]\{A^{(j)}\} = \{0\} \tag{4-35}$$

或
$$\frac{1}{\omega_{nj}^2}\{A^{(j)}\} = [\delta][M]\{A^{(j)}\} \tag{4-36}$$

为使用矩阵迭代法,将式(4-34)变换为
$$\omega_{nj}^2\{A^{(j)}\} = [M]^{-1}[K]\{A^{(j)}\} \tag{4-37}$$

式(4-36)及式(4-37)就是我们所需要的迭代公式。

迭代过程是,首先将方程式(4-36)或式(4-37)的右边列阵$\{A^{(j)}\}$假定为一组主振型,执行指定的运算后,得出列阵的具体数值。然后,使该列阵标准化,即把其中一个振幅值简化为1,并把列阵的其他每项除以该振幅值。以后重复使列阵标准化的过程,直至使所得新的列阵趋于稳定成一定的标准。迭代终止。

具体运算过程如下:

在方程(4-36)中,令$[D] = [\delta][M]$,称为动力矩阵。依系统的变形情况,假定其主振型为$\{A\}_0$,代入式(4-36)的右边,进行矩阵运算求得

$$\{A\}_1 = [D]\{A\}_0$$

然后使列阵标准化,即

$$\{A\}_1 = \begin{Bmatrix} A_1 \\ A_2 \\ \vdots \\ A_n \end{Bmatrix} = A_1 \begin{Bmatrix} 1 \\ \frac{A_2}{A_1} \\ \vdots \\ \frac{A_n}{A_1} \end{Bmatrix} = A_1\{A\}_1'$$

$\{A\}_1'$就是标准化了的振型列阵。再将$\{A\}_1'$代入式(4-36)右边,继续运算得到

$$\{A\}_2 = [D]\{A\}_1' = \cdots = A_2\{A\}_2';$$
$$\vdots \qquad \vdots \qquad \vdots$$
$$\{A\}_{k-1} = [D]\{A\}_{k-2}' = \cdots = A_{k-1}\{A\}_{k-1}';$$
$$\{A\}_k = [D]\{A\}_{k-1}' = \cdots = A_k\{A\}_k'。$$

如此继续,直到振型稳定于某一数值,即当

$$\{A\}_k' = \{A\}_{k-1}'$$

时,$\{A\}_k = A_k\{A\}_k'$就是式(4-36)的右边收敛值。迭代终止。

根据式(4-36)即得
$$\frac{1}{\omega_{nj}^2}\{A^{(j)}\} = A_k\{A\}_k'$$

显然,$\frac{1}{\omega_{nj}^2} = A_k$ 和 $\{A^{(j)}\} = \{A\}_k'$。所以

$$\omega_{nj} = \sqrt{\frac{1}{A_k}} \quad 及 \quad \{A^{(j)}\} = \{A\}'_k \tag{4-38}$$

实践证明(理论上也可以证明),对于以柔度矩阵方程式(4-36)进行迭代,将收敛于系统的固有频率及主振型的最低阶,即式(4-38)中 $j=1$,得到第一阶固有频率及主振型。同样,对于以刚度矩阵方程式(4-37)进行迭代,将收敛于系统的固有频率及主振型的最高阶,即式(4-38)中 $j=n$,得到系统的第 n 阶固有频率及主振型。通常在实际工程中比较重视系统的最低阶或较低几阶的固有频率及主振型,因此一般多采用柔度矩阵方程式(4-36)进行迭代运算。

例 4-6 如图4-12(a)所示,一高层建筑物,高为 H,其质量分布集度为 $\bar{m}$,抗弯刚度为 EI,抗剪刚度为 GF。设 $\dfrac{H^2}{EI} = \dfrac{4}{GF}$,则 $\dfrac{l^3}{3EI} = \dfrac{163}{147} \times \dfrac{l}{GF}$。经简化后,将建筑物的全部质量集中在四个点(其中一个在基础上),形成具有三个自由度的体系。试用矩阵迭代法求系统的一阶固有频率及主振型。

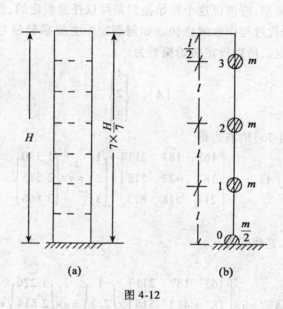

图 4-12

解 依题意,用式(4-36)进行迭代。根据结构力学方法,可以求得各柔度影响系数为

$$\delta_{11} = \frac{163}{147} \times \frac{l}{GF}$$

$$\delta_{12} = \delta_{21} = \frac{187}{147} \times \frac{l}{GF}$$

$$\delta_{13} = \delta_{31} = \frac{211}{147} \times \frac{l}{GF}$$

$$\delta_{22} = \frac{422}{147} \times \frac{l}{GF}$$

$$\delta_{23} = \delta_{32} = \frac{518}{147} \times \frac{l}{GF}$$

$$\delta_{33} = \frac{873}{147} \times \frac{l}{GF}$$

则

$$[\delta] = \frac{l}{147\,GF} \times \begin{bmatrix} 163 & 187 & 211 \\ 187 & 422 & 518 \\ 211 & 518 & 873 \end{bmatrix}$$

又

$$[M] = \begin{bmatrix} m & 0 & 0 \\ 0 & m & 0 \\ 0 & 0 & m \end{bmatrix}$$

故

$$[D] = [\delta][M] = \frac{ml}{147\,GF} \times \begin{bmatrix} 163 & 187 & 211 \\ 187 & 422 & 518 \\ 211 & 518 & 873 \end{bmatrix} = q \times \begin{bmatrix} 163 & 187 & 211 \\ 187 & 422 & 518 \\ 211 & 518 & 873 \end{bmatrix}$$

式中

$$q = \frac{ml}{147\,GF}$$

现假定一个初始振型,应该说这个初始振型是可以任意假定的,但所设的振型愈接近系统的实际主振型,在迭代过程中收敛愈快。如何假定?主要靠经验与理论分析。一般是根据系统的变形形状设定。所以设定初始振型为

$$\{A\}_0 = \begin{Bmatrix} 1 \\ 2 \\ 3 \end{Bmatrix}$$

将 $\{A\}_0$ 代入迭代式(4-36)的右边得

$$\{A\}_1 = [D]\{A\}_0 = q \times \begin{bmatrix} 163 & 187 & 211 \\ 187 & 422 & 518 \\ 211 & 518 & 873 \end{bmatrix} \times \begin{Bmatrix} 1 \\ 2 \\ 3 \end{Bmatrix} = q \times \begin{Bmatrix} 1\,170 \\ 2\,585 \\ 3\,866 \end{Bmatrix} = 1\,170 q \begin{Bmatrix} 1 \\ 2.2 \\ 3.3 \end{Bmatrix}$$

再以 $\{A\}'_1 = \begin{Bmatrix} 1 \\ 2.2 \\ 3.3 \end{Bmatrix}$ 代入迭代式得

$$\{A\}_2 = [D]\{A\}'_1 = q \times \begin{bmatrix} 163 & 187 & 211 \\ 187 & 422 & 518 \\ 211 & 518 & 873 \end{bmatrix} \times \begin{Bmatrix} 1 \\ 2.2 \\ 3.3 \end{Bmatrix} = q \times \begin{Bmatrix} 1\,270 \\ 2\,814 \\ 4\,231 \end{Bmatrix} = 1\,270 q \begin{Bmatrix} 1 \\ 2.21 \\ 3.33 \end{Bmatrix}$$

再以 $\{A\}'_2 = \begin{Bmatrix} 1 \\ 2.21 \\ 3.33 \end{Bmatrix}$ 代入迭代式得

$$\{A\}_3 = [D]\{A\}'_2 = q \times \begin{bmatrix} 163 & 187 & 211 \\ 187 & 422 & 518 \\ 211 & 518 & 873 \end{bmatrix} \times \begin{Bmatrix} 1 \\ 2.21 \\ 3.33 \end{Bmatrix} = q \times \begin{Bmatrix} 1\,279 \\ 2\,845 \\ 4\,263 \end{Bmatrix} = 1\,279 q \begin{Bmatrix} 1 \\ 2.224 \\ 3.333 \end{Bmatrix}$$

再以 $\{A\}'_3 = \begin{Bmatrix} 1 \\ 2.224 \\ 3.333 \end{Bmatrix}$ 代入迭代式得

$$\{A\}_4 = [D]\{A\}'_3 = q \times \begin{bmatrix} 163 & 187 & 211 \\ 187 & 422 & 518 \\ 211 & 518 & 873 \end{bmatrix} \times \begin{Bmatrix} 1 \\ 2.224 \\ 3.333 \end{Bmatrix} = q \times \begin{Bmatrix} 1\,282 \\ 2\,852 \\ 4\,273 \end{Bmatrix} = 1\,282q \begin{Bmatrix} 1 \\ 2.225 \\ 3.333 \end{Bmatrix}$$

再以 $\{A\}'_4 = \begin{Bmatrix} 1 \\ 2.225 \\ 3.333 \end{Bmatrix}$ 代入迭代式得

$$\{A\}_5 = [D]\{A\}'_4 = q \times \begin{bmatrix} 163 & 187 & 211 \\ 187 & 422 & 518 \\ 211 & 518 & 873 \end{bmatrix} \times \begin{Bmatrix} 1 \\ 2.225 \\ 3.333 \end{Bmatrix} = q \times \begin{Bmatrix} 1\,282 \\ 2\,852 \\ 4\,273 \end{Bmatrix} = 1\,282q \begin{Bmatrix} 1 \\ 2.225 \\ 3.333 \end{Bmatrix}$$

振型值已收敛,迭代终止。

则

$$\frac{1}{\omega_{n1}^2}\{A^{(1)}\} = 1\,282q \begin{Bmatrix} 1 \\ 2.225 \\ 3.333 \end{Bmatrix}$$

故

$$\frac{1}{\omega_{n1}^2} = 1\,282q = 1\,282 \times \frac{ml}{147\,GF}$$

则系统的一阶固有频率为

$$\omega_{n1} = \sqrt{\frac{147\,GF}{1\,282\,ml}} = \sqrt{\frac{147\,GF}{1\,282 \times \frac{2}{7}\bar{m}H \times \frac{2}{7}H}} = \sqrt{\frac{147 \times 49\,GF}{1\,282 \times 4\bar{m}H^2}} = 1.405\sqrt{\frac{GF}{\bar{m}H^2}}$$

系统的第一阶主振型为

$$\{A^{(1)}\} = \begin{Bmatrix} 1 \\ 2.225 \\ 3.333 \end{Bmatrix}。$$

例 4-7 如图 4-13 所示系统,试用迭代法求其一阶固有频率及主振型。

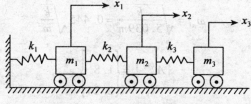

图 4-13

已知:$k_1 = k_2 = k_3 = k$,$m_1 = m_2 = m_3 = m$。

解 该系统的刚度矩阵很容易求得为

$$[K] = \begin{bmatrix} k_1+k_2 & -k_2 & 0 \\ -k_2 & k_2+k_3 & -k_3 \\ 0 & -k_3 & k_3 \end{bmatrix} = \begin{bmatrix} 2k & -k & 0 \\ -k & 2k & -k \\ 0 & -k & k \end{bmatrix} = \begin{bmatrix} 2 & -1 & 0 \\ -1 & 2 & -1 \\ 0 & -1 & 1 \end{bmatrix}k$$

题意只要求一阶(最低)固有频率及主振型,应采用柔度矩阵方程式(4-36)进行迭代。为此,必须将刚度矩阵求逆变成柔度矩阵$[\delta]$,即

$$[\delta]=[K]^{-1}=\frac{1}{k}\begin{bmatrix}2&-1&0\\-1&2&-1\\0&-1&1\end{bmatrix}^{-1}=\frac{1}{k}\begin{bmatrix}1&1&1\\1&2&2\\1&2&3\end{bmatrix}$$

故
$$[D]=[\delta][M]=\frac{1}{k}\begin{bmatrix}1&1&1\\1&2&2\\1&2&3\end{bmatrix}\begin{bmatrix}m&0&0\\0&m&0\\0&0&m\end{bmatrix}=\frac{m}{k}\begin{bmatrix}1&1&1\\1&2&2\\1&2&3\end{bmatrix}$$

初取
$$\{A\}_0=\begin{Bmatrix}1\\1\\1\end{Bmatrix}$$

则
$$\{A\}_1=\frac{m}{k}\begin{bmatrix}1&1&1\\1&2&2\\1&2&3\end{bmatrix}\begin{Bmatrix}1\\1\\1\end{Bmatrix}=\frac{m}{k}\begin{Bmatrix}3\\5\\6\end{Bmatrix}=\frac{3m}{k}\begin{Bmatrix}1\\1.66\\2\end{Bmatrix}$$

$$\{A\}_2=\frac{m}{k}\begin{bmatrix}1&1&1\\1&2&2\\1&2&3\end{bmatrix}\begin{Bmatrix}1\\1.66\\2\end{Bmatrix}=\frac{m}{k}\begin{Bmatrix}4.66\\8.32\\10.32\end{Bmatrix}=\frac{4.66m}{k}\begin{Bmatrix}1\\1.78\\2.21\end{Bmatrix}$$

$$\{A\}_3=\frac{m}{k}\begin{bmatrix}1&1&1\\1&2&2\\1&2&3\end{bmatrix}\begin{Bmatrix}1\\1.78\\2.21\end{Bmatrix}=\frac{m}{k}\begin{Bmatrix}4.99\\8.98\\11.19\end{Bmatrix}=\frac{4.99m}{k}\begin{Bmatrix}1\\1.799\\2.24\end{Bmatrix}$$

$$\{A\}_4=\frac{m}{k}\begin{bmatrix}1&1&1\\1&2&2\\1&2&3\end{bmatrix}\begin{Bmatrix}1\\1.799\\2.24\end{Bmatrix}=\frac{m}{k}\begin{Bmatrix}5.039\\9.078\\11.310\end{Bmatrix}=\frac{5.039m}{k}\begin{Bmatrix}1\\1.8\\2.24\end{Bmatrix}$$

由于 $\{A\}'_3=\{A\}'_4$，振型值趋于稳定，迭代终止。则

$$\frac{1}{\omega_{n1}^2}=\frac{5.039m}{k}$$

即
$$\omega_{n1}=\sqrt{\frac{k}{5.039m}}=0.445\sqrt{\frac{k}{m}}$$

而
$$\{A^{(1)}\}=\begin{Bmatrix}1\\1.8\\2.24\end{Bmatrix}。$$

例 4-8 如图4-14所示，匀质梁在所示平面内作自由振动。梁上有集中质量为 $m_1=5m$ 与 $m_2=m$，自身质量不计。试用迭代法求其最低阶固有频率及主振型。（EI=常数）

解 这个问题属于二自由度系统振动。首先建立柔度矩阵。在位置1、2作用一单位力，由梁的位移方程式求出系统的各个柔度影响系数

$$\delta_{11}=\frac{l^3}{48EI},\quad \delta_{12}=\delta_{21}=\frac{l^3}{32EI},\quad \delta_{22}=\frac{l^3}{8EI}$$

故
$$[\delta]=\frac{l^3}{8EI}\begin{bmatrix}\frac{1}{6}&\frac{1}{4}\\\frac{1}{4}&1\end{bmatrix}$$

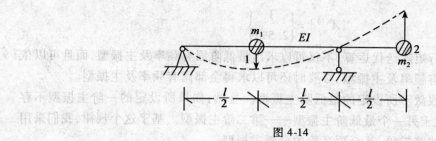

图 4-14

而
$$[M] = \begin{bmatrix} m_1 & 0 \\ 0 & m_2 \end{bmatrix} = \begin{bmatrix} 5m & 0 \\ 0 & m \end{bmatrix}$$

则
$$[D] = [\delta][M] = \frac{l^3}{8EI}\begin{bmatrix} \frac{1}{6} & \frac{1}{4} \\ \frac{1}{4} & 1 \end{bmatrix}\begin{bmatrix} 5m & 0 \\ 0 & m \end{bmatrix} = \frac{ml^3}{8EI}\begin{bmatrix} 0.833 & 0.25 \\ 1.25 & 1 \end{bmatrix}$$

设初始振型为
$$\{A\}_0 = \begin{Bmatrix} 1 \\ 1 \end{Bmatrix}$$

代入迭代式得

$$\{A\}_1 = [D]\{A\}_0 = \frac{ml^3}{8EI}\begin{bmatrix} 0.833 & 0.25 \\ 1.25 & 1 \end{bmatrix}\begin{Bmatrix} 1 \\ 1 \end{Bmatrix} = \frac{ml^3}{8EI}\begin{Bmatrix} 1.0833 \\ 2.25 \end{Bmatrix} = \frac{1.0833ml^3}{8EI}\begin{Bmatrix} 1 \\ 2.077 \end{Bmatrix}$$

$$\{A\}_2 = [D]\{A\}_1' = \frac{ml^3}{8EI}\begin{bmatrix} 0.833 & 0.25 \\ 1.25 & 1 \end{bmatrix}\begin{Bmatrix} 1 \\ 2.077 \end{Bmatrix} = \frac{ml^3}{8EI}\begin{Bmatrix} 1.353 \\ 3.327 \end{Bmatrix} = \frac{1.353ml^3}{8EI}\begin{Bmatrix} 1 \\ 2.459 \end{Bmatrix}$$

$$\{A\}_3 = [D]\{A\}_2' = \frac{ml^3}{8EI}\begin{bmatrix} 0.833 & 0.25 \\ 1.25 & 1 \end{bmatrix}\begin{Bmatrix} 1 \\ 2.459 \end{Bmatrix} = \frac{ml^3}{8EI}\begin{Bmatrix} 1.448 \\ 3.709 \end{Bmatrix} = \frac{1.448ml^3}{8EI}\begin{Bmatrix} 1 \\ 2.561 \end{Bmatrix}$$

$$\{A\}_4 = [D]\{A\}_3' = \frac{ml^3}{8EI}\begin{bmatrix} 0.833 & 0.25 \\ 1.25 & 1 \end{bmatrix}\begin{Bmatrix} 1 \\ 2.561 \end{Bmatrix} = \frac{ml^3}{8EI}\begin{Bmatrix} 1.473 \\ 3.811 \end{Bmatrix} = \frac{1.473ml^3}{8EI}\begin{Bmatrix} 1 \\ 2.587 \end{Bmatrix}$$

$$\{A\}_5 = [D]\{A\}_4' = \frac{ml^3}{8EI}\begin{bmatrix} 0.833 & 0.25 \\ 1.25 & 1 \end{bmatrix}\begin{Bmatrix} 1 \\ 2.587 \end{Bmatrix} = \frac{ml^3}{8EI}\begin{Bmatrix} 1.480 \\ 3.837 \end{Bmatrix} = \frac{1.480ml^3}{8EI}\begin{Bmatrix} 1 \\ 2.593 \end{Bmatrix}$$

$$\{A\}_6 = [D]\{A\}_5' = \frac{ml^3}{8EI}\begin{bmatrix} 0.833 & 0.25 \\ 1.25 & 1 \end{bmatrix}\begin{Bmatrix} 1 \\ 2.593 \end{Bmatrix} = \frac{ml^3}{8EI}\begin{Bmatrix} 1.481 \\ 3.843 \end{Bmatrix} = \frac{1.481ml^3}{8EI}\begin{Bmatrix} 1 \\ 2.595 \end{Bmatrix}$$

$$\{A\}_7 = [D]\{A\}_6' = \frac{ml^3}{8EI}\begin{bmatrix} 0.833 & 0.25 \\ 1.25 & 1 \end{bmatrix}\begin{Bmatrix} 1 \\ 2.595 \end{Bmatrix} = \frac{ml^3}{8EI}\begin{Bmatrix} 1.482 \\ 3.845 \end{Bmatrix} = \frac{1.482ml^3}{8EI}\begin{Bmatrix} 1 \\ 2.595 \end{Bmatrix}$$

迭代终止。得
$$\frac{1}{\omega_{n1}^2}\{A^{(1)}\} = \frac{1.482ml^3}{8EI} = \begin{Bmatrix} 1 \\ 2.595 \end{Bmatrix}$$

则
$$\frac{1}{\omega_{n1}^2} = \frac{1.482ml^3}{8EI}$$

故
$$\omega_{n1} = \sqrt{\frac{8EI}{1.482ml^3}} = 2.323\sqrt{\frac{EI}{ml^3}}$$

而一阶主振型为

$$\{A^{(1)}\} = \begin{Bmatrix} 1 \\ 2.595 \end{Bmatrix}。$$

利用式(4-36)进行矩阵迭代运算,不仅可以求出最低阶固有频率及主振型,而且可以依次求得较低的各阶固有频率及主振型,必要时还可以求得全部固有频率及主振型。

上述迭代结果将收敛于所设定的最低阶主振型。显然,如果所设定的一阶主振型不存在,则迭代结果将收敛于另一个最低阶主振型——第二阶主振型。基于这个规律,我们采用下述方法求其第二阶或第三阶,甚至更高阶的全部主振型。

假定用矩阵迭代法已求得了系统的第一阶固有频率 ω_{n1} 及主振型 $\{A^{(1)}\}$。现在,要进一步求其第二阶固有频率 ω_{n2} 及主振型 $\{A^{(2)}\}$。

一般在任选的初始振型 $\{A\}_0$ 中,总是包含有各阶主振型的成分,即

$$\{A\}_0 = c_1\{A^{(1)}\} + c_2\{A^{(2)}\} + \cdots + c_n\{A^{(n)}\} \tag{4-39}$$

如果能使上式中的 $c_1 = 0$,则所设的初始振型就可以消去第一阶主振型成分。这样的初始振型,用式(4-36)进行迭代,其结果必收敛于第二阶主振型。为此,我们可以利用各阶主振型之间的正交条件式(3-79),即

$$\{A^{(i)}\}^T[M]\{A^{(j)}\} = \begin{cases} M_i, & (i = j) \\ 0, & (i \neq j) \end{cases} \tag{4-40}$$

将式(4-39)两边左乘以矩阵 $\{A^{(1)}\}^T[M]$,得

$$\{A^{(1)}\}^T[M]\{A\}_0 = c_1\{A^{(1)}\}^T[M]\{A^{(1)}\} + c_2\{A^{(1)}\}^T[M]\{A^{(2)}\} + \cdots +$$
$$c_n\{A^{(1)}\}^T[M]\{A^{(n)}\} \tag{4-41}$$

显然,式(4-41)中的右边,除了第一项外,其余各项均为零。即得

$$\{A^{(1)}\}^T[M]\{A\}_0 = c_1\{A^{(1)}\}^T[M]\{A^{(1)}\} \tag{4-42}$$

由上式可知,要使 $c_1 = 0$ 的条件就是使

$$\{A^{(1)}\}^T[M]\{A\}_0 = 0$$

亦即,只要 $\{A^{(1)}\}^T[M]\{A\}_0 = 0$,就可以从方程式(4-39)中消去第一阶主振型。即

$$\{A^{(1)}\}^T[M]\{A\}_0 = \{A_1^{(1)}, A_2^{(1)}, \cdots, A_n^{(1)}\} \begin{bmatrix} m_1 & 0 & 0 & \cdots & 0 \\ 0 & m_2 & 0 & \cdots & 0 \\ \vdots & \vdots & \vdots & & \vdots \\ 0 & 0 & 0 & \cdots & m_n \end{bmatrix} \begin{bmatrix} A_{10} \\ A_{20} \\ \vdots \\ A_{n0} \end{bmatrix}$$

$$= m_1 A_1^{(1)} A_{10} + m_2 A_2^{(1)} A_{20} + \cdots + m_n A_n^{(1)} A_{n0} = 0 \tag{4-43}$$

由上式可得

$$\begin{cases} A_{10} = -\dfrac{m_2}{m_1}\dfrac{A_2^{(1)}}{A_1^{(1)}}A_{20} - \dfrac{m_3}{m_1}\dfrac{A_3^{(1)}}{A_1^{(1)}}A_{30} - \cdots - \dfrac{m_n}{m_1}\dfrac{A_n^{(1)}}{A_1^{(1)}}A_{n0} \\ A_{20} = A_{20} \\ A_{30} = A_{30} \\ \vdots \\ A_{n0} = A_{n0} \end{cases} \tag{4-44}$$

方程组(4-44)中 A_{20} 以后的各式,均是以相同值代入而已。若以矩阵形式重写方程组

(4-44),得

$$\{A\}_0 = \begin{bmatrix} 0 & -\dfrac{m_2}{m_1}\left(\dfrac{A_2^{(1)}}{A_1^{(1)}}\right) & -\dfrac{m_3}{m_1}\left(\dfrac{A_3^{(1)}}{A_1^{(1)}}\right) & \cdots & -\dfrac{m_n}{m_1}\left(\dfrac{A_n^{(1)}}{A_1^{(1)}}\right) \\ 0 & 1 & 0 & \cdots & 0 \\ 0 & 0 & 1 & \cdots & 0 \\ \vdots & \vdots & \vdots & & \vdots \\ 0 & 0 & 0 & \cdots & 1 \end{bmatrix} \cdot \{A\}_0$$

$$= [S]\{A\}_0 \tag{4-45}$$

式中

$$[S] = \begin{bmatrix} 0 & -\dfrac{m_2}{m_1}\left(\dfrac{A_2^{(1)}}{A_1^{(1)}}\right) & -\dfrac{m_3}{m_1}\left(\dfrac{A_3^{(1)}}{A_1^{(1)}}\right) & \cdots & -\dfrac{m_n}{m_1}\left(\dfrac{A_n^{(1)}}{A_1^{(1)}}\right) \\ 0 & 1 & 0 & \cdots & 0 \\ 0 & 0 & 1 & \cdots & 0 \\ \vdots & \vdots & \vdots & & \vdots \\ 0 & 0 & 0 & \cdots & 1 \end{bmatrix} \tag{4-46}$$

上式称为滤频矩阵。

由于式(4-45)是 $c_1=0$ 的结果,所以第一主振型可以通过滤频矩阵从假定的初始振型中予以滤掉。

显然,将式(4-46)再代回矩阵迭代式(4-36)的右边,可以得到

$$\frac{1}{\omega_{n(j+1)}^2}\{A^{(j+1)}\} = [\delta][M][S]\{A\}_0$$

即

$$\frac{1}{\omega_{n(j+1)}^2}\{A^{(j+1)}\} = [D][S]\{A\}_0 \tag{4-47}$$

显然,再假定一个振型 $\{A\}_0$,用方程式(4-47)迭代的结果,将收敛于第二阶主振型。

对于第三阶主振型或更高阶主振型,可以重复上述滤频矩阵 $[S]$ 的推导过程。如第 j 阶主振型已经求得,为求第 $j+1$ 阶主振型,可以利用式(4-43)的条件,使 $c_1=c_2=\cdots=c_j=0$,利用

$$c_j = \sum_{i=1}^n m_i(A_i^{(j)})A_{i0} = 0 \quad \begin{pmatrix} i=1,2,\cdots,n \\ j=1,2,\cdots,n-1 \end{pmatrix} \tag{4-48}$$

列出 j 个方程组,联立求解便得到求 $j+1$ 阶主振型的滤频矩阵

$$\begin{Bmatrix} A_{10} \\ A_{20} \\ \vdots \\ A_{n0} \end{Bmatrix} = [S]\{A\}_0 \tag{4-49}$$

例 4-9 如图 4-15 所示的弹簧—质量系统。已知:$m_1=4m, m_2=2m, m_3=m, k_1=3k, k_2=k_3=k$,试建立系统的柔度矩阵,并通过矩阵迭代法求其全部固有频率及主振型。

解 这是一个三自由度系统。

(1) 建立系统的柔度矩阵

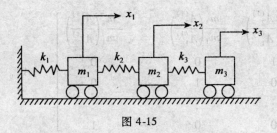

图 4-15

在位置 1、2、3 处,每次在一处施加一单位力,便得到系统的各柔度影响系数为

$$\delta_{11} = \delta_{21} = \delta_{12} = \delta_{31} = \delta_{13} = \frac{1}{3k}$$

$$\delta_{22} = \delta_{32} = \delta_{23} = \left(\frac{1}{3k} + \frac{1}{k}\right) = \frac{4}{3k}, (串联弹簧)$$

$$\delta_{33} = \left(\frac{1}{3k} + \frac{1}{k} + \frac{1}{k}\right) = \frac{7}{3k}$$

则系统的柔度矩阵为

$$[\boldsymbol{\delta}] = \frac{1}{3k}\begin{bmatrix} 1 & 1 & 1 \\ 1 & 4 & 4 \\ 1 & 4 & 7 \end{bmatrix}$$

(2) 求固有频率及主振型

因

$$[\boldsymbol{M}] = \begin{bmatrix} 4m & 0 & 0 \\ 0 & 2m & 0 \\ 0 & 0 & m \end{bmatrix}$$

故

$$[\boldsymbol{D}] = [\boldsymbol{\delta}][\boldsymbol{M}] = \frac{1}{3k}\begin{bmatrix} 1 & 1 & 1 \\ 1 & 4 & 4 \\ 1 & 4 & 7 \end{bmatrix}\begin{bmatrix} 4m & 0 & 0 \\ 0 & 2m & 0 \\ 0 & 0 & m \end{bmatrix} = \frac{m}{3k}\begin{bmatrix} 4 & 2 & 1 \\ 4 & 8 & 4 \\ 4 & 8 & 7 \end{bmatrix}$$

假设任一初始振型 $\{A\}_0$ 代入式(4-36),迭代后收敛于第一阶主振型,即

$$\frac{1}{\omega_{n1}^2}\{A^{(1)}\} = \frac{m}{3k} 14.32 \begin{Bmatrix} 0.25 \\ 0.79 \\ 1.00 \end{Bmatrix}$$

故

$$\omega_{n1} = \sqrt{\frac{3k}{14.32m}} = 0.457\sqrt{\frac{k}{m}} \cdot 0$$

$$\{A^{(1)}\} = \begin{Bmatrix} 0.25 \\ 0.79 \\ 1.00 \end{Bmatrix}$$

为了求第二阶主振型及固有频率,现直接使用滤频矩阵式(4-46)得

$$[\boldsymbol{S}] = \begin{bmatrix} 0 & -\frac{1}{2}\left(\frac{0.79}{0.25}\right) & -\frac{1}{4}\left(\frac{1.00}{0.25}\right) \\ 0 & 1 & 0 \\ 0 & 0 & 1 \end{bmatrix} = \begin{bmatrix} 0 & -1.58 & -1 \\ 0 & 1 & 0 \\ 0 & 0 & 1 \end{bmatrix}$$

又根据方程式(4-47)得

$$\frac{1}{\omega_{n2}^2}\{A^{(2)}\} = \frac{m}{3k}\begin{bmatrix}4 & 2 & 1\\ 4 & 8 & 4\\ 4 & 8 & 7\end{bmatrix}\begin{bmatrix}0 & -1.58 & -1\\ 0 & 1 & 0\\ 0 & 0 & 1\end{bmatrix}\{A\}_0$$

再将原设定的任一初始振型$\{A\}_0$代入上式进行迭代(过程省略),迭代后上述方程收敛于第二阶主振型,其结果为

$$\frac{1}{\omega_{n2}^2}\{A^{(2)}\} = \frac{3m}{3k}\begin{Bmatrix}-1.0\\ 0\\ 1.0\end{Bmatrix}$$

因此,系统的第二阶固有频率及主振型分别为

$$\omega_{n2} = \sqrt{\frac{k}{m}}, \quad \{A^{(2)}\} = \begin{Bmatrix}-1\\ 0\\ 1\end{Bmatrix}$$

为了求其第三阶主振型,可以依式(4-48),令$j=1,2$,得

$$c_1 = \sum_{i=1}^{3} m_i(A^{(1)})A_{i0} = 4(0.25)A_{10} + 2(0.79)A_{20} + 1(1.0)A_{30} = 0 \quad (4\text{-}50)$$

$$c_2 = \sum_{i=1}^{3} m_i(A^{(2)})A_{i0} = 4(-1.0)A_{10} + 2(0)A_{20} + 1(1.0)A_{30} = 0 \quad (4\text{-}51)$$

解方程(4-50)、方程(4-51)可得

$$A_{10} = 0.25A_{30}, \quad A_{20} = -0.79A_{30}, \quad A_{30} = A_{30}$$

以矩阵形式表示上述结果为

$$\begin{Bmatrix}A_1\\ A_2\\ A_3\end{Bmatrix}_0 = \begin{bmatrix}0 & 0 & 0.25\\ 0 & 0 & -0.79\\ 0 & 0 & 1\end{bmatrix}\begin{Bmatrix}A_{10}\\ A_{20}\\ A_{30}\end{Bmatrix}$$

显然,上式的矩阵已消去了第一阶、第二阶主振型,这个矩阵可以作为求第三阶主振型的滤频矩阵。即

$$[S] = \begin{bmatrix}0 & 0 & 0.25\\ 0 & 0 & -0.79\\ 0 & 0 & 1.00\end{bmatrix}$$

把$[S]$代入方程式(4-47),得

$$\frac{1}{\omega_{n3}^2}\{A^{(3)}\} = \frac{m}{3k}\begin{bmatrix}4 & 2 & 1\\ 4 & 8 & 4\\ 4 & 8 & 7\end{bmatrix}\begin{bmatrix}0 & 0 & 0.25\\ 0 & 0 & -0.79\\ 0 & 0 & 1.00\end{bmatrix}\{A\}_0$$

再将原所设的任意初始振型$\{A\}_0$代入上式,重复原来的迭代过程(过程省略),它将收敛于第三阶主振型,其结果为

$$\frac{1}{\omega_{n3}^2}\{A^{(3)}\} = \frac{1.68m}{3k}\begin{Bmatrix}0.25\\ -0.79\\ 1.00\end{Bmatrix}$$

于是得到系统的第三阶固有频率及主振型分别为

$$\omega_{n3} = \sqrt{\frac{3k}{1.68m}} = 1.34\sqrt{\frac{k}{m}}$$

$$\{A^{(3)}\} = \begin{Bmatrix} 0.25 \\ -0.79 \\ 1.00 \end{Bmatrix}。$$

§4.4　确定系统固有频率的近似方法

前面介绍求解固有频率的方法,属于较精确的解法。这些方法的结果虽较精确,但计算工作量较大;对于某些工程实际问题的振动系统,往往经简化处理后已不能很精确地反映实际;而且在工程中,大量的振动问题也只要求系统的基频而已。综上所述,采用一些简便的求固有频率的近似方法,是非常必要的。

4.4.1　瑞雷(Rayleigh)法

在单自由度系统中,介绍过瑞雷法。实质上瑞雷法亦可以用于多自由度系统,其基本思路是假定一种振型,利用能量法求解系统的固有频率。如果假定的振型就是第一阶主振型,则所求的频率就是系统的基频。因此,要依经验及理论分析来假定第一阶主振型。一般情况下,应用弹性体的静变形曲线就会得到十分精确的基频解。下面用矩阵方法对该方法进行讨论(原理省略)。

如果已知系统的刚度矩阵 $[K]$ 及质量矩阵 $[M]$,并设定系统的 j 阶主振型为 $\{A^{(j)}\}$,则对于作简谐运动的多自由度系统,其动能 T 与势能 U 的一般表达式为

$$T = \frac{1}{2}\{\dot{x}\}^T[M]\{\dot{x}\} \tag{4-52}$$

$$U = \frac{1}{2}\{x\}^T[K]\{x\} \tag{4-53}$$

系统作 j 阶主振动时

$$\{x\} = \{A^{(j)}\}\sin(\omega_{nj}t+\varphi) \tag{4-54}$$

各坐标的速度及加速度为

$$\{\dot{x}\} = \{A^{(j)}\}\omega_{nj}\cos(\omega_{nj}t+\varphi) \tag{4-55}$$

$$\{\ddot{x}\} = -\{A^{(j)}\}\omega_{nj}^2\sin(\omega_{nj}t+\varphi) \tag{4-56}$$

将式(4-54)、式(4-55)分别代入式(4-52)、式(4-53),可以看出系统在作主振动时,最大动能值 T_{max} 与最大势能值 U_{max} 分别为

$$T_{max} = \frac{1}{2}\omega_{nj}^2\{A^{(j)}\}^T[M]\{A^{(j)}\} \tag{4-57}$$

$$U_{max} = \frac{1}{2}\{A^{(j)}\}^T[K]\{A^{(j)}\} \tag{4-58}$$

根据机械能守恒原理,$T_{max} = U_{max}$,得

$$\omega_{nj}^2 = \frac{\{A^{(j)}\}^T[K]\{A^{(j)}\}}{\{A^{(j)}\}^T[M]\{A^{(j)}\}} \tag{4-59}$$

如果所设定的是一阶主振型 $\{A^{(1)}\}$,代入后即求得系统的一阶固有频率的平方

值 ω_{n1}^2。

瑞雷法亦可以用于由柔度矩阵建立运动微分方程的情况。如已知柔度矩阵$[\delta]$及质量矩阵$[M]$,并设定系统的j阶主振型为$\{A^{(j)}\}$。则根据式(4-13),得

$$\{x\} = -[\delta][M]\{\ddot{x}\} = \omega_{nj}^2[\delta][M]\{x\} \tag{4-60}$$

式(4-60)两边左乘以$\{x\}^T \cdot [M]$,可得

$$\{x\}^T[M]\{x\} = \omega_{nj}^2\{x\}^T[M][\delta][M]\{x\} \tag{4-61}$$

根据假设的j阶主振型,得

$$\{x\}_{max} = \{A^{(j)}\}$$

故式(4-61)成为

$$\{A^{(j)}\}^T[M]\{A^{(j)}\} = \omega_{nj}^2\{A^{(j)}\}^T[M][\delta][M]\{A^{(j)}\}$$

故

$$\omega_{nj}^2 = \frac{\{A^{(j)}\}^T[M]\{A^{(j)}\}}{\{A^{(j)}\}^T[M][\delta][M]\{A^{(j)}\}} \tag{4-62}$$

如果所设定的是一阶主振型$\{A^{(1)}\}$,则通过式(4-62)可以求得系统的一阶固有频率的平方值ω_{n1}^2。

实践证明,用式(4-62)计算的结果比用式(4-60)计算的结果精确些。因为式(4-62)受所假定的振型影响小些。所以,实际工程中多采用式(4-62)。

例 4-10 如图4-16所示系统,已知精确的

$$\omega_{n1} = 0.5928\sqrt{\frac{k}{m}}$$

$$[M] = m\begin{bmatrix} 2 & 0 & 0 \\ 0 & 1.5 & 0 \\ 0 & 0 & 1 \end{bmatrix}, \quad [K] = k\begin{bmatrix} 5 & -2 & 0 \\ -2 & 3 & -1 \\ 0 & -1 & 1 \end{bmatrix}, \quad \delta = \frac{1}{6k}\begin{bmatrix} 2 & 2 & 2 \\ 2 & 5 & 5 \\ 2 & 5 & 11 \end{bmatrix}$$

试用瑞雷法求解系统的第一阶固有频率ω_{n1},并与精确的ω_{n1}进行比较分析。

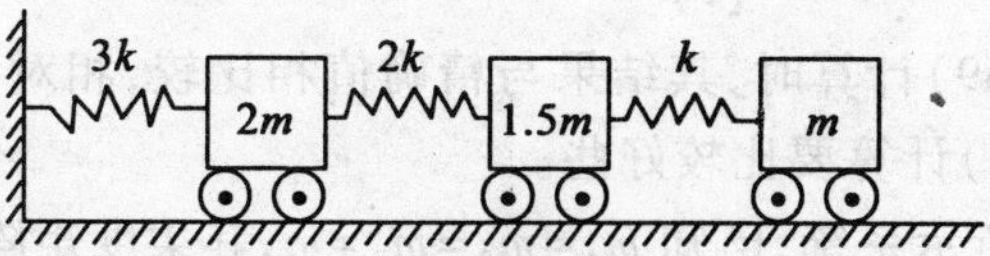

图 4-16

解 用瑞雷法求解,首先要假设一个一阶主振型$\{A^{(1)}\}$。设

$$\{A^{(1)}\} = \begin{Bmatrix} 1 \\ 1.5 \\ 2 \end{Bmatrix}$$

可以算得

$$\{A^{(1)}\}^T[M]\{A^{(1)}\} = \begin{Bmatrix} 1 & 1.5 & 2 \end{Bmatrix} m \begin{bmatrix} 2 & 0 & 0 \\ 0 & 1.5 & 0 \\ 0 & 0 & 1 \end{bmatrix} \begin{Bmatrix} 1 \\ 1.5 \\ 2 \end{Bmatrix} = 9.375m$$

$$\{A^{(1)}\}^{\mathrm{T}}[K]\{A^{(1)}\} = \{1 \quad 1.5 \quad 2\}k\begin{bmatrix} 5 & -2 & 0 \\ -2 & 3 & -1 \\ 0 & -1 & 1 \end{bmatrix}\begin{Bmatrix} 1 \\ 1.5 \\ 2 \end{Bmatrix} = 3.750k$$

$$\{A^{(1)}\}^{\mathrm{T}}[M][\delta][M]\{A^{(1)}\}$$

$$= \{1 \quad 1.5 \quad 2\}m\begin{bmatrix} 2 & 0 & 0 \\ 0 & 1.5 & 0 \\ 0 & 0 & 1 \end{bmatrix}\frac{1}{6k}\begin{bmatrix} 2 & 2 & 2 \\ 2 & 5 & 5 \\ 2 & 5 & 11 \end{bmatrix} \times m\begin{bmatrix} 2 & 0 & 0 \\ 0 & 1.5 & 0 \\ 0 & 0 & 1 \end{bmatrix}\begin{Bmatrix} 1 \\ 1.5 \\ 2 \end{Bmatrix} = 26.05\frac{m^2}{k}$$

按式(4-59)可以算得

$$\omega_{n1}^2 = \frac{3.750k}{9.375m} = 0.4\frac{k}{m}$$

故

$$\omega_{n1} = 0.6325\sqrt{\frac{k}{m}}$$

该值与精确值 $0.5928\sqrt{\frac{k}{m}}$ 相比较,相对误差为 6.3%。按式(4-62)可以算得

$$\omega_{n1}^2 = \frac{9.375m}{26.05\frac{m^2}{k}} = 0.3599\frac{k}{m}$$

故

$$\omega_{n1} = 0.5999\sqrt{\frac{k}{m}}$$

该值与精确值相比较,相对误差为 1.2%。

可见,按式(4-62)计算的结果比按式(4-59)计算的结果精确得多。同时,用式(4-62)计算时,即使所假定的主振型与实际主振型相差较大,但计算结果与精确值相比较,相对误差也不大。例如在这里取 $\{A^{(1)}\} = \begin{Bmatrix} 1 \\ 1 \\ 1 \end{Bmatrix}$,用式(4-62)计算,其结果与精确值相比较,相对误差也只有 8%。而用式(4-59)计算时,其结果与精确值相比较,相对误差达到 37.7%。所以,在一般情况下用式(4-62)计算要比较好些。

例 4-11 如图4-17所示系统,已知 $m_1 = m_2 = m_3 = m$,其柔度矩阵为

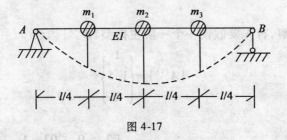

图 4-17

$$[\delta] = \begin{bmatrix} 9 & 11 & 7 \\ 11 & 16 & 11 \\ 7 & 11 & 9 \end{bmatrix}\frac{l^3}{768EI}$$

质量矩阵为

$$[M] = m \begin{bmatrix} 1 & 0 & 0 \\ 0 & 1 & 0 \\ 0 & 0 & 1 \end{bmatrix}$$

梁 AB 质量不计，EI = 常数。试用瑞雷法求其基频。

解 用瑞雷法须首先选取主振型。根据简支梁的静变形情况，选取 $\{A^{(1)}\} = \begin{Bmatrix} 1 \\ 2 \\ 1 \end{Bmatrix}$。

则 $\{A^{(1)}\}^T [M] \{A^{(1)}\} = \{1 \; 2 \; 1\} m \begin{bmatrix} 1 & 0 & 0 \\ 0 & 1 & 0 \\ 0 & 0 & 1 \end{bmatrix} \begin{Bmatrix} 1 \\ 2 \\ 1 \end{Bmatrix} = 6m$

$\{A^{(1)}\}^T [M] [\delta] [M] \{A^{(1)}\}$

$= \{1 \; 2 \; 1\} m \begin{bmatrix} 1 & 0 & 0 \\ 0 & 1 & 0 \\ 0 & 0 & 1 \end{bmatrix} \dfrac{l^3}{768EI} \begin{bmatrix} 9 & 11 & 7 \\ 11 & 16 & 11 \\ 7 & 11 & 9 \end{bmatrix} m \begin{bmatrix} 1 & 0 & 0 \\ 0 & 1 & 0 \\ 0 & 0 & 1 \end{bmatrix} \begin{Bmatrix} 1 \\ 2 \\ 1 \end{Bmatrix}$

$= \dfrac{m^2 l^3}{768EI} \times 184 = 0.24 \dfrac{m^2 l^3}{EI}$

代入式(4-62)得

$$\omega_{n1}^2 = \dfrac{6m}{0.24 \dfrac{m^2 l^3}{EI}} = \dfrac{25EI}{ml^3}$$

故

$$\omega_{n1} = \sqrt{\dfrac{25EI}{ml^3}} = 5\sqrt{\dfrac{EI}{ml^3}}$$

这个结果与精确值 $\omega_{n1} = 4.934 \sqrt{\dfrac{EI}{ml^3}}$ 相比较，相对误差为 1.3%。可见用式(4-62)计算结果已相当精确了。

4.4.2 邓柯莱(Dunkerley)法

邓柯莱法是邓柯莱首先通过实验方法建立起来的一个计算公式，后来得到了完整的数学证明。在此，我们将通过数学推导引出邓柯莱公式。

假定系统的质量矩阵 [M] 为对角矩阵，根据式(4-13)用柔度矩阵 [δ] 建立的运动微分方程为

$$\{y\} + [\delta][M]\{\ddot{y}\} = \{0\} \tag{4-63}$$

设系统作 j 阶主振动，其固有频率为 ω_{nj}，则方程的解为

$$\{y\} = \{A^{(j)}\} \sin \omega_{nj} t$$

故

$$\{\ddot{y}\} = -\omega_{nj}^2 \{A^{(j)}\} \sin \omega_{nj} t = -\omega_{nj}^2 \{y\} \tag{4-64}$$

将式(4-64)代入式(4-63)，即得到其特征矩阵方程

$$\{y\} - \omega_{nj}^2 [\delta][M]\{y\} = 0 \tag{4-65}$$

上式改为

$$\left([\delta][M]-\frac{1}{\omega_{nj}^2}\right)\{y\}=0$$

其特征方程为

$$\begin{vmatrix} \delta_{11}m_{11}-\dfrac{1}{\omega_{nj}^2} & \delta_{12}m_{12} & \cdots & \delta_{1n}m_{1n} \\ \delta_{21}m_{21} & \delta_{22}m_{22}-\dfrac{1}{\omega_{nj}^2} & \cdots & \delta_{2n}m_{2n} \\ \vdots & \vdots & & \vdots \\ \delta_{n1}m_{n1} & \delta_{n2}m_{n2} & \cdots & \delta_{nn}m_{nn}-\dfrac{1}{\omega_{nj}^2} \end{vmatrix}=0 \qquad (4\text{-}66)$$

上式展开后可得

$$\frac{1}{\omega_{nj}^{2n}}-(\delta_{11}m_{11}+\delta_{22}m_{22}+\cdots+\delta_{nn}m_{nn})\frac{1}{\omega_{nj}^{2(n-1)}}+\cdots=0 \qquad (4\text{-}67)$$

根据多项式的根与系数之间的关系，$\dfrac{1}{\omega_{nj}^2}$ 的 n 个根 $\dfrac{1}{\omega_{n1}^2},\dfrac{1}{\omega_{n2}^2},\cdots,\dfrac{1}{\omega_{nn}^2}$ 之和为

$$\frac{1}{\omega_{n1}^2}+\frac{1}{\omega_{n2}^2}+\cdots+\frac{1}{\omega_{nn}^2}=\delta_{11}m_{11}+\delta_{22}m_{22}+\cdots+\delta_{nn}m_{nn} \qquad (4\text{-}68)$$

由于二阶频率往往比基频高得多，平方之后，差距更大，故可以认为

$$\frac{1}{\omega_{nn}^2}\ll\cdots\ll\frac{1}{\omega_{n2}^2}\ll\frac{1}{\omega_{n1}^2}$$

所以在式(4-68)中只保留第一项，即

$$\frac{1}{\omega_{n1}^2}\approx\delta_{11}m_{11}+\delta_{22}m_{22}+\cdots+\delta_{nn}m_{nn}=\sum_{i=1}^{n}\delta_{ii}m_{ii} \qquad (4\text{-}69)$$

故

$$\omega_{n1}=\sqrt{\frac{1}{\delta_{11}m_{11}+\delta_{22}m_{22}+\cdots+\delta_{nn}m_{nn}}}=\sqrt{\frac{1}{\sum\delta_{ii}m_{ii}}}$$

又因

$$\omega_{nii}=\sqrt{\frac{k_{ii}}{m_{ii}}}=\sqrt{\frac{1}{\delta_{ii}m_{ii}}} \qquad (\delta_{ii}\text{ 与 }k_{ii}\text{ 互逆})$$

ω_{nii} 表示仅有质量 m_{ii} 单独存在时（原多自由度系统变成了单自由度系统）的固有频率。

故此

$$\frac{1}{\omega_{n1}^2}=\frac{1}{\omega_{n11}^2}+\frac{1}{\omega_{n22}^2}+\cdots+\frac{1}{\omega_{nnn}^2} \qquad (4\text{-}70)$$

式(4-70)就是著名的邓柯莱公式。

显然，由于略去了高阶频率，所以计算结果的 ω_{n1} 比精确的 ω_{n1} 偏低。

例 4-12　如图 4-18(a)所示，一两端简支的轴上，等距离地安装三个质量分别为 m、$2m$、m 的圆盘，轴长为 l，抗弯刚度为 EI，忽略轴的质量与圆盘的转动惯量，试用邓柯莱法求其最低阶固有频率。

解　根据结构力学中求单位位移的图乘法，可以算出两端简支梁的柔度影响系数值。

如图4-18(b)所示,由$\overline{M}_1$图得

$$\delta_{11} = \left(\frac{1}{2} \times \frac{3l}{16} \times \frac{l}{4} \times \frac{2}{3} \times \frac{3l}{16} + \frac{1}{2} \times \frac{3l}{16} \times \frac{3l}{4} \times \frac{2}{3} \times \frac{3l}{16}\right)\frac{1}{EI} = \frac{9l^3}{768EI}$$

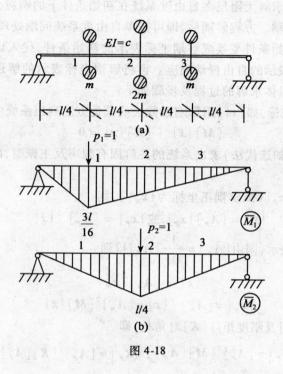

图 4-18

由$\overline{M}_2$图得

$$\delta_{22} = \left(\frac{1}{2} \times \frac{l}{2} \times \frac{l}{4} \times \frac{l}{6}\right)\frac{2}{EI} = \frac{16l^3}{768EI}$$

依对称关系得

$$\delta_{33} = \delta_{11} = \frac{9l^3}{768EI}$$

故

$$\frac{1}{\omega_{n11}^2} = \frac{1}{\omega_{n33}^2} = m_{11}\delta_{11} = \frac{9ml^3}{768EI}$$

$$\frac{1}{\omega_{n22}^2} = m_{22}\delta_{22} = \frac{32ml^3}{768EI}$$

由式(4-69)得

$$\frac{1}{\omega_{n1}^2} = m_{11}\delta_{11} + m_{22}\delta_{22} + m_{33}\delta_{33} = \frac{ml^3}{768EI}(9+32+9) = \frac{50ml^3}{768EI}$$

故

$$\frac{1}{\omega_{n1}} = \sqrt{\frac{768EI}{50ml^3}} = 3.919\sqrt{\frac{EI}{ml^3}}$$

本题若用矩阵迭代法求解,结果精确些,但计算过程比之繁杂得多。读者可以试一试。

§4.5 多自由度系统无阻尼的自由振动

本节主要研究如何求解无阻尼多自由度系统在初始条件下的响应。这类问题求解的关键是将运动微分方程解耦。方程解耦后，即可按单自由度系统问题处理，得到以解耦坐标表示的解。将原坐标的初始条件变换成解耦坐标表示的初始条件，代入以解耦坐标表示的解中，便得到以解耦坐标表示的自由振动响应。再将解耦坐标表示的解还原成原坐标表示的解，问题便得到解决。具体求解的过程及步骤如下。

1. 首先选取适当坐标，如$\{x\}$，用影响系数法或其他方法列出系统的振动微分方程

$$[M]\{\ddot{x}\} + [K]\{x\} = 0 \tag{4-71}$$

2. 用适当的方法（如迭代法）求出系统的各阶固有频率及主振型，由此得到系统的解耦振型矩阵$[A_P]$。

3. 设解耦坐标为$\{x_P\}$（或解耦正坐标为$\{x_N\}$），则

$$\{x\} = [A_P]\{x_P\} \text{ 或 } \{x_P\} = [A_P]^{-1}\{x\}$$

若用解耦正坐标$\{x_N\}$表示，则由$[A_N] = \dfrac{1}{\sqrt{M_i}}[A_P]$得到

$$\{x\} = [A_N]\{x_N\} \tag{4-72}$$

或

$$\{x_N\} = [A_N]^{-1}\{x\} = [A_N]^T[M]\{x\} \tag{4-73}$$

4. 将质量矩阵$[M]$及刚度矩阵$[K]$对角化，即

$$\lceil M_P \rfloor = [A_P]^T[M][A_P] \text{ 及 } \lceil K_P \rfloor = [A_P]^T[K][A_P]$$

或

$$\lceil M_N \rfloor = [A_N]^T[M][A_N] = [I] \text{ 及 } \lceil K_N \rfloor = [A_N]^T[K][A_N] = \begin{bmatrix} \omega_{n1}^2 & 0 & \cdots & 0 \\ 0 & \omega_{n2}^2 & \cdots & 0 \\ \vdots & \vdots & & \vdots \\ 0 & 0 & \cdots & \omega_{nn}^2 \end{bmatrix}$$

经过上述变换，便得到用解耦（正）坐标表示的系统的运动微分方程

$$\lceil M_P \rfloor \{\ddot{x}_P\} + \lceil K_P \rfloor \{x_P\} = \{0\} \tag{4-74}$$

$$[I]\{\ddot{x}_N\} + \lceil K_N \rfloor \{x_N\} = \{0\} \tag{4-75}$$

方程的解可以按单自由度系统求解方法，即按式(2-8)和式(2-9)求得

$$x_{Pj}^{(t)} = a_{Pj}\sin\omega_{nj}t + b_{Pj}\cos\omega_{nj}t \qquad (j=1,2,\cdots,n) \tag{4-76}$$

或

$$x_{Pj}^{(t)} = x_{Pj}(0)\cos\omega_{nj}t + \dfrac{\dot{x}_{Pj}(0)}{\omega_{nj}}\sin\omega_{nj}t \tag{4-77}$$

和

$$x_{Nj}^{(t)} = a_{Nj}\sin\omega_{nj}t + b_{Nj}\cos\omega_{nj}t \qquad (j=1,2,\cdots,n) \tag{4-78}$$

或

$$x_{Nj}^{(t)} = x_{Nj}(0)\cos\omega_{nj}t + \dfrac{\dot{x}_{Nj}(0)}{\omega_{nj}}\sin\omega_{nj}t \tag{4-79}$$

式中，$x_{Pj}(0)$、$\dot{x}_{Pj}(0)$和$x_{Nj}(0)$、$\dot{x}_{Nj}(0)$分别为以解耦坐标和解耦正坐标表示的初位移和初

速度。

5. 依式(3-100)和式(4-73)将原坐标$\{x\}$表示的初始条件变换成用解耦坐标$\{x_P\}$或解耦正坐标$\{x_N\}$表示的初始条件,并求其待定常数。

6. 再复原,将解耦(正)坐标转换为原坐标系统,按式(3-76)或式(4-72),求得用原坐标表示的系统的自由振动,即

$$\{x\} = [A_P]\{x_P\}$$

或

$$\{x\} = [A_N]\{x_N\}。$$

下面以解耦正坐标为例说明具体求解过程。

例 4-13 如图4-19所示的弹簧质量系统,已知,$m_1 = m_2 = m_3 = m$,$k_1 = k_2 = k_3 = k$。由于在m_3上作用一水平静力F而引起$x_{1st} = \dfrac{F}{k}, x_{2st} = \dfrac{2F}{k}, x_{3st} = \dfrac{3F}{k}$。若静力$F$突然放松,试求系统的自由振动响应。

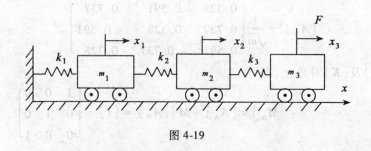

图 4-19

解 (1)列出系统的运动微分方程。

设系统的坐标为$x_1、x_2$及x_3,如图4-19所示。根据影响系数法,可以列系统的运动微分方程为

$$\begin{bmatrix} m & 0 & 0 \\ 0 & m & 0 \\ 0 & 0 & m \end{bmatrix} \begin{Bmatrix} \ddot{x}_1 \\ \ddot{x}_2 \\ \ddot{x}_3 \end{Bmatrix} + k \begin{bmatrix} 2 & -1 & 0 \\ -1 & 2 & -1 \\ 0 & -1 & 1 \end{bmatrix} \begin{Bmatrix} x_1 \\ x_2 \\ x_3 \end{Bmatrix} = \begin{Bmatrix} 0 \\ 0 \\ 0 \end{Bmatrix}。$$

(2)用迭代法求出(过程省略)其固有频率及解耦振型矩阵分别为

$$\omega_{n1}^2 = 0.198\frac{k}{m}, \quad \omega_{n2}^2 = 1.555\frac{k}{m}, \quad \omega_{n3}^2 = 3.247\frac{k}{m}$$

$$[A_P] = \begin{bmatrix} 1 & 1 & 1 \\ 1.802 & 0.445 & -1.247 \\ 2.247 & -0.802 & 0.555 \end{bmatrix}$$

则

$$[A_P]^T = \begin{bmatrix} 1 & 1.802 & 2.247 \\ 1 & 0.445 & -0.802 \\ 1 & -1.247 & 0.555 \end{bmatrix}。$$

(3)设解耦正坐标为$\{x_N\}$,(以解耦坐标x_P为例在上一章已介绍过)则由式(4-72)、式(4-73)得

$$\{x\} = [A_N]\{x_N\} \text{ 或 } \{x_N\} = [A_N]^T[M]\{x\}$$

将 $[A_P]$ 变换成 $[A_N]$，首先将质量矩阵对角化

$$\lceil M_P \rfloor = [A_P]^T[M][A_P]$$

$$= \begin{bmatrix} 1 & 1.802 & 2.247 \\ 1 & 0.445 & -0.802 \\ 1 & -1.247 & 0.555 \end{bmatrix} \begin{bmatrix} m & 0 & 0 \\ 0 & m & 0 \\ 0 & 0 & m \end{bmatrix} \begin{bmatrix} 1 & 1 & 1 \\ 1.802 & 0.445 & -1.247 \\ 2.247 & -0.802 & 0.555 \end{bmatrix}$$

$$= \begin{bmatrix} 9.296m & 0 & 0 \\ 0 & 1.841m & 0 \\ 0 & 0 & 2.863m \end{bmatrix}$$

故 $[A_N] = \dfrac{1}{\sqrt{M_i}}[A_P] = \dfrac{1}{\sqrt{M_i}}\begin{bmatrix} 1 & 1 & 1 \\ 1.802 & 0.445 & -1.247 \\ 2.247 & -0.802 & 0.555 \end{bmatrix} = \dfrac{1}{\sqrt{m}}\begin{bmatrix} 0.328 & 0.737 & 0.591 \\ 0.591 & 0.328 & -0.737 \\ 0.737 & -0.591 & 0.328 \end{bmatrix}$

则

$$[A_N]^T = \dfrac{1}{\sqrt{m}}\begin{bmatrix} 0.328 & 0.591 & 0.737 \\ 0.737 & 0.328 & -0.591 \\ 0.591 & -0.737 & 0.328 \end{bmatrix}。$$

(4) 将 $[M]$ 及 $[K]$ 对角化，即

$$\lceil M_N \rfloor = [A_N]^T[M][A_N] = [I] = \begin{bmatrix} 1 & 0 & 0 \\ 0 & 1 & 0 \\ 0 & 0 & 1 \end{bmatrix}$$

$$\lceil K_N \rfloor = [A_N]^T[K][A_N] = \begin{bmatrix} \omega_{n1}^2 & 0 & 0 \\ 0 & \omega_{n2}^2 & 0 \\ 0 & 0 & \omega_{n3}^2 \end{bmatrix} = \begin{bmatrix} 0.198\dfrac{k}{m} & 0 & 0 \\ 0 & 1.555\dfrac{k}{m} & 0 \\ 0 & 0 & 3.247\dfrac{k}{m} \end{bmatrix}$$

由此得到以解耦正坐标 $\{x_N\}$ 表示的运动微分方程为

$$\begin{cases} \ddot{x}_{N1} + \omega_{n1}^2 x_{N1} = 0 \\ \ddot{x}_{N2} + \omega_{n2}^2 x_{N2} = 0 \\ \ddot{x}_{N3} + \omega_{n3}^2 x_{N3} = 0 \end{cases} \text{即} \begin{cases} \ddot{x}_{N1} + 0.198\dfrac{k}{m}x_{N1} = 0 \\ \ddot{x}_{N2} + 1.555\dfrac{k}{m}x_{N2} = 0 \\ \ddot{x}_{N3} + 3.247\dfrac{k}{m}x_{N3} = 0 \end{cases} \quad (4-80)$$

依式(4-79)，其解为

$$\begin{cases} x_{N1} = x_{N1}(0)\cos\omega_{n1}t + \dfrac{\dot{x}_{N1}(0)}{\omega_{n1}}\sin\omega_{n1}t \\ x_{N2} = x_{N2}(0)\cos\omega_{n2}t + \dfrac{\dot{x}_{N2}(0)}{\omega_{n2}}\sin\omega_{n2}t \\ x_{N3} = x_{N3}(0)\cos\omega_{n3}t + \dfrac{\dot{x}_{N3}(0)}{\omega_{n3}}\sin\omega_{n3}t \end{cases} \quad (4-81)$$

(5) 求解耦正坐标表示的初始条件,并代入式(4-81)。

在静力 F 作用下的初始条件为

$$\{x(0)\}^{\mathrm{T}} = \frac{F}{k}\{1 \quad 2 \quad 3\}, \quad \{\dot{x}(0)\}^{\mathrm{T}} = \{0 \quad 0 \quad 0\}$$

根据式(4-73)得到在解耦正坐标中的初始条件为

$$\{x_N(0)\} = \begin{Bmatrix} x_{N1}(0) \\ x_{N2}(0) \\ x_{N3}(0) \end{Bmatrix} = [A_N]^{-1}\{x(0)\} = [A_N]^{\mathrm{T}}[M]\{x(0)\}$$

$$= \frac{1}{\sqrt{m}} \begin{bmatrix} 0.328 & 0.591 & 0.737 \\ 0.737 & 0.328 & -0.591 \\ 0.591 & -0.737 & 0.328 \end{bmatrix} \begin{bmatrix} m & 0 & 0 \\ 0 & m & 0 \\ 0 & 0 & m \end{bmatrix} \frac{F}{k} \begin{Bmatrix} 1 \\ 2 \\ 3 \end{Bmatrix}$$

$$= \frac{F\sqrt{m}}{k} \begin{Bmatrix} 3.721 \\ -0.380 \\ 0.101 \end{Bmatrix}$$

$$\{\dot{x}_N(0)\} = \begin{Bmatrix} \dot{x}_{N1}(0) \\ \dot{x}_{N2}(0) \\ \dot{x}_{N3}(0) \end{Bmatrix} = [A_N]^{\mathrm{T}}[M]\{\dot{x}(0)\} = \begin{Bmatrix} 0 \\ 0 \\ 0 \end{Bmatrix}$$

将解耦正坐标的初始条件代入式(4-81)得到以解耦正坐标表示的自由振动响应

$$\{x_N(t)\} = \frac{F\sqrt{m}}{k} \begin{Bmatrix} 3.721\cos\omega_{n1}t \\ -0.380\cos\omega_{n2}t \\ 0.101\cos\omega_{n3}t \end{Bmatrix} \tag{4-82}$$

(6) 复原,将式(4-82)代入式(4-72),求得原坐标表示的系统的自由振动响应为

$$\{x(t)\} = [A_N]\{x_N(t)\} = \frac{1}{\sqrt{m}} \begin{bmatrix} 0.328 & 0.737 & 0.591 \\ 0.591 & 0.328 & -0.737 \\ 0.737 & -0.591 & 0.328 \end{bmatrix} \frac{F\sqrt{m}}{k} \begin{Bmatrix} 3.721\cos\omega_{n1}t \\ -0.380\cos\omega_{n2}t \\ 0.101\cos\omega_{n3}t \end{Bmatrix}$$

$$= \frac{F}{k} \begin{Bmatrix} 1.220\cos\omega_{n1}t - 0.280\cos\omega_{n2}t + 0.060\cos\omega_{n3}t \\ 2.199\cos\omega_{n1}t - 0.125\cos\omega_{n2}t - 0.074\cos\omega_{n3}t \\ 2.742\cos\omega_{n1}t + 0.225\cos\omega_{n2}t + 0.033\cos\omega_{n3}t \end{Bmatrix}。$$

例 4-14 如图 4-20所示,三个均质圆盘置于一根在 A 点处固定,但在 B、C 和 D 点处的诸轴承中自由转动的轴上。假设圆盘的 $I_1 = I_2 = I_3 = I$,轴的质量不计,其 $k_{\theta 1} = k_{\theta 2} = k_{\theta 3} = k_\theta$,试求该旋转系统对初始条件 $\{\theta(0)\}^{\mathrm{T}} = \{0, 0, 0\}$ 和 $\{\dot{\theta}(0)\}^{\mathrm{T}} = \{\dot{\theta}_0, \dot{\theta}_0, \dot{\theta}_0\}$ 的自由振动响应。

解 (1) 列系统的运动微分方程。

设转角 θ_1、θ_2 及 θ_3 作为系统的位移坐标。根据影响系数法列出系统的运动微分方程为

$$\frac{1}{k_\theta}\begin{bmatrix} 1 & 1 & 1 \\ 1 & 2 & 2 \\ 1 & 2 & 3 \end{bmatrix}\begin{bmatrix} I & 0 & 0 \\ 0 & I & 0 \\ 0 & 0 & I \end{bmatrix}\begin{Bmatrix} \ddot{\theta}_1 \\ \ddot{\theta}_2 \\ \ddot{\theta}_3 \end{Bmatrix} + \begin{Bmatrix} \theta_1 \\ \theta_2 \\ \theta_3 \end{Bmatrix} = \begin{Bmatrix} 0 \\ 0 \\ 0 \end{Bmatrix}$$

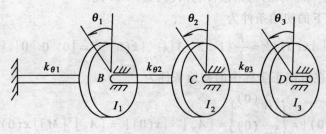

图 4-20

(2) 用迭代法求出（过程省略）其固有频率及解耦振型矩阵为

$$\omega_{n1}^2 = 0.198\frac{k_\theta}{I}, \quad \omega_{n2}^2 = 1.555\frac{k_\theta}{I}, \quad \omega_{n3}^2 = 3.247\frac{k_\theta}{I}$$

$$[A_P] = \begin{bmatrix} 1 & 1 & 1 \\ 1.802 & 0.445 & -1.247 \\ 2.247 & -0.802 & 0.555 \end{bmatrix}$$

则

$$[A_P]^T = \begin{bmatrix} 1 & 1.802 & 2.247 \\ 1 & 0.445 & -0.802 \\ 1 & -1.247 & 0.555 \end{bmatrix}。$$

(3) 设解耦正坐标为 $\{\theta_N\}$，则类似式(4-72)、式(4-73)得

$$\{\theta\} = [A_N]\{\theta_N\} \quad 或 \quad \{\theta_N\} = [A_N]^{-1}\{\theta\} = [A_N]^T[M]\{\theta\}$$

将 $[A_P]$ 变成 $[A_N]$，首先将 $[M]$ 对角化

$$[M_P] = [A_P]^T[M][A_P] = \begin{bmatrix} 1 & 1.802 & 2.247 \\ 1 & 0.445 & -0.802 \\ 1 & -1.247 & 0.555 \end{bmatrix} \begin{bmatrix} I & 0 & 0 \\ 0 & I & 0 \\ 0 & 0 & I \end{bmatrix} \begin{bmatrix} 1 & 1 & 1 \\ 1.802 & 0.445 & -1.247 \\ 2.247 & -0.802 & 0.555 \end{bmatrix}$$

$$= \begin{bmatrix} 1.841I & 0 & 0 \\ 0 & 2.863I & 0 \\ 0 & 0 & 9.303I \end{bmatrix} = \begin{bmatrix} M_1 & 0 & 0 \\ 0 & M_2 & 0 \\ 0 & 0 & M_3 \end{bmatrix}$$

$$[A_N] = \frac{1}{\sqrt{M_i}}[A_P] = \frac{1}{\sqrt{M_i}} \begin{bmatrix} 1 & 1 & 1 \\ 1.802 & 0.445 & -1.247 \\ 2.247 & -0.802 & 0.555 \end{bmatrix} = \frac{1}{\sqrt{I}} \begin{bmatrix} 0.328 & -0.737 & 0.591 \\ 0.591 & -0.328 & -0.737 \\ 0.737 & 0.591 & 0.328 \end{bmatrix}$$

则

$$[A_N]^T = \frac{1}{\sqrt{I}} \begin{bmatrix} 0.328 & 0.591 & 0.737 \\ -0.737 & -0.328 & 0.591 \\ 0.591 & -0.737 & 0.328 \end{bmatrix}。$$

(4) 将 $[M]$ 及 $[K]$ 对角化，即

$$[M_N] = [A_N]^T[M][A_N] = [I] = \begin{bmatrix} 1 & 0 & 0 \\ 0 & 1 & 0 \\ 0 & 0 & 1 \end{bmatrix}$$

第4章 多自由度系统的振动

$$[K_N] = [A_N]^T[K][A_N] = \begin{bmatrix} \omega_{n1}^2 & 0 & 0 \\ 0 & \omega_{n2}^2 & 0 \\ 0 & 0 & \omega_{n3}^2 \end{bmatrix} = \begin{bmatrix} 0.198\dfrac{k_\theta}{I} & 0 & 0 \\ 0 & 1.555\dfrac{k_\theta}{I} & 0 \\ 0 & 0 & 3.247\dfrac{k_\theta}{I} \end{bmatrix}$$

由此得到以解耦正坐标 $\{x_N\}$ 表示的运动微分方程

$$\{\ddot{\theta}_N\} + \begin{bmatrix} \omega_{n1}^2 & 0 & 0 \\ 0 & \omega_{n2}^2 & 0 \\ 0 & 0 & \omega_{n3}^2 \end{bmatrix}\{\theta_N\} = 0$$

即

$$\ddot{\theta}_{Nj} + \omega_{nj}^2 \theta_{Nj} = 0 \qquad (j = 1,2,3) \tag{4-83}$$

其解为

$$\theta_{Nj}(t) = \theta_{Nj}(0)\cos\omega_{nj}t + \frac{\dot{\theta}_{Nj}(0)}{\omega_{nj}}\sin\omega_{nj}t \qquad (j = 1,2,3) \tag{4-84}$$

(5) 求解耦正坐标表示的初始条件,并代入式(4-84)。

原坐标的初始条件为

$$\{\theta(0)\}^T = \{0,0,0\} \text{ 和 } \{\dot{\theta}(0)\}^T = \{\dot{\theta}_0,\dot{\theta}_0,\dot{\theta}_0\}$$

根据式(4-73)得到在解耦正坐标中的初始条件为

$$\{\theta_N(0)\} = [A_N]^{-1}\{\theta(0)\} = [A_N]^T[M]\{\theta(0)\}$$

$$= \sqrt{I}\begin{bmatrix} 0.328 & 0.591 & 0.737 \\ -0.737 & -0.328 & 0.591 \\ 0.591 & -0.737 & 0.328 \end{bmatrix}\begin{Bmatrix} 0 \\ 0 \\ 0 \end{Bmatrix} = \begin{Bmatrix} 0 \\ 0 \\ 0 \end{Bmatrix}$$

$$\{\dot{\theta}_N(0)\} = [A_N]^{-1}\{\dot{\theta}(0)\} = [A_N]^T[M]\{\dot{\theta}(0)\}$$

$$= \sqrt{I}\begin{bmatrix} 0.328 & 0.591 & 0.737 \\ -0.737 & -0.328 & 0.591 \\ 0.591 & -0.737 & 0.328 \end{bmatrix}\begin{Bmatrix} \dot{\theta}_0 \\ \dot{\theta}_0 \\ \dot{\theta}_0 \end{Bmatrix} = \sqrt{I}\dot{\theta}_0\begin{Bmatrix} 1.656 \\ -0.474 \\ 0.182 \end{Bmatrix}$$

将上述初始条件代入式(4-84),便得到以解耦正坐标表示的自由振动响应

$$\{\theta_N(t)\} = \sqrt{I}\dot{\theta}_0\begin{Bmatrix} 1.656\dfrac{\sin\omega_{n1}t}{\omega_{n1}} \\ -0.474\dfrac{\sin\omega_{n2}t}{\omega_{n2}} \\ 0.182\dfrac{\sin\omega_{n3}t}{\omega_{n3}} \end{Bmatrix} \tag{4-85}$$

(6) 复原,将式(4-85)代入式(4-72),即求得原坐标表示的系统的自由振动响应为

$$\{\boldsymbol{\theta}(t)\} = [\boldsymbol{A}_N]\{\boldsymbol{\theta}_N(t)\} = \frac{1}{\sqrt{I}}\begin{bmatrix} 0.328 & -0.737 & 0.591 \\ 0.591 & -0.328 & -0.737 \\ 0.737 & 0.591 & 0.328 \end{bmatrix} \sqrt{I}\,\dot{\theta}_0 \begin{Bmatrix} 1.656\dfrac{\sin\omega_{n1}t}{\omega_{n1}} \\ -0.474\dfrac{\sin\omega_{n2}t}{\omega_{n2}} \\ 0.182\dfrac{\sin\omega_{n3}t}{\omega_{n3}} \end{Bmatrix}$$

$$= \dot{\theta}_0 \begin{Bmatrix} \dfrac{0.543\sin\omega_{n1}t}{\omega_{n1}} + \dfrac{0.349\sin\omega_{n2}t}{\omega_{n2}} + \dfrac{0.108\sin\omega_{n3}t}{\omega_{n3}} \\ \dfrac{0.979\sin\omega_{n1}t}{\omega_{n1}} + \dfrac{0.155\sin\omega_{n2}t}{\omega_{n2}} - \dfrac{0.134\sin\omega_{n3}t}{\omega_{n3}} \\ \dfrac{1.22\sin\omega_{n1}t}{\omega_{n1}} - \dfrac{0.280\sin\omega_{n2}t}{\omega_{n2}} + \dfrac{0.060\sin\omega_{n3}t}{\omega_{n3}} \end{Bmatrix}。$$

§4.6 多自由度系统的强迫振动

我们在前面详细介绍了无阻尼的强迫振动,实际上阻尼是客观存在的,并且与单自由度系统一样,阻尼对强迫振动的共振振幅的影响是很大的,因而在多自由度系统的强迫振动分析中必须考虑阻尼的影响,并且往往采用粘性阻尼的模型,也就是说,假设系统阻尼的大小是与振动速度一次方成正比,按照这一假定可以设有 n 个自由度的粘性阻尼系统在任意激励力 $F(t)$ 作用下,该系统的运动微分方程可以由式(4-2)表示为

$$[M]\{\ddot{x}\} + [C]\{\dot{x}\} + [K]\{x\} = \{F(t)\} \tag{4-86}$$

上面说过,对多自由度系统的振动分析与计算,常用的方法是解耦分析法(振型叠加法)及传递矩阵法,解耦分析法在前面已作过介绍。本节将进一步介绍解耦分析法在多自由度系统中的推广应用。

解耦分析法的核心就是将互为耦合的运动微分方程变成互不耦合的独立的单自由度的运动微分方程,予以求解。正如第 3 章中所介绍的那样,对于无阻尼的强迫振动,可以通过坐标变换把 $[M]$ 及 $[K]$ 对角化,达到方程解耦的目的。如果考虑阻尼的影响,则运动微分方程中还要增加阻尼矩阵

$$[C] = \begin{bmatrix} c_{11} & c_{12} & \cdots & c_{1n} \\ c_{21} & c_{22} & \cdots & c_{2n} \\ \vdots & \vdots & & \vdots \\ c_{n1} & c_{n2} & \cdots & c_{nn} \end{bmatrix}$$

一项。一般说,阻尼矩阵是不存在对角线化的,因此应用解耦分析法时,首先要解决 $[C]$ 的对角线化。

如果阻尼矩阵 $[C]$ 正比于质量矩阵或刚度矩阵,或正比于它们的线性组合矩阵,则该阻尼称为比例阻尼。可以表示为

$$[C] = \alpha[M] + \beta[K] \tag{4-87}$$

式中,α、β 为正比例常数。对于这种比例阻尼,当坐标变换成解耦坐标或解耦正坐标时,在

解耦正坐标中的阻尼矩阵$\lfloor C_N \rfloor$就是一个对角矩阵。即

$$\lfloor C_N \rfloor = [A_N]^T[C][A_N] = [A_N]^T(\alpha[M]+\beta[K])[A_N]$$
$$= \alpha[A_N]^T[M][A_N] + \beta[A_N]^T[K][A_N]$$
$$= \alpha\lfloor I \rfloor + \beta\lfloor K_N \rfloor$$
$$= \begin{bmatrix} \alpha+\beta\omega_{n1}^2 & 0 & 0 & \cdots & 0 \\ 0 & \alpha+\beta\omega_{n2}^2 & 0 & \cdots & 0 \\ \vdots & \vdots & \vdots & & \vdots \\ 0 & 0 & 0 & \cdots & \alpha+\beta\omega_{nn}^2 \end{bmatrix} \tag{4-88}$$

令上式中 $\alpha+\beta\omega_{ni}^2 = 2\xi_i\omega_{ni}$，则 $\xi_i = \dfrac{\alpha+\beta\omega_{ni}^2}{2\omega_{ni}}$ 称为解耦（振型）比例阻尼比。所以

$$\lfloor C_N \rfloor = \begin{bmatrix} 2\xi_1\omega_{n1} & 0 & 0 & \cdots & 0 \\ 0 & 2\xi_2\omega_{n2} & 0 & \cdots & 0 \\ 0 & \cdots & 0 & \cdots & 2\xi_n\omega_{nn} \end{bmatrix}。$$

这就使阻尼矩阵对角化，达到了解耦的目的。但是在大多数工程实际问题中，阻尼矩阵不一定正比于质量矩阵或刚度矩阵，因此在一般情况下，$[C_N]$是不对角的。此时，可以采取一种较近似的做法，把不对角的$[C_N]$矩阵中所有非对角的元素都改为零，只保留$[C_N]$中对角元素的原有数值，人为地造成对角矩阵$\lfloor C_N \rfloor$，用$\lfloor C_N \rfloor$代替$[C_N]$，即令

$$\lfloor C_N \rfloor = \begin{bmatrix} c_{N11} & 0 & 0 & \cdots & 0 \\ 0 & c_{N22} & 0 & \cdots & 0 \\ \vdots & \vdots & \vdots & & \vdots \\ 0 & 0 & 0 & \cdots & c_{Nnn} \end{bmatrix} \tag{4-89}$$

这种处理方法在阻尼较小，而且系统的各个固有频率值彼此不等，且不大相近的情况下，不会引起很大的误差。通常用这种处理方法，能方便地求得系统较好的近似解。例如，可以通过实验或其他方法确定系统各阶正振型的解耦比例阻尼比ξ_i，然后由 $c_{Nii} = 2\xi_i\omega_{ni}$ 求得$\lfloor C_N \rfloor$。这样，我们就能把解耦分析法有效地推广应用于有阻尼的多自由度系统强迫振动的分析求解。

现在采用解耦分析法求解式(4-2)。将$\{x\} = [A_N]\{x_N\}$代入方程式(4-2)，得

$$[M][A_N]\{\ddot{x}_N\} + [C][A_N]\{\dot{x}_N\} + [K][A_N]\{x_N\} = \{F(t)\} \tag{4-90}$$

式(4-90)两边左乘以$[A_N]^T$，得

$$[A_N]^T[M][A_N]\{\ddot{x}_N\} + [A_N]^T[C][A_N]\{\dot{x}_N\} + [A_N]^T[K][A_N]\{x_N\} = [A_N]^T\{F(t)\} \tag{4-91}$$

即得

$$\lfloor I \rfloor\{\ddot{x}_N\} + \lfloor C_N \rfloor\{\dot{x}_N\} + \lfloor K_N \rfloor\{x_N\} = \{F_N(t)\} \tag{4-92}$$

式中，$\{x_N\} = [A_N]^{-1}\{x\}$即

$$\{x\} = [A_N]\{x_N\} \tag{4-93}$$

或在 $\{x\} = [A_N]\{x_N\}$ 的两边左乘以 $[A_N]^T[M]$ 得

$$[A_N]^T[M]\{x\} = [A]^T[M][A_N]\{x_N\} = \lceil M_N \rfloor\{x_N\} = \lceil I \rfloor\{x_N\}$$

故 $\{x_N\} = \lceil I \rfloor^{-1}[A]^T[M]\{x\} = \lceil I \rfloor[A_N]^T[M]\{x\}$

即
$$\{x_N\} = [A_N]^T[M]\{x\} \tag{4-94}$$

而
$$\{F_N(t)\} = [A_N]^T\{F(t)\} \tag{4-95}$$

即
$$\begin{Bmatrix} F_{N1}(t) \\ F_{N2}(t) \\ \vdots \\ F_{Nn}(t) \end{Bmatrix} = \begin{bmatrix} A_{N1}^{(1)} & A_{N2}^{(1)} & \cdots & A_{Nn}^{(1)} \\ A_{N1}^{(2)} & A_{N2}^{(2)} & \cdots & A_{Nn}^{(2)} \\ \vdots & \vdots & & \vdots \\ A_{N1}^{(n)} & A_{N2}^{(n)} & \cdots & A_{Nn}^{(n)} \end{bmatrix} \begin{Bmatrix} F_1(t) \\ F_2(t) \\ \vdots \\ F_n(t) \end{Bmatrix} \tag{4-96}$$

$$\lceil K_N \rfloor = [A_N]^T[K][A_N] \tag{4-97}$$

$$\lceil C_N \rfloor = [A_N]^T[C][A_N] \tag{4-98}$$

$$\lceil I \rfloor = \lceil M_N \rfloor = [A_N]^T[M][A_N] \tag{4-99}$$

$$[A_N] = \frac{1}{\sqrt{M_i}}[A_P] = \left[\frac{1}{\sqrt{M_1}}\{A_P^{(1)}\}, \cdots, \frac{1}{\sqrt{M_n}}\{A_P^{(n)}\}\right] \tag{4-100}$$

其中，$[A_N]$ 称为解耦正振型矩阵，$[A_P]$ 称为解耦振型矩阵。通过对无阻尼的多自由度系统的自由振动求解得到。由式(4-92)可以得到 n 个独立的方程

$$\ddot{x}_{Nr} + c_{Nrr}\dot{x}_{Nr} + \omega_{nr}^2 x_{Nr} = F_{Nr}(t) \tag{4-101}$$

或

$$\ddot{x}_{Nr} + 2\xi_r\omega_{nr}\dot{x}_{Nr} + \omega_{nr}^2 x_{Nr} = F_{Nr}(t) \quad (r = 1, 2, \cdots, n) \tag{4-102}$$

根据事先给定的原坐标 $\{x\}$ 的初始条件 $\{x\}_{t=0}$ 及 $\{\dot{x}\}_{t=0}$ 的值，可以由式(4-94)算得解耦正坐标 $\{x_N\}$ 的初始条件 $\{x_N\}_{t=0}$ 及 $\{\dot{x}_N\}_{t=0}$ 的值。如果外力是任意的激励力，则再根据有阻尼的单自由度系统在任意激励下的响应式(2-90)，可得

$$x_{Nr}(t) = e^{-\xi_r\omega_{nr}t} \cdot \left[\frac{1}{\omega_{dr}}(\dot{x}_{Nr0} + \xi_r\omega_{nr}x_{Nr0})\sin\omega_{dr}t + x_{Nr0}\cos\omega_{dr}t\right] +$$

$$\frac{1}{\omega_{dr}}\int_0^t F_{Nr}(t) \cdot e^{-\xi_r\omega_{nr}(t-\tau)} \cdot \sin\omega_{dr}(t-\tau)d\tau \tag{4-103}$$

式中
$$\omega_{dr} = \omega_{nr}\sqrt{1-\xi_r^2} \tag{4-104}$$

求得各个 $x_{Nr}(t)$ 值 ($r = 1, 2, \cdots, n$) 后，就可以由式(4-93)求出原坐标的响应 $\{x(t)\}$。

如果外力是一般周期力，解题更加容易，可以按第 2 章 §2.4 中已讨论过的方法求解。现在再把解耦分析法的解题方法步骤重叙如下：

1. 首先由系统选取适当的坐标 $\{x\}$（或 $\{y\}$），列出系统的振动微分方程式。

2. 用适当的方法求出系统的各阶固有频率及主振型。由此得到系统的解耦振型矩阵 $[A_P]$。

3. 设解耦坐标为 $\{x_P\}$，则

$$\{x\} = [A_P]\{x_P\}, \text{或} \{x_P\} = [A_P]^{-1}\{x\}$$

若用解耦正坐标$\{x_N\}$表示,则由

$$[A_N] = \frac{1}{\sqrt{M_i}}[A_P]$$

其中M_i为解耦质量,得

$$\{x\} = [A_N]\{x_N\}, \text{或} \{x_N\} = [A_N]^{-1}\{x\} = [A_N]^T[M]\{x\}。$$

4. 将质量矩阵$[M]$、刚度矩阵$[K]$和阻尼矩阵$[C]$对角化,即

$$[\!\lceil M_P \!\rfloor] = [A_P]^T[M][A_P] \text{ 及 } [\!\lceil K_P \!\rfloor] = [A_P]^T[K][A_P]$$

或

$$[\!\lceil M_N \!\rfloor] = [I] = [A_N]^T[M][A_N], [\!\lceil K_N \!\rfloor] = [A_N]^T[K][A_N]$$

和

$$[\!\lceil C_N \!\rfloor] = [A_N]^T[C][A_N]。$$

如果有外力(简谐力或任意的力)激励时,可以将原坐标表示的广义激励力变换成解耦坐标表示的广义激励力,即

$$\{F_P\} = [A_P]^T\{F\}, \quad \{F_P(t)\} = [A_P]^T\{F(t)\}$$

或

$$\{F_N\} = [A_N]^T\{F\}, \{F_N(t)\} = [A_N]^T\{F(t)\}。$$

经过上述变换后,便得到用解耦坐标$\{x_P\}$或解耦正坐标$\{x_N\}$表示的系统的运动微分方程式

$$[\!\lceil M_P \!\rfloor]\{\ddot{x}_P\} + [\!\lceil K_P \!\rfloor]\{x_P\} = \{F_P(t)\} \text{ (无阻尼情况)}$$

$$[I]\{\ddot{x}_N\} + [\!\lceil C_N \!\rfloor]\{\dot{x}_N\} + [\!\lceil K_N \!\rfloor]\{x_N\} = \{F_N(t)\} \text{ (有阻尼情况)}$$

即可以按单自由度系统求解方法求解以解耦(正)坐标表示的解。

5. 依式(3-80)或式(4-94)用原坐标表示的初始条件变换到用解耦(正)坐标表示的初始条件,并代入解耦(正)坐标解,求其待定常数。

6. 再复原,将解耦(正)坐标转换回原坐标,即求得用原坐标表示的系统的强迫振动响应,即

$$\{x\} = [A_P]\{x_P\}$$

或

$$\{x\} = [A_N]\{x_N\}$$

例4-15 如图4-21所示,一不计质量的简支梁上安装三个质量均为m的质量块,梁的弯曲刚度为EI,质量块的转动惯量不计。若在梁中央2位置处作用一谐激励力$F(t) = F_0\sin\omega t$,且当$t_0 = 0$时,系统的初位移及初速度均为零。试求系统的响应($EI = c$)。

解 这是一个三自由度系统问题,依题意其阻尼可以略去不计,即为一个无阻尼的多自由度系统的强迫振动问题。按下列步骤求解。

(1)建立系统的运动微分方程。

通过结构力学中的图乘法求得系统的柔度矩阵(过程省略)为

$$[\delta] = \begin{bmatrix} 9 & 11 & 7 \\ 11 & 16 & 11 \\ 7 & 11 & 9 \end{bmatrix} \frac{l^3}{768EI}$$

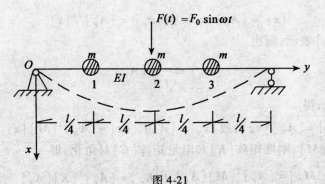

图 4-21

设 $q' = \dfrac{l^3}{768EI}$ 则

$$[K] = [\delta]^{-1} = \frac{1}{28q'}\begin{bmatrix} 23 & -22 & 9 \\ -22 & 32 & -22 \\ 9 & -22 & 23 \end{bmatrix}$$

又

$$[M] = m\begin{bmatrix} 1 & 0 & 0 \\ 0 & 1 & 0 \\ 0 & 0 & 1 \end{bmatrix}$$

设各质量块某瞬时的位移分别为 x_1、x_2 及 x_3,故系统的运动微分方程为

$$m\begin{bmatrix} 1 & 0 & 0 \\ 0 & 1 & 0 \\ 0 & 0 & 1 \end{bmatrix}\begin{Bmatrix} \ddot{x}_1 \\ \ddot{x}_2 \\ \ddot{x}_3 \end{Bmatrix} + \frac{1}{28q'}\begin{bmatrix} 23 & -22 & 9 \\ -22 & 32 & -22 \\ 9 & -22 & 23 \end{bmatrix}\begin{Bmatrix} x_1 \\ x_2 \\ x_3 \end{Bmatrix} = \begin{Bmatrix} 0 \\ F(t) \\ 0 \end{Bmatrix} \qquad (4\text{-}105)$$

(2)用矩阵迭代法求系统的固有频率及主振型。

首先计算动力矩阵 $[D]$

$$[D] = [\delta][M] = \begin{bmatrix} 9 & 11 & 7 \\ 11 & 16 & 11 \\ 7 & 11 & 9 \end{bmatrix}\frac{ml^3}{768EI} = \begin{bmatrix} 9 & 11 & 7 \\ 11 & 16 & 11 \\ 7 & 11 & 9 \end{bmatrix}q$$

式中,$q = \dfrac{ml^3}{768EI}$。

根据简支梁的静变形情况,我们假设一个初始振型

$$\{A\}_0 = \begin{Bmatrix} 1 \\ 2 \\ 1 \end{Bmatrix}$$

将 $\{A\}_0$ 代入迭代式(4-36)得

$$\{A\}_1 = [D]\{A\}_0 = \begin{bmatrix} 9 & 11 & 7 \\ 11 & 16 & 11 \\ 7 & 11 & 9 \end{bmatrix}\begin{Bmatrix} 1 \\ 2 \\ 1 \end{Bmatrix}q = \begin{Bmatrix} 38 \\ 54 \\ 38 \end{Bmatrix}q = 38q\begin{Bmatrix} 1 \\ 1.42 \\ 1 \end{Bmatrix}$$

再以 $\{A\}_1' = \begin{Bmatrix} 1 \\ 1.42 \\ 1 \end{Bmatrix}$ 代入式(4-36)得

$$\{A\}_2 = [D]\{A\}'_1 = \begin{bmatrix} 9 & 11 & 7 \\ 11 & 16 & 11 \\ 7 & 11 & 9 \end{bmatrix} \begin{Bmatrix} 1 \\ 1.42 \\ 1 \end{Bmatrix} q = \begin{Bmatrix} 31.62 \\ 44.72 \\ 31.62 \end{Bmatrix} q = 31.62q \begin{Bmatrix} 1 \\ 1.4143 \\ 1 \end{Bmatrix}$$

再以 $\{A\}'_2 = \begin{Bmatrix} 1 \\ 1.4143 \\ 1 \end{Bmatrix}$ 代入式(4-36)得

$$\{A\}_3 = \begin{bmatrix} 9 & 11 & 7 \\ 11 & 16 & 11 \\ 7 & 11 & 9 \end{bmatrix} \begin{Bmatrix} 1 \\ 1.4143 \\ 1 \end{Bmatrix} q = \begin{Bmatrix} 31.557 \\ 44.629 \\ 31.557 \end{Bmatrix} q = 31.557q \begin{Bmatrix} 1 \\ 1.4142 \\ 1 \end{Bmatrix}$$

显然，$\{A\}'_2 \approx \{A\}'_3$ 即 $\begin{Bmatrix} 1 \\ 1.4142 \\ 1 \end{Bmatrix} \approx \begin{Bmatrix} 1 \\ 1.4143 \\ 1 \end{Bmatrix}$，迭代终止。故

$$\frac{1}{\omega_{n1}^2}\{A^{(1)}\} = 31.557q \begin{Bmatrix} 1 \\ 1.4142 \\ 1 \end{Bmatrix}$$

即

$$\frac{1}{\omega_{n1}^2} = 31.557q = 31.557 \frac{ml^3}{768EI}$$

故

$$\omega_{n1} = \sqrt{\frac{768EI}{31.557ml^3}} = 4.933\sqrt{\frac{EI}{ml^3}}$$

而

$$\{A^{(1)}\} = \begin{Bmatrix} 1 \\ 1.4142 \\ 1 \end{Bmatrix}。$$

对于系统的第二阶固有频率及主振型，可以将上面的结果代入式(4-46)，求得滤频矩阵

$$[S] = \begin{bmatrix} 0 & -\dfrac{m_2}{m_1}\left(\dfrac{A_2^{(1)}}{A_1^{(1)}}\right) & -\dfrac{m_3}{m_1}\left(\dfrac{A_3^{(1)}}{A_1^{(1)}}\right) \\ 0 & 1 & 0 \\ 0 & 0 & 1 \end{bmatrix}$$

$$= \begin{bmatrix} 0 & -1(1.4142) & -1(1) \\ 0 & 1 & 0 \\ 0 & 0 & 1 \end{bmatrix} = \begin{bmatrix} 0 & -1.4142 & -1 \\ 0 & 1 & 0 \\ 0 & 0 & 1 \end{bmatrix}$$

再假定任一振型为第二振型，如设

$$\{A\}_0 = \begin{Bmatrix} 1 \\ 0 \\ -1 \end{Bmatrix}$$

代入方程式(4-47)得

$$\frac{1}{\omega_{n2}}\{A^{(2)}\} = [D][S]\{A\}_0$$

$$= q\begin{bmatrix} 9 & 11 & 7 \\ 11 & 16 & 11 \\ 7 & 11 & 9 \end{bmatrix}\begin{bmatrix} 0 & -1.4142 & -1 \\ 0 & 1 & 0 \\ 0 & 0 & 1 \end{bmatrix}\begin{Bmatrix} 1 \\ 0 \\ -1 \end{Bmatrix}$$

$$= q\begin{bmatrix} 9 & 11 & 7 \\ 11 & 16 & 11 \\ 7 & 11 & 9 \end{bmatrix}\begin{Bmatrix} 1 \\ 0 \\ -1 \end{Bmatrix} = q\begin{Bmatrix} 2 \\ 0 \\ -2 \end{Bmatrix} = 2q\begin{Bmatrix} 1 \\ 0 \\ -1 \end{Bmatrix}$$

显然 $\qquad\qquad \{A\}_1' = \{A\}_0$

所以 $\qquad\qquad \dfrac{1}{\omega_{n2}^2} = 2q = \dfrac{2ml^3}{768EI}$

则 $\qquad\qquad \omega_{n2}^2 = 384\dfrac{EI}{ml^3}$

故 $\qquad\qquad \omega_{n2} = \sqrt{\dfrac{384EI}{ml^3}} = 19.596\sqrt{\dfrac{EI}{ml^3}}$

而 $\qquad\qquad \{A^{(2)}\} = \begin{Bmatrix} 1 \\ 0 \\ -1 \end{Bmatrix}$

为了求系统的第三阶固有频率及主振型,需利用式(4-48)的条件,即令

$$c_1 = c_2 = 0$$

$$c_1 = \sum_{i=1}^{3} m_i(A_i^{(1)})A_{i0} = m(1)A_{10} + m(1.4142)A_{20} + m(-1)A_{30} = 0 \qquad (4\text{-}106)$$

$$c_2 = \sum_{i=1}^{3} m_i(A_i^{(2)})A_{i0} = m(1)A_{10} + m(0)A_{20} + m(-1)A_{30} = 0 \qquad (4\text{-}107)$$

由式(4-106)、式(4-107)得

$$A_{10} + 1.4142A_{20} + A_{30} = 0 \qquad (4\text{-}108)$$
$$A_{10} - A_{30} = 0 \qquad (4\text{-}109)$$

解得 $\qquad\qquad A_{10} = A_{30}$

$$A_{20} = -1.4142A_{30}$$

即 $\qquad\qquad \begin{cases} A_1 = A_{30} \\ A_2 = -1.4142A_{30} \\ A_3 = A_{30} \end{cases}$

用矩阵形式表示为

$$\begin{Bmatrix} A_1 \\ A_2 \\ A_3 \end{Bmatrix}_0 = \begin{bmatrix} 0 & 0 & 1 \\ 0 & 0 & -1.4142 \\ 0 & 0 & 1 \end{bmatrix}\begin{Bmatrix} A_{10} \\ A_{20} \\ A_{30} \end{Bmatrix}$$

所以,求解系统的第三阶固有频率及主振型的滤频矩阵为

$$[S] = \begin{bmatrix} 0 & 0 & 1 \\ 0 & 0 & -1.4142 \\ 0 & 0 & 1 \end{bmatrix}$$

再将 $[S]$ 代入方程式(4-47),并设 $\{A\}_0 = \begin{Bmatrix} 1 \\ -1 \\ 1 \end{Bmatrix}$,得

$$\frac{1}{\omega_{n3}^2}\{A^{(3)}\} = q\begin{bmatrix} 9 & 11 & 7 \\ 11 & 16 & 11 \\ 7 & 11 & 9 \end{bmatrix}\begin{bmatrix} 0 & 0 & 1 \\ 0 & 0 & -1.4142 \\ 0 & 0 & 1 \end{bmatrix}\begin{Bmatrix} 1 \\ -1 \\ 1 \end{Bmatrix}$$

$$= q\begin{bmatrix} 9 & 11 & 7 \\ 11 & 16 & 11 \\ 7 & 11 & 9 \end{bmatrix}\begin{Bmatrix} 1 \\ -1.4142 \\ 1 \end{Bmatrix}$$

$$= q\begin{Bmatrix} 0.4438 \\ -0.6272 \\ 0.4438 \end{Bmatrix} = 0.4438q\begin{Bmatrix} 1 \\ -1.4142 \\ 1 \end{Bmatrix}$$

再以 $\{A\}_1' = \begin{Bmatrix} 1 \\ -1.4142 \\ 1 \end{Bmatrix}$ 代入式(4-47),迭代得

$$\frac{1}{\omega_{n3}^2}\{A^{(3)}\} = q\begin{bmatrix} 9 & 11 & 7 \\ 11 & 16 & 11 \\ 7 & 11 & 9 \end{bmatrix}\begin{bmatrix} 0 & 0 & 1 \\ 0 & 0 & -1.4142 \\ 0 & 0 & 1 \end{bmatrix}\begin{Bmatrix} 1 \\ -1.4142 \\ 1 \end{Bmatrix}$$

$$= q\begin{bmatrix} 9 & 11 & 7 \\ 11 & 16 & 11 \\ 7 & 11 & 9 \end{bmatrix}\begin{Bmatrix} 1 \\ -1.4142 \\ 1 \end{Bmatrix}$$

$$= q\begin{Bmatrix} 0.4438 \\ -0.6272 \\ 0.4438 \end{Bmatrix} = 0.4438q\begin{Bmatrix} 1 \\ -1.4142 \\ 1 \end{Bmatrix}$$

显然,$\{A\}_2' = \{A\}_1'$,迭代终止。故

$$\frac{1}{\omega_{n3}^2} = 0.4438q = \frac{0.4438ml^3}{768EI}$$

即

$$\omega_{n3} = \sqrt{\frac{768EI}{0.4438ml^3}} = \sqrt{1\,730.51\frac{EI}{ml^3}} = 41.599\sqrt{\frac{EI}{ml^3}}$$

而

$$\{A^{(3)}\} = \begin{Bmatrix} 1 \\ -1.4142 \\ 1 \end{Bmatrix}。$$

(3)建立振型矩阵 $[A_P]$。
由上面计算结果得

$$[A_P] = [\{A^{(1)}\}\ \{A^{(2)}\}\ \{A^{(3)}\}] = \begin{bmatrix} 1 & 1 & 1 \\ 1.4142 & 0 & -1.4142 \\ 1 & -1 & 1 \end{bmatrix}$$

又

$$[A_P]^T = \begin{bmatrix} 1 & 1.4142 & 1 \\ 1 & 0 & -1 \\ 1 & -1.4142 & 1 \end{bmatrix}$$

$$[A_P]^{-1} = \frac{adj[A_P]}{|A_P|} = \frac{[C_{ij}]^T}{|A_P|}$$

$$= \frac{1}{-5.6548}\begin{bmatrix} -1.4142 & -2.8274 & -1.4142 \\ -2 & 0 & 2 \\ -1.4142 & 2.8274 & -1.4142 \end{bmatrix}^T$$

$$= \frac{-1}{5.6548}\begin{bmatrix} -1.4142 & -2 & -1.4142 \\ -2.8274 & 0 & 2.8274 \\ -1.4142 & 2 & -1.4142 \end{bmatrix}$$

(4) 设解耦坐标为

$$\{x_P\} = [A_P]^{-1}\{x\} \text{ 或 } \{x\} = [A_P]\{x_P\}。$$

(5) 矩阵对角化

$$\lceil M_P \rfloor = [A_P]^T[M][A_P]$$

$$= \begin{bmatrix} 1 & 1.4142 & 1 \\ 1 & 0 & -1 \\ 1 & -1.4142 & 1 \end{bmatrix}\begin{bmatrix} m & 0 & 0 \\ 0 & m & 0 \\ 0 & 0 & m \end{bmatrix}\begin{bmatrix} 1 & 1 & 1 \\ 1.4142 & 0 & -1.4142 \\ 1 & -1 & 1 \end{bmatrix}$$

$$= m\begin{bmatrix} 1 & 1.4142 & 1 \\ 1 & 0 & -1 \\ 1 & -1.4142 & 1 \end{bmatrix}\begin{bmatrix} 1 & 1 & 1 \\ 1.4142 & 0 & -1.4142 \\ 1 & -1 & 1 \end{bmatrix} = m\begin{bmatrix} 4 & 0 & 0 \\ 0 & 2 & 0 \\ 0 & 0 & 4 \end{bmatrix},$$

由

$$[K] = [\delta]^{-1} = \frac{1}{28q'}\begin{bmatrix} 23 & -22 & 9 \\ -22 & 32 & -22 \\ 9 & -22 & 23 \end{bmatrix}$$

式中,$q' = \frac{l^3}{768EI}$。故

$$\lceil K_P \rfloor = [A_P]^T[K][A_P]$$

$$= \begin{bmatrix} 1 & 1.4142 & 1 \\ 1 & 0 & -1 \\ 1 & -1.4142 & 1 \end{bmatrix}\frac{1}{28q'}\begin{bmatrix} 23 & -22 & 9 \\ -22 & 32 & -22 \\ 9 & -22 & 23 \end{bmatrix}\begin{bmatrix} 1 & 1 & 1 \\ 1.4142 & 0 & -1.4142 \\ 1 & -1 & 1 \end{bmatrix}$$

$$= \frac{1}{28q'}\begin{bmatrix} 0.8876 & 1.2544 & 0.8876 \\ 14 & 0 & -14 \\ 63.0904 & -89.2224 & 63.0904 \end{bmatrix}\begin{bmatrix} 1 & 1 & 1 \\ 1.4142 & 0 & -1.4142 \\ 1 & -1 & 1 \end{bmatrix}$$

$$= \frac{1}{28q'}\begin{bmatrix} 3.55 & 0 & 0 \\ 0 & 28 & 0 \\ 0 & 0 & 252.27 \end{bmatrix}$$

$$\{F_P\} = [A_P]^T\{F(t)\} = \begin{bmatrix} 1 & 1.4142 & 1 \\ 1 & 0 & -1 \\ 1 & -1.4142 & 1 \end{bmatrix} \begin{Bmatrix} 0 \\ F(t) \\ 0 \end{Bmatrix} = \begin{Bmatrix} 1.4142\ F(t) \\ 0 \\ -1.4142\ F(t) \end{Bmatrix}$$

(6) 用解耦坐标表示的运动微分方程为

$$[M_P]\{\ddot{x}_P\} + [K_P]\{x_P\} = \{F_P\}$$

即

$$m\begin{bmatrix} 4 & 0 & 0 \\ 0 & 2 & 0 \\ 0 & 0 & 4 \end{bmatrix}\begin{Bmatrix} \ddot{x}_{P1} \\ \ddot{x}_{P2} \\ \ddot{x}_{P3} \end{Bmatrix} + \frac{1}{28q'}\begin{bmatrix} 3.55 & 0 & 0 \\ 0 & 28 & 0 \\ 0 & 0 & 252.27 \end{bmatrix}\begin{Bmatrix} x_{P1} \\ x_{P2} \\ x_{P3} \end{Bmatrix} = \begin{Bmatrix} 1.4142 F(t) \\ 0 \\ -1.4142 F(t) \end{Bmatrix}$$

展开得

$$\begin{cases} 4m\ddot{x}_{P1} + \dfrac{3.55}{28q'}x_{P1} = 1.4142 F(t) \\ 2m\ddot{x}_{P2} + \dfrac{1}{q'}x_{P2} = 0 \\ 4m\ddot{x}_{P3} + \dfrac{252.27}{28q'}x_{P3} = -1.4142 F(t) \end{cases}$$

即

$$\begin{cases} \ddot{x}_{P1} + \dfrac{3.55}{4m\times 28q'}x_{P1} = \dfrac{0.3535}{m}F_0\sin\omega t \\ \ddot{x}_{P2} + \dfrac{1}{2mq'}x_{P2} = 0 \\ \ddot{x}_{P3} + \dfrac{252.27}{4m\times 28q'}x_{P3} = -\dfrac{0.3535}{m}F_0\sin\omega t \end{cases} \quad (4\text{-}110)$$

式中

$$\frac{3.55}{4m\times 28q'} = \frac{3.55}{112m\dfrac{l^3}{768EI}} = 24.3428\frac{EI}{ml^3} = \omega_{n1}^2$$

$$\frac{1}{2mq'} = \frac{1}{2m\dfrac{l^3}{768EI}} = 384\frac{EI}{ml^3} = \omega_{n2}^2$$

$$\frac{252.27}{4m\times 28q'} = \frac{255.27}{112m\dfrac{l^3}{768EI}} = 1\,729.85\frac{EI}{ml^3} = \omega_{n3}^2$$

故式(4-110)可以写成为

$$\ddot{x}_{P1} + \omega_{n1}^2 x_{P1} = \frac{0.3535}{m}F_0\sin\omega t \quad (4\text{-}111)$$

$$\ddot{x}_{P2} + \omega_{n2}^2 x_{P2} = 0 \quad (4\text{-}112)$$

$$\ddot{x}_{P3} + \omega_{n3}^2 x_{P3} = -\frac{0.3535}{m}F_0\sin\omega t \quad (4\text{-}113)$$

(7) 求解耦方程的解,并代入初始条件。

方程(4-111)的通解为

$$x'_{p1} = A_1\sin\omega_{n1}t + B_1\cos\omega_{n1}t$$

方程(4-111)的特解为
$$x''_{p1} = D\sin(\omega t - \varphi)$$

则
$$\ddot{x}''_{p1} = -D\omega^2\sin(\omega t - \varphi)$$

代入式(4-111)得
$$-D\omega^2\sin(\omega t - \varphi) + \omega_{n1}^2 D\sin(\omega t - \varphi) = \frac{0.3535}{m}F_0\sin\omega t$$

展开整理后得
$$D(\omega_{n1}^2 - \omega^2)\cos\varphi\sin\omega t + D(\omega^2 - \omega_{n1}^2)\sin\varphi\cos\omega t = \frac{0.3535}{m}F_0\sin\omega t$$

利用恒等式两边系数相等原理，由上式得
$$D(\omega^2 - \omega_{n1}^2)\sin\varphi = 0 \tag{4-114}$$
$$D(\omega_{n1}^2 - \omega^2)\cos\varphi = \frac{0.3535}{m}F_0 \tag{4-115}$$

由式(4-114)与式(4-115)解得
$$\varphi = 0$$
$$D = \frac{0.3535F_0}{(\omega_{n1}^2 - \omega^2)m}$$

方程(4-111)的特解中的 D 及 φ 值，亦可以根据式(2-56)，令 $\xi=0$ 而得，不必推导。故此，方程(4-111)的全解为

$$x_{P1} = x'_{p1} + x''_{p1} = A_1\sin\omega_{n1}t + B_1\cos\omega_{n1}t + \frac{0.3535F_0}{(\omega_{n1}^2 - \omega^2)m}\sin\omega t \tag{4-116}$$

同理
$$x_{P2} = A_2\sin\omega_{n2}t + B_2\cos\omega_{n2}t \tag{4-117}$$
$$x_{P3} = A_3\sin\omega_{n3}t + B_3\cos\omega_{n3}t - \frac{0.3535F_0}{(\omega_{n3}^2 - \omega^2)m}\sin\omega t \tag{4-118}$$

题设初始条件为
$$t_0 = 0; x_1(0) = 0, \quad x_2(0) = 0, \quad x_3(0) = 0$$
$$\dot{x}_1(0) = 0, \quad \dot{x}_2(0) = 0, \quad \dot{x}_3(0) = 0$$

则
$$\{x_P(0)\} = [A_P]^{-1}\{x(0)\} = \frac{-1}{5.6548}\begin{bmatrix} -1.4142 & -2 & -1.4142 \\ -2.8274 & 0 & 2.8274 \\ -1.4142 & 2 & -1.4142 \end{bmatrix}\begin{Bmatrix} 0 \\ 0 \\ 0 \end{Bmatrix} = \{\mathbf{0}\}$$

$$\{\dot{x}_P(0)\} = [A_P]^{-1}\{\dot{x}(0)\} = \frac{-1}{5.6548}\begin{bmatrix} -1.4142 & -2 & -1.4142 \\ -2.8274 & 0 & 2.8274 \\ -1.4142 & 2 & -1.4142 \end{bmatrix}\begin{Bmatrix} 0 \\ 0 \\ 0 \end{Bmatrix} = \{\mathbf{0}\}$$

故此当 $t_0 = 0$ 时
$$x_{P1}(0) = 0, \quad x_{P2}(0) = 0, \quad x_{P3}(0) = 0$$
$$\dot{x}_{P1}(0) = 0, \quad \dot{x}_{P2}(0) = 0, \quad \dot{x}_{P3}(0) = 0$$

将此初始条件代入式(4-116)~式(4-118)，便得
$$x_{P1}(0) = 0 \text{ 时}, B_1 = 0$$
$$\dot{x}_{P1}(0) = 0 \text{ 时}, A_1 = -\frac{0.3535\omega F_0}{m(\omega_{n1}^2 - \omega^2)\omega_{n1}}$$

第4章 多自由度系统的振动

$$x_{P2}(0) = 0 \text{ 时}, B_2 = 0$$
$$\dot{x}_{P2}(0) = 0 \text{ 时}, A_2 = 0$$
$$x_{P3}(0) = 0 \text{ 时}, B_3 = 0$$
$$\dot{x}_{P3}(0) = 0 \text{ 时}, A_3 = \frac{0.3535\omega F_0}{m(\omega_{n3}^2 - \omega^2)\omega_{n3}}$$

则式(4-116)~式(4-118)便成为

$$x_{P1} = -\frac{0.3535\omega F_0}{m(\omega_{n1}^2 - \omega^2)\omega_{n1}}\sin\omega_{n1}t + \frac{0.3535F_0}{m(\omega_{n1}^2 - \omega^2)}\sin\omega t \tag{4-119}$$

$$x_{P2} = 0 \tag{4-120}$$

$$x_{P3} = \frac{0.3535\omega F_0}{m(\omega_{n3}^2 - \omega^2)\omega_{n3}}\sin\omega_{n3}t - \frac{0.3535F_0}{m(\omega_{n3}^2 - \omega^2)}\sin\omega t \tag{4-121}$$

(8) 将解耦坐标转换为原系统的坐标,即得到系统的响应。

由于 $\{x\} = [A_P]\{x_P\}$, 故

$$\begin{Bmatrix} x_1 \\ x_2 \\ x_3 \end{Bmatrix} = \begin{Bmatrix} 1 & 1 & 1 \\ 1.4142 & 0 & -1.4142 \\ 1 & -1 & 1 \end{Bmatrix} \begin{Bmatrix} x_{P1} \\ x_{P2} \\ x_{P3} \end{Bmatrix}$$

$$= \begin{Bmatrix} 1 & 1 & 1 \\ 1.4142 & 0 & -1.4142 \\ 1 & -1 & 1 \end{Bmatrix} \begin{Bmatrix} -\dfrac{0.3535\omega F_0}{m(\omega_{n1}^2 - \omega^2)\omega_{n1}}\sin\omega_{n1}t + \dfrac{0.3535F_0}{m(\omega_{n1}^2 - \omega^2)}\sin\omega t \\ 0 \\ \dfrac{0.3535\omega F_0}{m(\omega_{n3}^2 - \omega^2)\omega_{n3}}\sin\omega_{n3}t - \dfrac{0.3535F_0}{m(\omega_{n3}^2 - \omega^2)}\sin\omega t \end{Bmatrix}$$

展开后便得

$$\begin{aligned}
x_1 &= -\frac{0.3535\omega F_0}{m(\omega_{n1}^2 - \omega^2)\omega_{n1}}\sin\omega_{n1}t + \frac{0.3535F_0}{m(\omega_{n1}^2 - \omega^2)}\sin\omega t + \\
&\quad \frac{0.3535\omega F_0}{m(\omega_{n3}^2 - \omega^2)\omega_{n3}}\sin\omega_{n3}t - \frac{0.3535F_0}{m(\omega_{n3}^2 - \omega^2)}\sin\omega t \\
&= \left(\frac{0.3535}{\omega_{n1}^2 - \omega^2} - \frac{0.3535}{\omega_{n3}^2 - \omega^2}\right)\frac{F_0}{m}\sin\omega t - \frac{0.3535\omega F_0}{m(\omega_{n1}^2 - \omega^2)\omega_{n1}}\sin\omega_{n1}t + \\
&\quad \frac{0.3535\omega F_0}{m(\omega_{n3}^2 - \omega^2)\omega_{n3}}\sin\omega_{n3}t
\end{aligned} \tag{4-122}$$

$$\begin{aligned}
x_2 &= \left(\frac{1.4142 \times 0.3535}{\omega_{n1}^2 - \omega^2} + \frac{1.4142 \times 0.3535}{\omega_{n3}^2 - \omega^2}\right)\frac{F_0}{m}\sin\omega t - \\
&\quad \frac{1.4142 \times 0.3535\omega F_0}{m(\omega_{n1}^2 - \omega^2)\omega_{n1}}\sin\omega_{n1}t - \frac{1.4142 \times 0.3535\omega F_0}{m(\omega_{n3}^2 - \omega^2)\omega_{n3}}\sin\omega_{n3}t \\
&= \left(\frac{0.4999}{\omega_{n1}^2 - \omega^2} + \frac{0.4999}{\omega_{n3}^2 - \omega^2}\right)\frac{F_0}{m}\sin\omega t - \frac{0.4999\omega F_0}{m(\omega_{n1}^2 - \omega^2)\omega_{n1}}\sin\omega_{n1}t - \\
&\quad \frac{0.4999\omega F_0}{m(\omega_{n3}^2 - \omega^2)\omega_{n3}}\sin\omega_{n3}t
\end{aligned} \tag{4-123}$$

$$x_3 = \left(\frac{0.3535}{\omega_{n1}^2 - \omega^2} + \frac{0.3535}{\omega_{n3}^2 - \omega^2}\right)\frac{F_0}{m}\sin\omega t - \frac{0.3535\omega F_0}{m\omega_{n1}(\omega_{n1}^2 - \omega^2)}\sin\omega_{n1}t + \frac{0.3535\omega F_0}{m\omega_{n3}(\omega_{n3}^2 - \omega^2)}\sin\omega_{n3}t$$
(4-124)

式(4-122)~式(4-124)就是系统的响应。

由此可见,无阻尼多自由度系统的谐迫振动响应是由若干个不同频率的简谐振动叠加而成。不再是简谐振动了。

例4-16 如图4-22所示,已知 $k_1 = k_2 = k_3 = k, m_1 = m_2 = m_3 = m$,在 $t_0 = 0, \{x(0)\} = \{0\}$ 和 $\{\dot{x}(0)\} = \{0\}$ 时,作用于 m_3 上一个阶跃激励力 $F(t) = F_0$。设各个振型的解耦比例阻尼比 $\xi_1 = \xi_2 = \xi_3 = 0.05$,试求系统的瞬态响应。

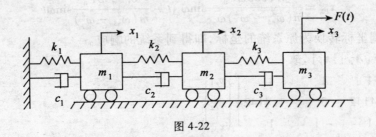

图 4-22

解 这是一个有阻尼的三个自由度系统问题,计算时要考虑阻尼的影响,解耦时要采用解耦正坐标求解。解题步骤如下:

(1)建立系统的运动微分方程

$$m\begin{bmatrix}1&0&0\\0&1&0\\0&0&1\end{bmatrix}\begin{Bmatrix}\ddot{x}_1\\\ddot{x}_2\\\ddot{x}_3\end{Bmatrix} + \begin{bmatrix}c_1+c_2 & -c_2 & 0\\-c_2 & c_2+c_3 & -c_3\\0 & -c_3 & c_3\end{bmatrix}\begin{Bmatrix}\dot{x}_1\\\dot{x}_2\\\dot{x}_3\end{Bmatrix} + k\begin{bmatrix}2 & -1 & 0\\-1 & 2 & -1\\0 & -1 & 1\end{bmatrix}\begin{Bmatrix}x_1\\x_2\\x_3\end{Bmatrix} = \begin{Bmatrix}0\\0\\F(t)\end{Bmatrix}$$
(4-125)

(2)用矩阵迭代法求得系统的固有频率及主振型(过程省略)为

$$\omega_{n1} = 0.445\sqrt{\frac{k}{m}}, \quad \omega_{n2} = 1.247\sqrt{\frac{k}{m}}, \quad \omega_{n3} = 1.802\sqrt{\frac{k}{m}}$$

$$\{A^{(1)}\} = \begin{Bmatrix}1\\1.802\\2.247\end{Bmatrix}, \quad \{A^{(2)}\} = \begin{Bmatrix}1\\0.445\\-0.802\end{Bmatrix}, \quad \{A^{(3)}\} = \begin{Bmatrix}1\\-1.247\\0.555\end{Bmatrix}。$$

(3)建立振型矩阵 $[A_P]$ 及解耦正矩阵 $[A_N]$。

由上面计算的结果得

$$[A_P] = \left[\{A^{(1)}\}\{A^{(2)}\}\{A^{(3)}\}\right] = \begin{bmatrix}1 & 1 & 1\\1.802 & 0.445 & -1.247\\2.247 & -0.802 & 0.555\end{bmatrix}$$

故

$$[A_P]^T = \begin{bmatrix}1 & 1.802 & 2.247\\1 & 0.445 & -0.802\\1 & -1.247 & 0.555\end{bmatrix}$$

由
$$[M_P] = [A_P]^T[M][A_P]$$

$$= \begin{bmatrix} 1 & 1.802 & 2.247 \\ 1 & 0.445 & -0.802 \\ 1 & -1.247 & 0.555 \end{bmatrix} \begin{bmatrix} m & 0 & 0 \\ 0 & m & 0 \\ 0 & 0 & m \end{bmatrix} \begin{bmatrix} 1 & 1 & 1 \\ 1.802 & 0.445 & -1.247 \\ 2.247 & -0.802 & 0.555 \end{bmatrix}$$

$$= m \begin{bmatrix} 1 & 1.802 & 2.247 \\ 1 & 0.445 & -0.802 \\ 1 & -1.247 & 0.555 \end{bmatrix} \begin{bmatrix} 1 & 1 & 1 \\ 1.802 & 0.445 & -1.247 \\ 2.247 & -0.802 & 0.555 \end{bmatrix}$$

$$= m \begin{bmatrix} 9.30 & 0 & 0 \\ 0 & 1.84 & 0 \\ 0 & 0 & 2.86 \end{bmatrix}$$

得到 $M_1 = 9.30m, M_2 = 1.84m, M_3 = 2.86m$。则解耦正矩阵为

$$[A_N] = \frac{1}{\sqrt{M_i}}[A_P] = \left[\frac{1}{\sqrt{M_1}}\{A_P^{(1)}\} \quad \frac{1}{\sqrt{M_2}}\{A_P^{(2)}\} \quad \frac{1}{\sqrt{M_3}}\{A_P^{(3)}\}\right]$$

$$= \left[\frac{1}{\sqrt{9.30m}}\begin{Bmatrix} 1 \\ 1.802 \\ 2.247 \end{Bmatrix} \quad \frac{1}{\sqrt{1.84m}}\begin{Bmatrix} 1 \\ 0.445 \\ -0.802 \end{Bmatrix} \quad \frac{1}{\sqrt{2.86m}}\begin{Bmatrix} 1 \\ -1.247 \\ 0.555 \end{Bmatrix}\right]$$

$$= \frac{1}{\sqrt{m}} \begin{bmatrix} 0.328 & 0.737 & 0.591 \\ 0.591 & 0.328 & -0.737 \\ 0.737 & -0.591 & 0.328 \end{bmatrix}$$

又
$$[A_N]^T = \frac{1}{\sqrt{m}} \begin{bmatrix} 0.328 & 0.591 & 0.737 \\ 0.737 & 0.328 & -0.591 \\ 0.591 & -0.737 & 0.328 \end{bmatrix}。$$

(4) 设解耦正坐标 $\{x_N\}$

$$\{x_N\} = [A_N]^{-1}\{x\} = [A_N]^T[M]\{x\}$$

或
$$\{x\} = [A_N]\{x_N\}。$$

(5) 矩阵对角化

$$[M_N] = [A_N]^T[M][A_N]$$

$$= \frac{1}{\sqrt{m}} \begin{bmatrix} 0.328 & 0.737 & 0.591 \\ 0.591 & 0.328 & -0.737 \\ 0.737 & -0.591 & 0.328 \end{bmatrix} \begin{bmatrix} m & 0 & 0 \\ 0 & m & 0 \\ 0 & 0 & m \end{bmatrix} \frac{1}{\sqrt{m}} \begin{bmatrix} 0.328 & 0.591 & 0.737 \\ 0.737 & 0.328 & -0.591 \\ 0.591 & -0.737 & 0.328 \end{bmatrix}$$

$$= \begin{bmatrix} 1 & 0 & 0 \\ 0 & 1 & 0 \\ 0 & 0 & 1 \end{bmatrix} = [I]$$

$$[K_N] = [A_N]^T[K][A_N]$$

$$= \frac{1}{\sqrt{m}} \begin{bmatrix} 0.328 & 0.737 & 0.591 \\ 0.591 & 0.328 & -0.737 \\ 0.737 & -0.591 & 0.328 \end{bmatrix} k \begin{bmatrix} 2 & -1 & 0 \\ -1 & 2 & -1 \\ 0 & -1 & 1 \end{bmatrix} \frac{1}{\sqrt{m}} \begin{bmatrix} 0.328 & 0.591 & 0.737 \\ 0.737 & 0.328 & -0.591 \\ 0.591 & -0.737 & 0.328 \end{bmatrix}$$

$$= \frac{k}{m}\begin{bmatrix} 0.065 & 0.117 & 0.146 \\ 1.146 & 0.510 & -0.919 \\ 1.919 & -2.393 & 1.065 \end{bmatrix}\begin{bmatrix} 0.328 & 0.591 & 0.737 \\ 0.737 & 0.328 & -0.591 \\ 0.591 & -0.737 & 0.328 \end{bmatrix}$$

$$= \frac{k}{m}\begin{bmatrix} 0.198 & 0 & 0 \\ 0 & 1.555 & 0 \\ 0 & 0 & 3.247 \end{bmatrix} = \begin{bmatrix} \omega_{n1}^2 & 0 & 0 \\ 0 & \omega_{n2}^2 & 0 \\ 0 & 0 & \omega_{n3}^2 \end{bmatrix}$$

$$[C_N] = [A_N]^T[C][A_N] = \begin{bmatrix} 2\xi_1\omega_{n1} & 0 & 0 \\ 0 & 2\xi_2\omega_{n2} & 0 \\ 0 & 0 & 2\xi_3\omega_{n3} \end{bmatrix}$$

$$= \begin{bmatrix} 2\times 0.05\times 0.445\sqrt{\dfrac{k}{m}} & 0 & 0 \\ 0 & 2\times 0.05\times 1.247\sqrt{\dfrac{k}{m}} & 0 \\ 0 & 0 & 2\times 0.05\times 1.802\sqrt{\dfrac{k}{m}} \end{bmatrix}$$

$$= \sqrt{\frac{k}{m}}\begin{bmatrix} 0.0445 & 0 & 0 \\ 0 & 0.1247 & 0 \\ 0 & 0 & 0.1802 \end{bmatrix}$$

$$\{F_N(t)\} = [A_N]^T\{F(t)\}$$

$$= \frac{1}{\sqrt{m}}\begin{bmatrix} 0.328 & 0.737 & 0.591 \\ 0.591 & 0.328 & -0.737 \\ 0.737 & -0.591 & 0.328 \end{bmatrix}\begin{Bmatrix} 0 \\ 0 \\ F(t) \end{Bmatrix} = \frac{1}{\sqrt{m}}\begin{Bmatrix} 0.591F(t) \\ -0.737F(t) \\ 0.328F(t) \end{Bmatrix}$$

(6) 用解耦正坐标表示的运动微分方程为

$$\begin{bmatrix} 1 & 0 & 0 \\ 0 & 1 & 0 \\ 0 & 0 & 1 \end{bmatrix}\begin{Bmatrix} \ddot{x}_{N1} \\ \ddot{x}_{N2} \\ \ddot{x}_{N3} \end{Bmatrix} + \sqrt{\frac{k}{m}}\begin{bmatrix} 0.0445 & 0 & 0 \\ 0 & 0.1247 & 0 \\ 0 & 0 & 0.1802 \end{bmatrix}\begin{Bmatrix} \dot{x}_{N1} \\ \dot{x}_{N2} \\ \dot{x}_{N3} \end{Bmatrix} +$$

$$\frac{k}{m}\begin{bmatrix} 0.198 & 0 & 0 \\ 0 & 1.555 & 0 \\ 0 & 0 & 3.247 \end{bmatrix}\cdot\begin{Bmatrix} x_{N1} \\ x_{N2} \\ x_{N3} \end{Bmatrix} = \frac{1}{\sqrt{m}}\begin{Bmatrix} 0.591F_0 \\ -0.737F_0 \\ 0.328F_0 \end{Bmatrix} \tag{4-126}$$

展开得

$$\begin{cases} \ddot{x}_{N1} + 0.0445\sqrt{\dfrac{k}{m}}\dot{x}_{N1} + 0.198\dfrac{k}{m}x_{N1} = \dfrac{0.591}{\sqrt{m}}F_0 & (4\text{-}127) \\[2mm] \ddot{x}_{N2} + 0.1247\sqrt{\dfrac{k}{m}}\dot{x}_{N2} + 1.555\dfrac{k}{m}x_{N2} = \dfrac{-0.737}{\sqrt{m}}F_0 & (4\text{-}128) \\[2mm] \ddot{x}_{N3} + 0.1802\sqrt{\dfrac{k}{m}}\dot{x}_{N3} + 3.247\dfrac{k}{m}x_{N3} = \dfrac{0.328}{\sqrt{m}}F_0 & (4\text{-}129) \end{cases}$$

方程已经解耦。

第 4 章 多自由度系统的振动

(7) 求解耦方程的解,并代入初始条件。

方程(4-127)的齐次方程的通解为

$$x'_{N1} = e^{-\xi_1 \omega_{n1} t} \cdot (a_1 \sin\omega_{d1} t + b_1 \cos\omega_{d1} t)$$

由于系统的阶跃激励属于任意激励,则方程(4-127)的特解可以根据杜哈美积分式(2-98)得

$$x''_{N1} = \frac{1}{\omega_{d1}} \int_0^t F_{N1} \cdot e^{-\xi_1 \omega_{n1}(t-\tau)} \cdot \sin\omega_{d1}(t-\tau) d\tau$$

故此,方程(4-127)的全解为

$$x_{N1} = x'_{N1} + x''_{N1}$$

$$= e^{-\xi_1 \omega_{n1} t} \cdot (a_1 \sin\omega_{d1} t + b_1 \cos\omega_{d1} t) + \frac{1}{\omega_{d1}} \int_0^t F_{N1} \cdot e^{-\xi_1 \omega_{n1}(t-\tau)} \cdot \sin\omega_{d1}(t-\tau) d\tau$$

同理 $x_{N2} = e^{-\xi_2 \omega_{n2} t} \cdot (a_2 \sin\omega_{d2} t + b_2 \cos\omega_{d2} t) + \frac{1}{\omega_{d2}} \int_0^t F_{N2} \cdot e^{-\xi_2 \omega_{n2}(t-\tau)} \cdot \sin\omega_{d2}(t-\tau) d\tau$

$x_{N3} = e^{-\xi_3 \omega_{n3} t} \cdot (a_3 \sin\omega_{d3} t + b_3 \cos\omega_{d3} t) + \frac{1}{\omega_{d3}} \int_0^t F_{N3} \cdot e^{-\xi_3 \omega_{n3}(t-\tau)} \cdot \sin\omega_{d3}(t-\tau) d\tau$

代入 F_{Ni} 后得

$$x_{N1} = e^{-\xi_1 \omega_{n1} t} \cdot (a_1 \sin\omega_{d1} t + b_1 \cos\omega_{d1} t) + \frac{0.591 F_0}{\sqrt{m}\,\omega_{d1}} \int_0^t e^{-\xi_1 \omega_{n1}(t-\tau)} \cdot \sin\omega_{d1}(t-\tau) d\tau \quad (4-130)$$

$$x_{N2} = e^{-\xi_2 \omega_{n2} t} \cdot (a_2 \sin\omega_{d2} t + b_2 \cos\omega_{d2} t) - \frac{0.737 F_0}{\sqrt{m}\,\omega_{d2}} \int_0^t e^{-\xi_2 \omega_{n2}(t-\tau)} \cdot \sin\omega_{d2}(t-\tau) d\tau \quad (4-131)$$

$$x_{N3} = e^{-\xi_3 \omega_{n3} t} \cdot (a_3 \sin\omega_{d3} t + b_3 \cos\omega_{d3} t) + \frac{0.328 F_0}{\sqrt{m}\,\omega_{d3}} \int_0^t e^{-\xi_3 \omega_{n3}(t-\tau)} \cdot \sin\omega_{d3}(t-\tau) d\tau \quad (4-132)$$

令 $t' = t - \tau, d\tau = -dt'$,运用分部积分,上述方程组式(4-130)~式(4-132)中的积分部分为

$$\int_0^t e^{-\xi \omega_n t'} \cdot \sin\omega_d t' dt' = \frac{1}{\xi^2 \omega_n^2 + \omega_d^2} [\omega_d - \omega_d e^{-\xi \omega_n t} \cdot \cos\omega_d t - \xi \omega_n e^{-\xi \omega_n t} \cdot \sin\omega_d t]$$

代回式(4-130)~式(4-132),并注意到 $\xi \omega_n^2 + \omega_d^2 = \omega_n^2, \xi_1 = \xi_2 = \xi_3 = \xi = 0.05, \sqrt{1-\xi^2} \approx 1, \omega_d = \sqrt{1-\xi^2}\,\omega_n \approx \omega_n, m\omega_n^2 = k$,就可以得到

$$x_{N1} = e^{-\xi \omega_{n1} t} \cdot (a_1 \sin\omega_{n1} t + b_1 \cos\omega_{n1} t) + \frac{0.591 \sqrt{m}\, F_0}{k} [1 - e^{-\xi \omega_{n1} t} \cdot \cos(\omega_{n1} t - \psi_1)]$$

(4-133)

$$x_{N2} = e^{-\xi \omega_{n2} t} \cdot (a_2 \sin\omega_{n2} t + b_2 \cos\omega_{n2} t) - \frac{0.737 \sqrt{m}\, F_0}{k} [1 - e^{-\xi \omega_{n2} t} \cdot \cos(\omega_{n2} t - \psi_2)]$$

(4-134)

$$x_{N3} = e^{-\xi \omega_{n3} t} \cdot (a_3 \sin\omega_{n3} t + b_3 \cos\omega_{n3} t) + \frac{0.328 \sqrt{m}\, F_0}{k} [1 - e^{-\xi \omega_{n3} t} \cdot \cos(\omega_{n3} t - \psi_3)]$$

(4-135)

式中,$\psi_1 = \psi_2 = \psi_3 = \psi = \arctan\frac{\xi}{\sqrt{1-\xi^2}} \approx \arctan\xi = \arctan 0.05 = 2.86°$。式(4-133)~式(4-135)就是解耦方程式(4-127)~式(4-129)的全解。式中的待定常数 a_1、b_1、a_2、b_2、a_3 及 b_3 由初始

条件确定。

题设初始条件为，$t_0 = 0$ 时，
$$x_1(0) = x_2(0) = x_3(0) = 0$$
$$\dot{x}_1(0) = \dot{x}_2(0) = \dot{x}_3(0) = 0$$

则
$$\{x_N(0)\} = [A]^T[M]\{x(0)\} = \frac{1}{\sqrt{m}}\begin{bmatrix} 0.328 & 0.591 & 0.737 \\ 0.737 & 0.328 & -0.591 \\ 0.591 & -0.737 & 0.328 \end{bmatrix}\begin{bmatrix} m & 0 & 0 \\ 0 & m & 0 \\ 0 & 0 & m \end{bmatrix}\begin{Bmatrix} 0 \\ 0 \\ 0 \end{Bmatrix}$$

$$= \sqrt{m}\begin{bmatrix} 0.328 & 0.591 & 0.737 \\ 0.737 & 0.328 & -0.591 \\ 0.591 & -0.737 & 0.328 \end{bmatrix}\begin{Bmatrix} 0 \\ 0 \\ 0 \end{Bmatrix} = \begin{Bmatrix} 0 \\ 0 \\ 0 \end{Bmatrix}$$

$$\{\dot{x}_N(0)\} = [A]^T[M]\{\dot{x}(0)\} = \sqrt{m}\begin{bmatrix} 0.328 & 0.591 & 0.737 \\ 0.737 & 0.328 & -0.591 \\ 0.591 & -0.737 & 0.328 \end{bmatrix}\begin{Bmatrix} 0 \\ 0 \\ 0 \end{Bmatrix} = \begin{Bmatrix} 0 \\ 0 \\ 0 \end{Bmatrix}$$

即当 $t_0 = 0$ 时
$$x_{N1}(0) = x_{N2}(0) = x_{N3}(0) = 0$$
$$\dot{x}_{N1}(0) = \dot{x}_{N2}(0) = \dot{x}_{N3}(0) = 0$$

将初始条件分别代入式(4-133)~式(4-135)，得
$$x_{N1}(0) = 1 \cdot (a_1 \times 0 + b_1 \times 1) + \frac{0.591\sqrt{m}F_0}{k}[1 - 1 \times 0.999] = 0$$

故
$$b_1 = 0$$
同理
$$b_2 = 0, \quad b_3 = 0$$

又
$$\dot{x}_{N1} = \omega_{n1} e^{-\xi_1 \omega_{n1} t} \cdot [(a_1 \cos\omega_{n1}t - b_1 \sin\omega_{n1}t) - \xi(a_1 \sin\omega_{n1}t + b_1 \cos\omega_{n1}t)] +$$
$$\frac{0.591\sqrt{m}F_0}{k}[\omega_{n1} e^{-\xi\omega_{n1}t} \cdot (\sin(\omega_{n1}t - \psi_1) + \xi\cos(\omega_{n1}t - \psi_1)]$$

则
$$\dot{x}_{N1}(0) = \omega_{n1} \times 1[(a_1 \times 1 - b_1 \times 0) - \xi(a_1 \times 0 + b_1 \times 1)] + \frac{0.591\sqrt{m}F_0}{k}[\omega_{n1} \times 1(0 + \xi \times 1)]$$

$$= a_1 + \frac{0.591\xi\sqrt{m}F_0}{k} = 0$$

故
$$a_1 = -\frac{0.591\xi\sqrt{m}F_0}{k}$$

同理
$$a_2 = +\frac{0.737\xi\sqrt{m}F_0}{k}$$

$$a_3 = -\frac{0.328\xi\sqrt{m}F_0}{k}$$

由此可以得到用解耦正坐标表示的解为

$$\begin{cases} x_{N1} = -\dfrac{0.591\xi\sqrt{m}\,F_0}{k}\mathrm{e}^{-\xi\omega_{n1}t}\cdot\sin\omega_{n1}t + \dfrac{0.591\sqrt{m}\,F_0}{k}[\,1 - \mathrm{e}^{-\xi\omega_{n1}t}\cdot\cos(\omega_{n1}t - \psi_1)\,] \\[6pt] \qquad = \dfrac{0.591\sqrt{m}\,F_0}{k}[\,1 - \mathrm{e}^{-\xi\omega_{n1}t}\cdot(\cos(\omega_{n1}t - \psi_1) + \xi\sin\omega_{n1}t)\,] \end{cases} \tag{4-136}$$

$$x_{N2} = \dfrac{0.737\sqrt{m}\,F_0}{k}[\,1 - \mathrm{e}^{-\xi\omega_{n2}t}\cdot(\cos(\omega_{n2}t - \psi_2) - \xi\sin\omega_{n2}t)\,] \tag{4-137}$$

$$x_{N3} = \dfrac{0.328\sqrt{m}\,F_0}{k}[\,1 - \mathrm{e}^{-\xi\omega_{n3}t}\cdot(\cos(\omega_{n3}t - \psi_3) - \xi\sin\omega_{n3}t)\,] \tag{4-138}$$

（8）将解耦正坐标转换为原系统的坐标，即得到系统的瞬态响应。

由于 $\{x_N\} = [A_N]^{-1}\{x\}$

故 $\{x\} = [A_N]\{x_N\}$

即

$$\begin{Bmatrix} x_1 \\ x_2 \\ x_3 \end{Bmatrix} = \dfrac{1}{\sqrt{m}}\begin{bmatrix} 0.328 & 0.591 & 0.737 \\ 0.737 & 0.328 & -0.591 \\ 0.591 & -0.737 & 0.328 \end{bmatrix}\begin{Bmatrix} x_{N1} \\ x_{N2} \\ x_{N3} \end{Bmatrix}$$

$$= \dfrac{1}{\sqrt{m}}\begin{bmatrix} 0.328 & 0.591 & 0.737 \\ 0.737 & 0.328 & -0.591 \\ 0.591 & -0.737 & 0.328 \end{bmatrix} \times$$

$$\begin{Bmatrix} \dfrac{0.591\sqrt{m}\,F_0}{k}[\,1 - \mathrm{e}^{-\xi\omega_{n1}t}\cdot(\cos(\omega_{n1}t - \psi_1) + \xi\sin\omega_{n1}t)\,] \\[6pt] \dfrac{0.737\sqrt{m}\,F_0}{k}[\,1 - \mathrm{e}^{-\xi\omega_{n2}t}\cdot(\cos(\omega_{n2}t - \psi_2) - \xi\sin\omega_{n2}t)\,] \\[6pt] \dfrac{0.328\sqrt{m}\,F_0}{k}[\,1 - \mathrm{e}^{-\xi\omega_{n3}t}\cdot(\cos(\omega_{n3}t - \psi_3) + \xi\sin\omega_{n3}t)\,] \end{Bmatrix}$$

展开后便得

$$\begin{aligned} x_1 = & \dfrac{0.194F_0}{k}[\,1 - \mathrm{e}^{-\xi_1\omega_{n1}t}\cdot(\cos(\omega_{n1}t - \psi_1) + \xi_1\sin\omega_{n1}t)\,] + \\ & \dfrac{0.436F_0}{k}[\,1 - \mathrm{e}^{-\xi_2\omega_{n2}t}\cdot(\cos(\omega_{n2}t - \psi_2) - \xi_2\sin\omega_{n2}t)\,] + \\ & \dfrac{0.242F_0}{k}[\,1 - \mathrm{e}^{-\xi_3\omega_{n3}t}\cdot(\cos(\omega_{n3}t - \psi_3) + \xi_3\sin\omega_{n3}t)\,] \end{aligned} \tag{4-139}$$

$$\begin{aligned} x_2 = & \dfrac{0.436F_0}{k}[\,1 - \mathrm{e}^{-\xi_1\omega_{n1}t}\cdot(\cos(\omega_{n1}t - \psi_1) + \xi_1\sin\omega_{n1}t)\,] + \\ & \dfrac{0.242F_0}{k}[\,1 - \mathrm{e}^{-\xi_2\omega_{n2}t}\cdot(\cos(\omega_{n2}t - \psi_2) - \xi_2\sin\omega_{n2}t)\,] - \\ & \dfrac{0.194F_0}{k}[\,1 - \mathrm{e}^{-\xi_3\omega_{n3}t}\cdot(\cos(\omega_{n3}t - \psi_3) + \xi_3\sin\omega_{n3}t)\,] \end{aligned} \tag{4-140}$$

$$x_3 = \dfrac{0.349F_0}{k}[\,1 - \mathrm{e}^{-\xi_1\omega_{n1}t}\cdot(\cos(\omega_{n1}t - \psi_1) + \xi_1\sin\omega_{n1}t)\,] -$$

$$\frac{0.543F_0}{k}[1 - e^{-\xi_2\omega_{n2}t} \cdot (\cos(\omega_{n2}t - \psi_2) - \xi_2\sin\omega_{n2}t)] +$$

$$\frac{0.108F_0}{k}[1 - e^{-\xi_3\omega_{n3}t} \cdot (\cos(\omega_{n3}t - \psi_3) + \xi_3\sin\omega_{n3}t)] \tag{4-141}$$

式(4-139)~式(4-141)就是系统的 m_3 处在阶跃激励下的瞬态响应。

可见,多自由度系统的瞬态响应是由三个主振动叠加的衰减振动,而不是简谐振动。

§4.7 传递矩阵法

研究多自由度系统的振动,最常用的方法是解耦分析法和传递矩阵法(又称变换矩阵法)。解耦分析法在第3章中已作初步介绍。这一方法的优点是适应性广,特别是运用了先进的电子计算机技术,原则上可以解决任何复杂的多自由度系统的振动分析及计算问题。但是,从$\{A\}^T[M]\{A\}$可知,随着系统的自由度数增加,列阵$\{A\}$亦增大,则计算工作量将随着自由度增加而急剧增大,甚至超出了计算机的容量,这是一个很大的缺点。因此,在实际工程中对于一些连续梁、发动机曲轴和汽轮发电机轴等,呈现一种链状结构形式的结构物,常采用另一计算方法——传递矩阵法。

4.7.1 传递矩阵法的基本概念与内容

传递矩阵法是将系统离散成具有简单的弹性及动力特性(m、k)的单元系统。单元系统两端的内力及位移以状态向量列阵表示。通过建立动力特性的点阵和弹性特性的场阵来建立单元两端之间的状态向量的传递关系,从系统的一端到另一端进行重复的运算,最后使之满足系统的边界条件,即可确定系统的固有频率及相应的主振型。还可以用其求解系统的强迫振动。

传递矩阵的阶数取决于组成结构单元的性质。例如,梁的单元弯曲振动微分方程式为四阶,轴的单元扭转振动微分方程式为二阶,则相应的传递矩阵也为四阶或二阶。用传递矩阵法进行振动分析时,只需对一些阶次很低的传递矩阵进行连续的矩阵乘法运算;在数值求解时,只需计算低阶次的传递矩阵和行列式值,这就大大节省了计算的工作量。

现以一弹簧—质量系统为例说明这一方法。如图4-23(a)所示,从一个线性弹簧—质量系统离散出的一部分。我们通过离散化的方法,得到一系列由质量及弹簧组成的单元,对每一个单元进行研究,然后再把它们联系起来。在此,我们取第i个单元——由第i个质量m_i和第i个弹簧k_i所组成的单元来研究。设质量m_i的位移为x_i,则弹簧k_i的两端部的位移为x_i及x_{i-1},并用L表示单元左边的标号,R表示单元右边的标号,且规定轴沿右方向为正向,如图4-23(b)所示。

对质量m_i的动力学方程为

$$m_i\ddot{x}_i = F_i^R - F_i^L$$

假定系统发生j阶主振动时,有

$$F_i^R = -\omega_{nj}^2 m_i x_i + F_i^L \tag{4-142}$$

因为m_i的两端位移相同,即

$$x_i = x_i^R = x_i^L \tag{4-143}$$

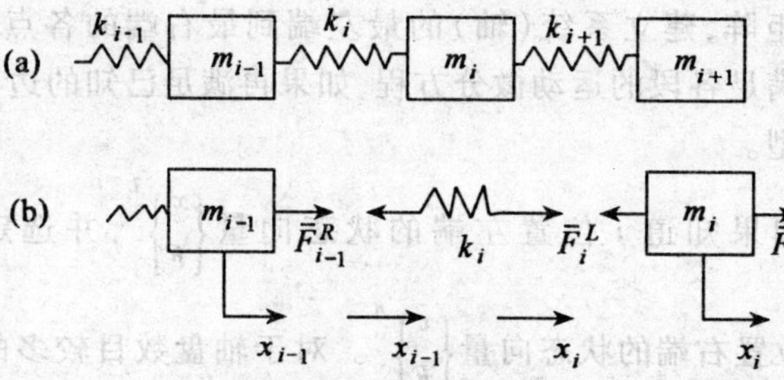

图 4-23

由式(4-142)与式(4-143)得到一矩阵方程形式

$$\left\{\begin{matrix} x \\ F \end{matrix}\right\}_i^R = \begin{bmatrix} 1 & 0 \\ -\omega_{nj}^2 m & 1 \end{bmatrix} \left\{\begin{matrix} x \\ F \end{matrix}\right\}_i^L \tag{4-144}$$

式中,$\left\{\begin{matrix} x \\ F \end{matrix}\right\}$ 称为状态向量,方阵 $\begin{bmatrix} 1 & 0 \\ -\omega_{nj}^2 m & 1 \end{bmatrix}$ 体现了 i 质量点从左边状态到右边状态的传递关系,故称为点的传递矩阵或简称为点阵。

再研究 i 单元中的弹簧 k_i,该弹簧端部的力是相等的,即

$$F_i^L = F_{i-1}^R \tag{4-145}$$

又弹簧力与弹簧刚度 k_i 有以下关系

$$x_i^L - x_{i-1}^R = \frac{F_{i-1}^R}{k_i} \tag{4-146}$$

则由式(4-145)及式(4-146)又得到另一矩阵方程形式

$$\left\{\begin{matrix} x \\ F \end{matrix}\right\}_i^L = \begin{bmatrix} 1 & \dfrac{1}{k} \\ 0 & 1 \end{bmatrix}_i \left\{\begin{matrix} x \\ F \end{matrix}\right\}_{i-1}^R \tag{4-147}$$

式中,$\begin{bmatrix} 1 & \dfrac{1}{k} \\ 0 & 1 \end{bmatrix}_i$ 反映了第 i 个弹簧由左端状态到右端状态的传递关系,故称之为场的传递矩阵,或简称为场阵。

将式(4-147)代入式(4-144),可以得到

$$\left\{\begin{matrix} x \\ F \end{matrix}\right\}_i^R = \begin{bmatrix} 1 & 0 \\ -\omega_{nj}^2 m & 1 \end{bmatrix} \begin{bmatrix} 1 & \dfrac{1}{k} \\ 0 & 1 \end{bmatrix} \left\{\begin{matrix} x \\ F \end{matrix}\right\}_{i-1}^R = \begin{bmatrix} 1 & \dfrac{1}{k} \\ -\omega_{nj}^2 m & \left(1 - \dfrac{\omega_{nj}^2 m}{k}\right) \end{bmatrix}_i \left\{\begin{matrix} x \\ F \end{matrix}\right\}_{i-1}^R \tag{4-148}$$

上式反映了第 i 个单元左右两端状态向量的传递关系,因此式中的矩阵

$$\begin{bmatrix} 1 & \dfrac{1}{k} \\ -\omega_{nj}^2 m & \left(1 - \dfrac{\omega_{nj}^2 m}{k}\right) \end{bmatrix}_i = [T]_i \tag{4-149}$$

称为第 i 个单元的传递矩阵。

借助于上述的传递矩阵,建立系统(轴)的最左端到最右端的各点状态向量之间的关系。由于各传递矩阵已满足各段的运动微分方程,如果再满足已知的边界条件,就可以求得系统的固有频率及主振型。

对于 i 单元来说,如果知道 i 位置左端的状态向量 $\left\{\begin{array}{c}x\\F\end{array}\right\}_i^L$,并选定一个 ω^2 值,依式(4-148),就可以算得 i 位置右端的状态向量 $\left\{\begin{array}{c}x\\F\end{array}\right\}_i^R$。对于轴盘数目较多的系统,可以先假定一系列频率 ω 值,根据最左端的边界条件,由传递矩阵逐段计算到最右端,得到最右端的状态向量值。如果所算出的最右端状态向量值恰好满足其边界条件,则此 ω 值就是其固有频率值,相应得到其主振型。当然,不会有那样巧合的情况。为此,可以通过计算得到一系列 ω 与 x_n^R、F_n^R 的关系值,并绘出 x_n^R、F_n^R 与 ω 的关系曲线图。然后,利用其满足边界条件的原则来确定系统的固有频率,即,使 x_n^R、F_n^R 满足最右端的边界条件的各 ω 值,就是系统的固有频率值。相应得到系统的各主振型。

运用上述方法求解一些呈链状结构的结构物的固有频率是比较方便的。

4.7.2 传递矩阵法在扭转轴盘系统中的应用

如图 4-24(a)所示,一多圆盘扭转轴,为了利用上述线性弹簧—质量系统分析的结论,这里规定沿转轴方向向右为正,力矩矢量 $\overline{M}$ 及转角 θ 分别向右和逆时针转向为正,符合右手螺旋法则。

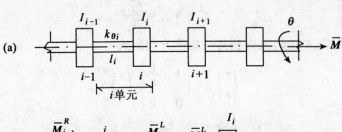

图 4-24

取其中 i 单元来研究,如图 4-24(b)所示。则 i 单元的点阵及场阵形式的方程分别如式(4-144)及式(4-147)所示,为

$$\left\{\begin{array}{c}\theta\\M\end{array}\right\}_i^R = \begin{bmatrix} 1 & 0 \\ -\omega_{nj}^2 I & 1 \end{bmatrix}_i \left\{\begin{array}{c}\theta\\M\end{array}\right\}_i^L \tag{4-150}$$

及

$$\left\{\begin{matrix}\theta\\M\end{matrix}\right\}_i^L = \begin{bmatrix}1 & \dfrac{1}{k_\theta}\\ 0 & 1\end{bmatrix}_i \left\{\begin{matrix}\theta\\M\end{matrix}\right\}_{i-1}^R \tag{4-151}$$

由式(4-150)及式(4-151)得 i 单元的传递矩阵为

$$\left\{\begin{matrix}\theta\\M\end{matrix}\right\}_i^R = \begin{bmatrix}1 & \dfrac{1}{k_\theta}\\ -\omega_{nj}^2 I & \left(1-\dfrac{\omega_{nj}^2 I}{k_\theta}\right)\end{bmatrix}_i \left\{\begin{matrix}\theta\\M\end{matrix}\right\}_{i-1}^R \tag{4-152}$$

例 4-17 如图 4-25 所示,假设有一三个圆盘的扭振系统,各个圆盘的转动惯量为 $I_1=500\text{N}\cdot\text{cm}\cdot\text{s}^2$,$I_2=1000\text{N}\cdot\text{cm}\cdot\text{s}^2$,$I_3=2000\text{N}\cdot\text{cm}\cdot\text{s}^2$,轴段扭转刚度为 $k_2=10^7\text{N}\cdot\text{cm/rad}$,$k_3=2\times10^7\text{N}\cdot\text{cm/rad}$,试用传递矩阵法求系统的固有频率及主振型。

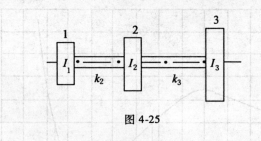

图 4-25

解 由于两端为自由端,故其边界条件为

$$M_1^L = M_3^R = 0$$

按传递矩阵法,要将系统离散成为 1、2、3 三个单元,其中 1 单元只有一个圆盘构成。由 $M_1^L=0$,并令 $\theta_1=1$,由式(4-150)可得

$$\left\{\begin{matrix}\theta\\M\end{matrix}\right\}_1^R = \begin{bmatrix}1 & 0\\ -500\omega_{nj}^2 & 1\end{bmatrix}_1 \left\{\begin{matrix}1\\0\end{matrix}\right\}_1^L = \begin{bmatrix}1\\-500\omega_{nj}^2\end{bmatrix}$$

进而求 2、3 单元的状态向量关系,由式(4-152)得

$$\left\{\begin{matrix}\theta\\M\end{matrix}\right\}_2^R = \begin{bmatrix}1 & \dfrac{1}{k}\\ -\omega_{nj}^2 I & 1-\dfrac{\omega_{nj}^2 I}{k}\end{bmatrix}_2 \cdot \left\{\begin{matrix}\theta\\M\end{matrix}\right\}_1^R$$

$$= \begin{bmatrix}1 & \dfrac{1}{10^7}\\ -1000\omega_{nj}^2 & 1-\dfrac{1}{10^7}\times 1000\omega_{nj}^2\end{bmatrix}_2 \cdot \left\{\begin{matrix}1\\-500\omega_{nj}^2\end{matrix}\right\}_1^R$$

$$\left\{\begin{matrix}\theta\\M\end{matrix}\right\}_3^R = \begin{bmatrix}1 & \dfrac{1}{k}\\ -\omega_{nj}^2 I & 1-\dfrac{\omega_{nj}^2 I}{k}\end{bmatrix}_3 \cdot \left\{\begin{matrix}\theta\\M\end{matrix}\right\}_2^R$$

$$= \begin{bmatrix} 1 & \dfrac{1}{2 \times 10^7} \\ -2000\omega_{nj}^2 & 1 - \dfrac{1}{2 \times 10^7} \times 2000\omega_{nj}^2 \end{bmatrix} \cdot \begin{Bmatrix} \theta \\ M \end{Bmatrix}_2^R$$

我们再假定一系列的 ω_{nj} 值,可以算出一系列的 $\begin{Bmatrix}\theta\\M\end{Bmatrix}_1^R$、$\begin{Bmatrix}\theta\\M\end{Bmatrix}_2^R$ 及 $\begin{Bmatrix}\theta\\M\end{Bmatrix}_3^R$ 值,并可以绘出 M_3^R 随 ω_{nj} 值变化的曲线(如图 4-26)。然后,在图 4-26 中使 $M_3^R = 0$(即满足最右端的边界条件)的各 ω_{nj} 值就是所要求的系统的固有频率,即 $\omega_{n1} = 0$,$\omega_{n2} = 126\text{s}^{-1}$ 及 $\omega_{n3} = 210\text{s}^{-1}$。其对应的各主振型由表 4-1 中各状态向量的 θ 值确定,即如图 4-27 所示为

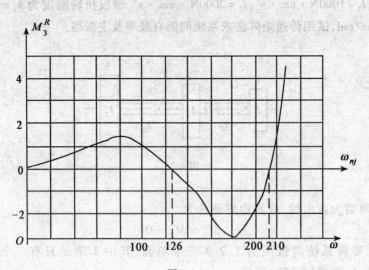

图 4-26

$$\{\theta^{(1)}\} = \begin{Bmatrix} 0 \\ 0 \\ 0 \end{Bmatrix}$$

当 $\omega_{n1} = 0$ 时,系统作刚体运动,属半正定系统,故各圆盘转角相同。

$$\{\theta^{(2)}\} = \begin{Bmatrix} 1 \\ 0.206 \\ -0.355 \end{Bmatrix}$$

$$\{\theta^{(3)}\} = \begin{Bmatrix} 1 \\ -1.205 \\ 0.347 \end{Bmatrix}。$$

4.7.3　传递矩阵法在横向振动梁中的应用

连续梁或汽轮发电机转子,可以离散化成无质量的梁上带有若干集中质量的横向振动系统。如图 4-28(a)所示的系统,和上面的分析一样,取出 i 单元(包括 i 梁段及集中质量 m_i),分别求出其点阵、场阵及传递矩阵。i 梁段及 m_i 的受力图如图 4-28(b)所示。

表 4-1　　三个圆盘扭振系统的固有频率和主振型表

$\omega_{nj}(1/s)$	$\begin{bmatrix}\theta\\M\end{bmatrix}_1^R$	$\begin{bmatrix}\theta\\M\end{bmatrix}_2^R$	$\begin{bmatrix}\theta\\M\end{bmatrix}_3^R$
0	1 0	1 0	1 0
126	1 0.794×10^7	0.206 1.121×10^7	-0.355 -0.009×10^7
210	1 2.205×10^7	-1.205 -3.104×10^7	0.347 -0.044×10^7

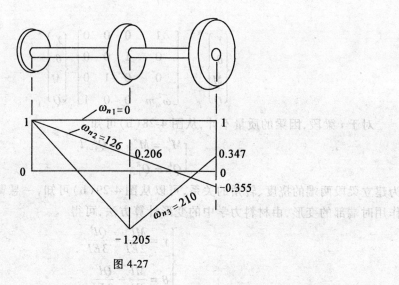

图 4-27

对于 m_i,根据其受力情况,假定其只产生横向谐振动,即主振动,并略去其转动惯量,可以由动力学方程得到

$$\begin{cases} M_i^R = M_i^L \\ Q_i^R = Q_i^L + \omega_{nj}^2 m_i y_i \end{cases} \quad (4\text{-}153)$$

m_i 左右两边的转角 $\theta\left(=\dfrac{\mathrm{d}y}{\mathrm{d}x}\right)$、挠度 y 应该相等,即

$$\begin{cases} y_i^R = y_i^L \\ \theta_i^R = \theta_i^L \end{cases} \quad (4\text{-}154)$$

由式(4-153)与式(4-154)可以导出 i 单元的点阵为

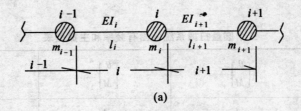

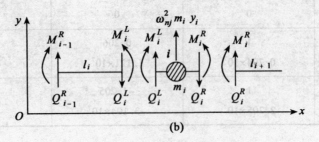

图 4-28

$$\begin{Bmatrix} y \\ \theta \\ M \\ Q \end{Bmatrix}_i^R = \begin{bmatrix} 1 & 0 & 0 & 0 \\ 0 & 1 & 0 & 0 \\ 0 & 0 & 1 & 0 \\ \omega_{nj}^2 m & 0 & 0 & 1 \end{bmatrix}_i \begin{Bmatrix} y \\ \theta \\ M \\ Q \end{Bmatrix}_i^L \tag{4-155}$$

对于 i 梁段,因梁的质量不计,从图 4-28(b) 可知

$$\begin{cases} M_i^L = M_{i-1}^R + Q_{i-1}^R l_i \\ Q_i^L = Q_{i-1}^R \end{cases} \tag{4-156}$$

为建立梁段两端的挠度、转角的关系,可以从图 4-29(b) 可知,一悬臂梁自由端受到 Q 及 M 作用时端部的变形,由材料力学中的变形计算方法,可得

$$\begin{cases} y = \dfrac{Ml^2}{2EI} - \dfrac{Ql^3}{3EI} \\ \theta = \dfrac{Ml}{EI} - \dfrac{Ql^2}{2EI} \end{cases} \tag{4-157}$$

同理可以由图 4-29(a) 得到 i 梁段两端的挠度、转角的关系,即

$$\begin{cases} y_i^L - y_{i-1}^R - \theta_{i-1}^R \cdot l_i = \dfrac{M_i^L l_i^2}{2EI_i} - \dfrac{Q_i^L l_i^3}{3EI_i} \\ \theta_i^L - \theta_{i-1}^R = \dfrac{M_i^L l_i}{EI_i} - \dfrac{Q_i^L l_i^2}{2EI_i} \end{cases} \tag{4-158}$$

将式(4-156)代入式(4-158),得

$$\begin{cases} y_i^L = y_{i-1}^R + \theta_{i-1}^R \cdot l_i + \dfrac{M_{i-1}^R l_i^2}{2EI_i} + \dfrac{Q_{i-1}^R l_i^3}{6EI_i} \\ \theta_i^L = \theta_{i-1}^R + \dfrac{M_{i-1}^R l_i}{EI_i} + \dfrac{Q_{i-1}^R l_i^2}{2EI_i} \end{cases} \tag{4-159}$$

由式(4-156)与式(4-159)可以得到 i 单元的场阵

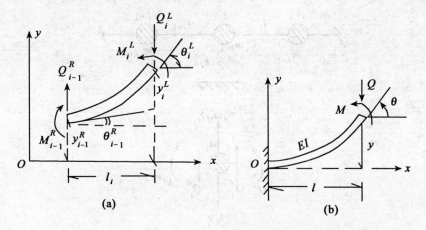

图 4-29

$$\begin{Bmatrix} y \\ \theta \\ M \\ Q \end{Bmatrix}_i^L = \begin{bmatrix} 1 & l & \dfrac{l^2}{2EI} & \dfrac{l^3}{6EI} \\ 0 & 1 & \dfrac{l}{EI} & \dfrac{l^2}{2EI} \\ 0 & 0 & 1 & l \\ 0 & 0 & 0 & 1 \end{bmatrix}_i \begin{Bmatrix} y \\ \theta \\ M \\ Q \end{Bmatrix}_{i-1} \tag{4-160}$$

再由式(4-155)与式(4-160)建立梁系中 i 单元的传递矩阵,即

$$\begin{Bmatrix} y \\ \theta \\ M \\ Q \end{Bmatrix}_i^R = \begin{bmatrix} 1 & 0 & 0 & 0 \\ 0 & 1 & 0 & 0 \\ 0 & 0 & 1 & 0 \\ \omega_{nj}^2 m & 0 & 0 & 1 \end{bmatrix}_i \begin{bmatrix} 1 & l & \dfrac{l^2}{2EI} & \dfrac{l^3}{6EI} \\ 0 & 1 & \dfrac{l}{EI} & \dfrac{l^2}{2EI} \\ 0 & 0 & 1 & l \\ 0 & 0 & 0 & 1 \end{bmatrix}_i \begin{Bmatrix} y \\ \theta \\ M \\ Q \end{Bmatrix}_{i-1}^L$$

$$= \begin{bmatrix} 1 & l & \dfrac{l^2}{2EI} & \dfrac{l^3}{6EI} \\ 0 & 1 & \dfrac{l}{EI} & \dfrac{l^2}{2EI} \\ 0 & 1 & 1 & l \\ \omega_{nj}^2 m & \omega_{nj}^2 ml & \dfrac{\omega_{nj}^2 ml^2}{2EI} & 1+\dfrac{\omega_{nj}^2 ml^3}{6EI} \end{bmatrix}_i \begin{Bmatrix} y \\ \theta \\ M \\ Q \end{Bmatrix}_{i-1}^R \tag{4-161}$$

对于连续梁,考虑到支座的弹性影响,设支座的弹性刚度为 k_i,如图 4-30 所示,只要将点阵式(4-155)中的 $\omega_{nj}^2 m$ 元素代以 $-k_i+\omega_{nj}^2 m$ 即可。

有了这些传递矩阵表达式,就可以建立梁的最左端边界 0 及最右端边界 N 的状态向量之间的关系式。一般的方程式可以表示为

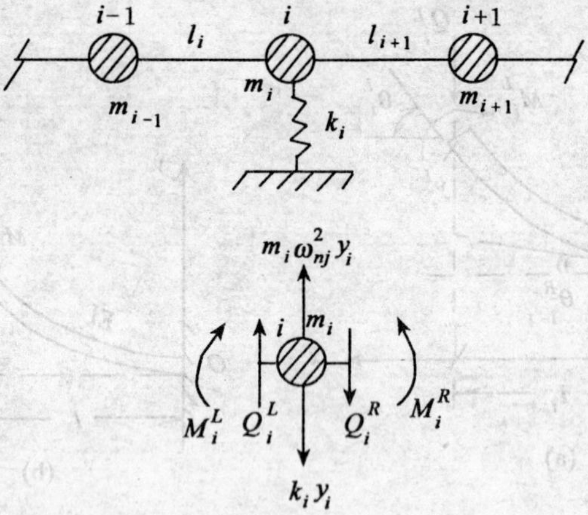

图 4-30

$$\begin{Bmatrix} y \\ \theta \\ M \\ Q \end{Bmatrix}_N^R = \begin{bmatrix} u_{11} & u_{12} & u_{13} & u_{14} \\ u_{21} & u_{22} & u_{23} & u_{24} \\ u_{31} & u_{32} & u_{33} & u_{34} \\ u_{41} & u_{42} & u_{43} & u_{44} \end{bmatrix} \begin{Bmatrix} y \\ \theta \\ M \\ Q \end{Bmatrix}_0^L \tag{4-162}$$

通常，两端的边界条件总是已知的，如果给出最左端 0 点及最右端 N 点的各两个边界条件，则可以求出其固有频率及主振型，而梁的固有频率及主振型便很容易求得。

例 4-18 试用传递矩阵法求如图 4-31 所示的左端固定的悬臂梁的固有频率。

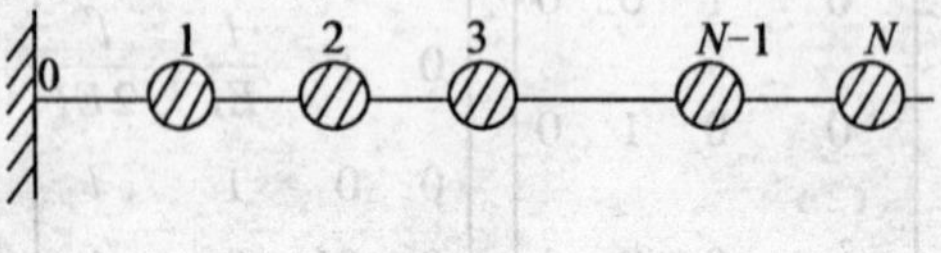

图 4-31

解 首先将悬臂梁离散成带 N 个集中质量的梁。则在 0 处的边界条件为

$$y_0 = 0, \quad \theta_0 = 0$$

又从方程式(4-162)中得到

$$\begin{cases} M_N^R = u_{33} M_0^L + u_{34} Q_0^L \\ Q_N^R = u_{43} M_0^L + u_{44} Q_0^L \end{cases} \tag{4-163}$$

式中，M_0^L、Q_0^L 是未知的，而 M_N^R、Q_N^R 一定为零（自由端），则方程(4-163)可以写成

$$\begin{cases} u_{33} M_0^L + u_{34} Q_0^L = 0 \\ u_{43} M_0^L + u_{44} Q_0^L = 0 \end{cases} \tag{4-164}$$

方程(4-164)已满足了边界条件。要方程(4-164)成立，必须要求

$$\Delta = \begin{vmatrix} u_{33} & u_{34} \\ u_{43} & u_{44} \end{vmatrix} = 0 \tag{4-165}$$

由式(4-165)即可确定悬臂梁系统的固有频率。

显然,对于简支梁系统及两端固定的梁系统的固有频率,应分别由

$$\Delta = \begin{vmatrix} u_{11} & u_{13} \\ u_{31} & u_{33} \end{vmatrix} = 0 \tag{4-166}$$

及

$$\Delta = \begin{vmatrix} u_{11} & u_{12} \\ u_{21} & u_{22} \end{vmatrix} = 0 \tag{4-167}$$

确定。为什么？请读者考虑。

对于实际工程问题,通常采用数值解法,即假定一系列 ω_{nj} 值,计算出一系列 $\Delta = \begin{vmatrix} u_{33} & u_{34} \\ u_{43} & u_{44} \end{vmatrix}$ 的值,找出 $\Delta \sim \omega_{nj}$ 变化的规律（$\Delta \sim \omega_{nj}$ 函数曲线）,然后使 $\Delta=0$ 的各 ω_{nj} 值,即为 $\omega_{n1}, \omega_{n2}, \cdots,$ 值。从式(4-162)进而还可以求出相应的主振型。

此外,传递矩阵法还可以计算在包含有阻尼情况下,由周期激励引起的强迫振动。限于篇幅,本书不作介绍。

§4.8 电子计算机技术在振动计算中的应用

当前,由于电子计算机技术的发展与进步,使得振动计算的可能性及精确性变成了现实。以往用计算尺、算盘,人工计算几天或几个月的问题,现在用电子计算机,往往只需几分钟或几十分钟,就能得到圆满的结果。特别是微型计算机的出现,为解决振动计算问题提供了更多的方便。

本节的内容是针对一些振动问题,用 Visiud Basic 语言编写成计算程序进行运算。其目的是让读者在掌握 VB 语言的基础上,为读者提供用微机求解系统的振动特性及其在外激励下的响应的一些入门知识。

4.8.1 多自由度系统的固有频率及主振型的数值解

求解一个系统的固有频率及主振型的数值解的方法很多,这里仍着重介绍一种迭代法。

1. 迭代公式与过程分析

在多自由度正定系统的自由振动中,其固有频率及主振型可以由迭代式(4-36)或式(4-37),即

$$\frac{1}{\omega_{nj}^2} \{A^{(j)}\} = [\delta][M]\{A^{(j)}\}$$

或

$$\omega_{nj}^2 \{A^{(j)}\} = [M]^{-1}[K]\{A^{(j)}\}$$

求得。实践得知,用式(4-36)进行迭代将首先获得最低阶的固有频率及主振型,并依此可以求得部分或全部固有频率与主振型的值。在实际工程中通常对系统的最低阶或较低几阶固有频率与主振型较为重视,因此一般把式(4-36)作为迭代式,进行迭代运算。

由式(4-36)得

$$\frac{1}{\omega_{nj}^2}\{A^{(j)}\} = [\delta][M]\{A^{(j)}\} = [D]\{A^{(j)}\} \tag{4-168}$$

式中：ω_{nj}——第 j 阶固有频率；

$\{A^{(j)}\}$——第 j 阶主振型列阵；

$[\delta]$——系统的柔度矩阵；

$[M]$——系统的质量矩阵；

$[D]$——系统的动力矩阵。

依系统的变形情况，假定其最低阶（如 $j=1$）的振型为 $\{A\}_0$，用式(4-168)的右边进行矩阵运算求得

$$\{A\}_1 = [D]\{A\}_0 = A_{n,1}\{A\}'_1$$

$$\{A\}_2 = [D]\{A\}'_1 = A_{n,2}\{A\}'_2$$

$$\vdots$$

$$\{A\}_{j-1} = [D]\{A\}'_{j-2} = A_{n,j-1}\{A\}'_{j-1}$$

$$\{A\}_j = [D]\{A\}'_{j-1} = A_{n,j}\{A\}'_j$$

将之代回式(4-168)得

$$\frac{1}{\omega_{n(j-1)}^2}\{A^{(j-1)}\} = A_{n,j-1}\{A\}'_{j-1}$$

和

$$\frac{1}{\omega_{n,j}^2}\{A^{(j)}\} = A_{n,j}\{A\}'_j$$

其中，$A_{n,j}$ 是 $\{A\}_j$ 中的最后一个（或第一个）元素。同时，在每次迭代中计算 $\omega_{nj}^2 = \frac{1}{A_{n,j}}$，并把 ω_{nj}^2 和 $\omega_{n,j-1}^2$ 进行比较（为了在 $j=1$ 时进行比较，不妨令 $\omega_{n,0}^2 = 0$），一旦达到了精度要求，即 $\frac{|\omega_{n,j}^2 - \omega_{n,j-1}^2|}{\omega_{n,j}^2} \leq \delta$，则迭代终止。此时的 $\{A^j\} = \{A\}'_j$ 就是所要求的 j 阶主振型，而其固有频率为

$$f_{nj} = \frac{\omega_{nj}}{2\pi} = \frac{1}{2\pi}\sqrt{\frac{1}{A_{n,j}}}\ (\text{Hz})$$

上述计算中的 $[D]$ 称为系统的原始动力矩阵，所得到的是系统的基频与相应的主振型，即式中 $j=1$。

显然，在此基础上，若从原始动力矩阵 $[D]$ 中清除了与上面计算出的主振型有关的部分，就可以得到用于计算下一阶固有频率及主振型的动力矩阵 $[D]^*$——滤频矩阵。在本章的§4.3中介绍过求二、三阶固有频率及相应主振型的方法，由于这种方法不便于编写微机用的计算程序，下面采用文献[4]提供的另一种方法。

假定将上述任选的初始列阵 $\{A\}_0$ 乘以原始动力矩阵 $[D]$ 求得 $\{A\}_1$ 为

$$\begin{aligned}\{A\}_1 &= [D]\{A\}_0 = [D](c_1\{A^{(1)}\} + c_2\{A^{(2)}\} + \cdots + c_n\{A^{(n)}\}) \\ &= c_1[D]\{A^{(1)}\} + c_2[D]\{A^{(2)}\} + \cdots + c_n[D]\{A^{(n)}\} \\ &= \frac{c_1}{\omega_{n1}^2}\{A^{(1)}\} + \frac{c_2}{\omega_{n2}^2}\{A^{(2)}\} + \cdots + \frac{c_n}{\omega_{nn}^2}\{A^{(n)}\}\end{aligned} \qquad (4-169)$$

可见，在 $\{A\}_1$ 中含有第一阶主振型成分的是 $\frac{1}{\omega_{n1}^2}\{A^{(1)}\}$。如果从 $\{A\}_1$ 减去 $\frac{c_1}{\omega_{n1}^2}\{A^{(1)}\}$，然后

将 $\{A\}_1 - \dfrac{c_1}{\omega_{n1}^2}\{A^{(1)}\}$ 作为新的初始列阵，再通过式(4-36)的矩阵迭代运算，就可以求出系统的第二阶固有频率及相应的主振型。

为此，我们利用主振型之间的正交条件

$$\{A^{(i)}\}^T[M]\{A^{(j)}\} = \begin{cases} M_i & (i=j) \\ 0 & (i \neq j) \end{cases}$$

将 $\{A\}_0 = c_1\{A^{(1)}\} + c_2\{A^{(2)}\} + \cdots + c_n\{A^{(n)}\}$ 的两边乘以 $\{A^{(1)}\}^T[M]$ 便得到

$$c_1 = \dfrac{\{A^{(1)}\}^T[M]\{A\}_0}{\{A^{(1)}\}^T[M]\{A^{(1)}\}} = \dfrac{\{A^{(1)}\}^T[M]\{A\}_0}{M_1} \tag{4-170}$$

将 c_1 代入式(4-169)，变换后得

$$\{A\}_1 - \dfrac{c_1}{\omega_{n1}^2}\{A^{(1)}\} = [D]\{A\}_0 - \dfrac{1}{\omega_{n1}^2}\{A^{(1)}\}\dfrac{1}{M_1}\{A^{(1)}\}^T[M]\{A\}_0$$

$$= \left([D] - \dfrac{1}{M_1\omega_{n1}^2}\{A^{(1)}\}\{A^{(1)}\}^T[M]\right)\{A\}_0$$

$$= [D]^*\{A\}_0$$

显然，若算得 $[D]^*$，然后将 $[D]^*$ 与任选的初始列阵 $\{A\}_0$ 相乘，就可以求得不包含第一阶主振型成分的 $\{A\}_1 - \dfrac{c_1}{\omega_{n1}^2}\{A^{(1)}\}$，再用其进行迭代即可以得到二阶固有频率及主振型。为了防止因计算精度不够而使残余的第一阶主振型成分逐渐扩大，在迭代过程中不再使用原始动力矩阵$[D]$，而始终以动力矩阵(滤频矩阵)$[D]^*$代替$[D]$。

在求得系统的一、二阶固有频率及主振型后，仍可以用上述计算程序求其他阶的固有频率及主振型，但动力矩阵$[D]^*$需改写成

$$[D]^* = [D] - \dfrac{1}{M_1\omega_{n1}^2}\{A^{(1)}\}\{A^{(1)}\}^T[M] -$$

$$\dfrac{1}{M_2\omega_{n2}^2}\cdot\{A^{(2)}\}\{A^{(2)}\}^T[M] - \cdots -$$

$$\dfrac{1}{M_{n-i}\omega_{n,n-i}^2}\cdot\{A^{(n-i)}\}\{A^{(n-i)}\}^T[M]$$

$$= [D] - \sum_{i=1}^{n-1}\left(\dfrac{1}{M_i\omega_{ni}^2}\{A^{(i)}\}\{A^{(i)}\}^T[M]\right) \tag{4-171}$$

当有了$[D]^*$之后，如果假定一个起始列阵$\{A\}_0$，并以$[D]^*$代替$[D]$，重复上述迭代过程，就可以得到一系列需要求的固有频率及主振型值。本节所介绍的计算程序就是按上述过程编写的，每调用一次就可以算出一个固有频率及主振型，并为下一阶固有频率及主振型的计算准备好$[D]^*$，一直到全部固有频率及主振型计算出来为止。

必须注意，对于半正定系统，如允许作刚体运动的系统，其刚度矩阵无法求逆，因而无法直接形成动力矩阵$[D]^*$，上述算法就不适用了。但是，若把式(4-36)变换成

$$[K]\{A^{(j)}\} = \omega_{nj}^2[M]\{A^{(j)}\}$$

再改写成

$$([K] + \alpha[M])\{A^{(j)}\} = (\omega_n^2 + \alpha)[M]\{A^{(j)}\} \tag{4-172}$$

式中的 α 为任意正数，$([K]+\alpha[M])$ 就是正定矩阵。若令

$$[D] = ([K] + \alpha[M])^{-1} \cdot [M] \tag{4-173}$$

并把原问题改为

$$[D]\{A^{(j)}\} = \frac{1}{\omega_n^2 + \alpha}\{A^{(j)}\} \tag{4-174}$$

这样便可以用上述方法求解了。上式中的 α 值一般以取得比系统估计的最低固有频率的平方（ω_{n1}^2）略小一些为好。在调用程序时，只要给定了 α 值，就可以得到原问题的固有频率了。

2. 程序编写

程序第一步是获得所需要的数据，求得系统的柔度矩阵和质量矩阵，建立运动微分方程，第二步则是用迭代法求解固有频率和主振型。以下详细介绍第二步。

（1）程序流程

从以上分析可以得出用迭代法求解固有频率和主振型的程序流程（见图 4-32）：

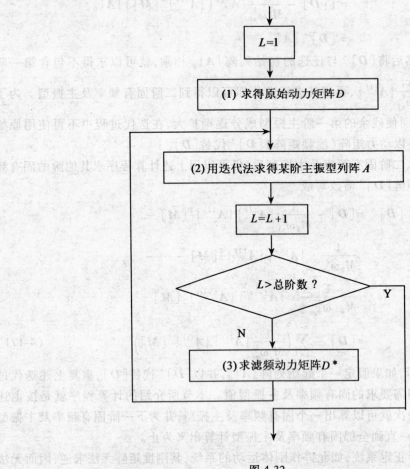

图 4-32

① 求得原始动力矩阵 $[D]$

首先要形成刚度矩阵和质量矩阵，矩阵求逆而得到柔度矩阵，原始动力矩阵 $[D]$ 为柔度

矩阵与质量矩阵之积。

②用迭代法求得某阶主振型列阵

由式(4-169)以及式(4-170)可得以下流程(见图4-33)：

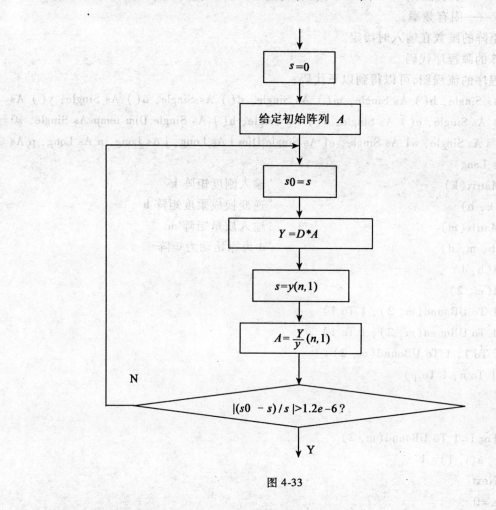

图4-33

③求滤频动力矩阵$[D]^*$

由式(4-171)可得以下流程(见图4-34)：

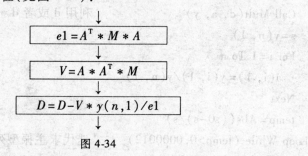

图4-34

(2)程序编写

①程序中的主要工作单元

n——系统的自由度数； m——质量矩阵；
k——刚度矩阵； b——柔度矩阵；
d——动力矩阵； a——主振型列阵；
W——固有频率。

各种矩阵的维数在输入时给定。

②演算的源程序代码

根据程序的流程图,可以得到以下代码：

```
Dim k( ) As Single, b( ) As Single, m( ) As Single, d( ) As Single, a( ) As Single, y( ) As
Single, f( ) As Single, c( ) As Single, v( ) As Single, h( ) As Single Dim temp As Single, s0
As Single, s As Single, w1 As Single, e1 As Single Dim i As Long, j As Long, n As Long, p As
Long, 1 As Long
Call inputMatrix(k)                    '输入刚度矩阵 k
Call Reve(k, b)                        '逆变换成柔度矩阵 b
Call inputMatrix(m)                    '输入质量矩阵 m
Call Mult(b, m, d)                     'd 为原始动力矩阵
n = UBound(b, 1)
p = UBound(m, 2)
ReDim a(1 To UBound(m, 2), 1 To 1)
ReDim y(1 To UBound(m, 2), 1 To 1)
ReDim f(1 To 1, 1 To UBound(m, 2))
ReDim h(1 To n, 1 To p)
l = 1
Do
        For i = 1 To UBound(m, 2)
           a(i, 1) = 1
        Next
        s = 0
        Do
          s0 = s
          Call Mult(d, a, y)           '利用 d 或者 d * 求解 a
          s = y(n, 1)
          For i = 1 To n
             a(i, 1) = y(i, 1)/y(n, 1)
          Next
          temp = Abs((s0-s)/s)
        Loop While (temp>0.0000012)    '迭代求主振型列阵 a,直到达到精度
'以下输出固有频率和主振型
        Str1 = "    "
        Str1 = "y(" + str $ (n) + ",1"
```

```
           Call TextOutput (str1, y(n, 1))
           w1 = (1/y(n, 1)) 0.5              'w1 为对应 a 的固有频率
           Str1 = "   "
           Str1 = "w(" +str $ (1)+ ")"
           Call TextOutput (str1, w1)
           Call PrintMatrix(a)
           Call PictureOutput(a)

           l = l+1
           If l>n Then
               Exit Do
           End If
'以下获得计算下一阶的动力矩阵 d * ——滤频矩阵 d
           For i = 1 To n
               f(1, i) = a(i, 1)
           Next
           Call Mult(f, m, c)
           e1 = 0
           For j = 1 To p
               e1 = e1+c(1, j) * a(j,1)
           Next
           Call Mult(a, f, c)
           Call Mult(c, m, v)
           For i = 1 To n
               For j = 1 To p
                   h(i, j) = 0
               Next
           Next
           For i = 1 To n
               For j = 1 To p
                   h(i, j) = h(i, j)+d(i, j)-v(i, j) * y(n, 1)/e1
               Next
           Next
           For i = 1 To n
               For j = 1 To p
                   d(i, j) = h(i, j)        '求得滤频矩阵 d
               Next
           Next
Loop
```

③程序中使用到的函数说明

程序中调用的函数需要另行编写，其中 inputMatrix( ) 为矩阵输入函数，Reve( ) 为求逆函数，Mult( ) 为矩阵相乘函数，PrintMatrix(a) 为矩阵输出函数，TextOutput( ) 为编辑输出函数，PictureOutput(a) 为简要图形输出函数。这些函数的编写难度不大，请读者自行完成。

3. 具体实例

为检验程序，以下举一具体实例：

例 4-19 如图 4-35(a)所示，一等直悬臂梁，用聚缩性质的方法离散化成有限自由度系统，试求其固有频率及振型。

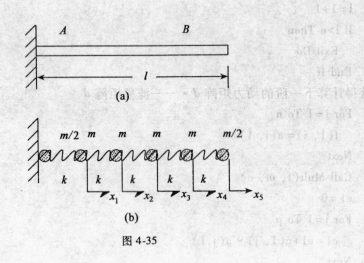

图 4-35

解 等直悬臂梁的容量为 r，截面积为 A，长为 l，分成五段，（如图 4-35(b)所示）每段质量为 $m = \dfrac{rAl}{5g}$，将其等分成两半分别置于每段的端部，然后五段合并，得到聚缩后的质量为 m，$m, m, m, \dfrac{m}{2}$，固定端的 $\dfrac{m}{2}$ 不起作用，故可以忽略不计。各段之间的刚度为 k，$k = \dfrac{5EA}{l}$，E 为材料弹模。不计阻尼，其运动微分方程为

$$\begin{cases} m\ddot{x}_1 + 2kx_1 - kx_2 = 0 \\ m\ddot{x}_2 - kx_1 + 2kx_2 - kx_3 = 0 \\ m\ddot{x}_3 - kx_2 + 2kx_3 - kx_4 = 0 \\ m\ddot{x}_4 - kx_3 + 2kx_4 - kx_5 = 0 \\ m\ddot{x}_5 - kx_4 + kx_5 = 0 \end{cases}$$

质量矩阵和刚度矩阵分别为 $[M] = m \begin{bmatrix} 1 & 0 & 0 & 0 & 0 \\ 0 & 1 & 0 & 0 & 0 \\ 0 & 0 & 1 & 0 & 0 \\ 0 & 0 & 0 & 1 & 0 \\ 0 & 0 & 0 & 0 & 0.5 \end{bmatrix}$

$$[K] = k \begin{bmatrix} 2 & -1 & 0 & 0 & 0 \\ -1 & 2 & -1 & 0 & 0 \\ 0 & -1 & 2 & -1 & 0 \\ 0 & 0 & -1 & 2 & -1 \\ 0 & 0 & 0 & -1 & 1 \end{bmatrix}$$

运行程序，输入数据后窗口的显示如图 4-36 所示。

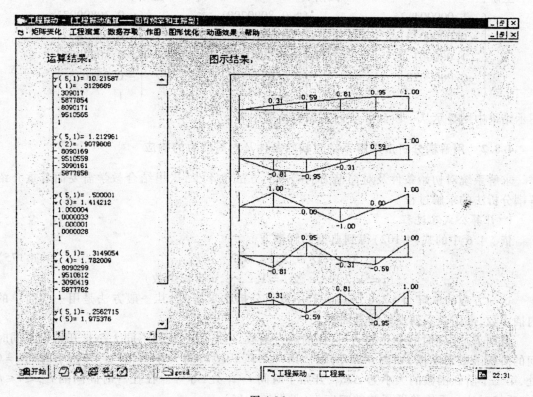

图 4-36

运算结果中显示出的固有频率 ω 的值为

$$\omega_{n1} = 0.3128689\sqrt{\frac{k}{m}}$$

$$\omega_{n2} = 0.3128689\sqrt{\frac{k}{m}}$$

$$\omega_{n3} = 1.414212\sqrt{\frac{k}{m}}$$

$$\omega_{n4} = 1.782009\sqrt{\frac{k}{m}}$$

$$\omega_{n5} = 975376\sqrt{\frac{k}{m}}$$

从一阶到五阶的主振型列阵 A 值如下：

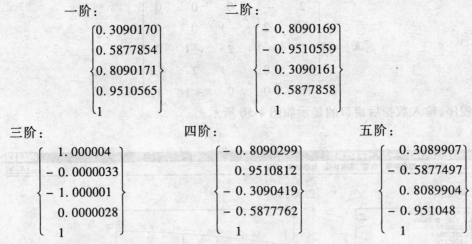

图示结果中则显示从一阶到五阶的主振型简要图形。

4.8.2 用解耦分析法求解系统对初始条件及对简谐力的响应

求解系统对初始条件及对简谐力的响应的方法也不少,这里结合教学需要而着重介绍解耦分析法的求解过程。

1. 计算公式及过程

依 §4.6 中的式(4-102)得到典型的解耦方程

$$\ddot{X}_{Ni} + 2\xi_i\omega_{ni}\dot{X}_{Ni} + \omega_{ni}^2 X_{Ni} = F_{Ni,j} \tag{4-175}$$

($i = 1,2,\cdots,n$ 及 $j = 1,2,\cdots,n$ 步长个数)

这一方程的求解如§2.6所述。若用数值分析法求解时,其一般方法是用一些简单的内插函数,采用一系列反复计算而得。

假如 F_{Nij} 是随时间变化的力,这样的施力函数,可以用一系列不同大小且开始于不同时间的阶跃函数来模拟,如图 4-37 所示。第一个阶跃函数的大小为 ΔF_{N0},开始于时间 $t = 0$ 处,第二个阶跃函数的大小为 ΔF_{N1},开始于时间 $t = t_1$ 处,等等。在任一时间间隔 $t_{i-1} \leqslant t \leqslant t_i$ 内,系统对这一系统阶跃函数的响应为(见例题 2-14)

$$x = \frac{1}{k}\sum_{j=0}^{n-1}\Delta F_{Nj}\left\{1 - e^{-\xi_i\omega_{ni}(t-t_j)} \cdot \left[\cos\omega_{di}(t - t_j) + \frac{\xi_i\omega_{ni}}{\omega_{di}}\sin\omega_{di}(t - t_j)\right]\right\} \tag{4-176}$$

在时间 t_j 处,上式成为

$$x_i = \frac{1}{k}\sum_{j=0}^{n-1}\Delta F_{Nj}\left\{1 - e^{-\xi_i\omega_{ni}(t_i-t_j)}\left[\cos\omega_{di}(t_i - t_j) + \frac{\xi_i\omega_{ni}}{\omega_{di}}\sin\omega_{di}(t_i - t_j)\right]\right\} \tag{4-177}$$

对于无阻尼情况,则为

$$x_i = \frac{1}{k}\sum_{j=0}^{n-1}\Delta F_{Nj}\left[1 - \cos\omega_{ni}(t_i - t_j)\right] \tag{4-178}$$

在该方法中,典型阶跃的 ΔF_{Ni} 量可能为正也可能为负,取决于所模拟曲线的斜率。为了在该方法中得到较好的精确度,各阶跃应该尽量小,施力函数下面积的误差应能近似地自行补偿。亦即图 4-37 中位于曲线下面的诸阴影线面积,应近似地等于曲线上面无阴影线的面积。欲达到这个目的的一种方法是,令每一阶跃(第一个阶跃以后)开始于当曲线的纵坐标位于阶跃的一半高度的时间处,如图 4-37 中所示。自然,如果施力函数实际上是由以水平线和竖直线为界的冲量组成,那么,该方法可以给予精确的结果。

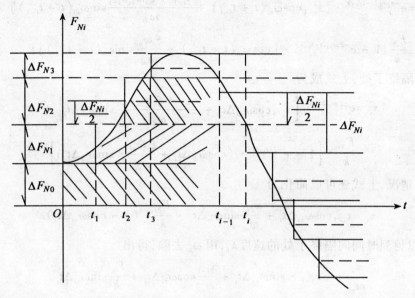

图 4-37

下面再介绍另一种利用一些平行于参考轴的直线的方法,在这种情况下,其曲线借一系列不同大小和不同持续时间的矩形冲量来近似表示。为了得到较好的精确度,典型冲量的 F_{Ni} 量,应选为时间间隔 Δt_i 的中央处曲线的纵坐标,如图 4-38 所示。在任一时间间隔 $t_{i-1} \leqslant t \leqslant t_i$ 中,一个单自由度系统的阻尼响应,可以按时间 t_{i-1} 处初始条件的响应与间隔 Δt_i 为冲量的响应之和来计算。

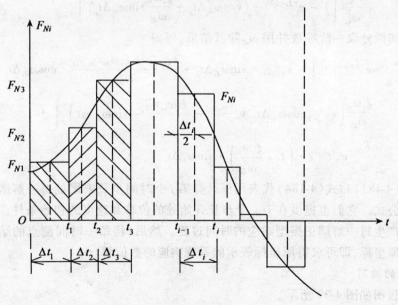

图 4-38

$$x = e^{-\xi_i\omega_{ni}(t-t_{i-1})} \cdot \left[x_{i-1}\cos\omega_{di}(t+t_{i-1}) + \frac{\dot{x}_{i-1} + \xi_i\omega_{ni}x_{i-1}}{\omega_{di}}\sin\omega_{di}(t-t_{i-1}) \right] +$$

$$\frac{F_{Ni}}{k}\{1 - e^{-\xi_i\omega_{ni}(t-t_{i-1})} \cdot \left[\cos\omega_{di}(t-t_{i-1}) + \frac{\xi_i\omega_{ni}}{\omega_{di}}\sin\omega_{di}(t-t_{i-1}) \right]\} \quad (4\text{-}179)$$

在该时间间隔终了处,上式成为

$$x_i = e^{-\xi_i\omega_{ni}\Delta t_i} \cdot \left[x_{i-1}\cos\omega_{di}\Delta t_i + \frac{\dot{x}_{i-1} + \xi_i\omega_{ni}x_{i-1}}{\omega_{di}}\sin\omega_{di}\Delta t_i \right] +$$

$$\frac{F_{Ni}}{k} \cdot \left[1 - e^{-\xi_i\omega_{ni}\Delta t_i} \cdot \left(\cos\omega_{di}\Delta t_i + \frac{\xi_i\omega_{ni}}{\omega_{di}} \cdot \sin\omega_{di}\Delta t_i \right) \right] \quad (4\text{-}180)$$

对于无阻尼情况,上式还可以简化为

$$x_i = x_{i-1}\cos\omega_{ni}\Delta t_i + \frac{\dot{x}_{i-1}}{\omega_{ni}}\sin\omega_{ni}\Delta t_i + \frac{F_{Ni}}{k} \cdot (1 - \cos\omega_{ni}\Delta t_i) \quad (4\text{-}181)$$

另外,还可以得到时间间隔终了处的速度$\dot{x}_i$,用ω_{ni}去除,得出

$$\frac{\dot{x}_i}{\omega_{ni}} = -x_{i-1} \cdot \sin\omega_{ni}\Delta t_i + \frac{\dot{x}_{i-1}}{\omega_{ni}}\cos\omega_{ni}\Delta t_i + \frac{F_{Ni}}{k}\sin\omega_{ni}\Delta t_i \quad (4\text{-}182)$$

方程式(4-181)和式(4-182)代表用于求算阶跃i终了处,无阻尼响应和用于提供阶跃$i+1$起始处初始条件的递推公式。这些公式,可以重复地用来求得一个单自由度系统的位移的时间历程及速度的时间历程。

因此,在方程式(4-175)中的$F_{Ni,j}$是在第j个时间步长内,其值为一常数。应用式(4-180)可以得到时间测点t_j处第i型的阻尼响应为

$$x_{Ni,j} = e^{-\xi_i\omega_{ni}\Delta t_j} \cdot \left[x_{Ni,j-1}\cos\omega_{di}\Delta t_j + \frac{\dot{x}_{Ni,j-1} + \xi_i\omega_{ni}x_{Ni,j-1}}{\omega_{di}} \cdot \sin\omega_{di}\Delta t_j \right] +$$

$$\frac{F_{Ni,j}}{\omega_{ni}^2}\left[1 - e^{-\xi_i\omega_{ni}\Delta t_j} \cdot \left(\cos\omega_{di}\Delta t_j + \frac{\xi_i\omega_{ni}}{\omega_{di}}\sin\omega_{di}\Delta t_j \right) \right] \quad (4\text{-}183)$$

将上式对时间微分取一阶导数并用ω_{di}除其结果,得到

$$\frac{\dot{x}_{Ni,j}}{\omega_{di}} = e^{-\xi_i\omega_{ni}\Delta t_j} \cdot \left[-x_{Ni,j-1} \cdot \sin\omega_{di}\Delta t_j + \frac{\dot{x}_{Ni,j-1} + \xi_i\omega_{ni}x_{Ni,j-1}}{\omega_{di}} \cdot \cos\omega_{di}\Delta t_j - \right.$$

$$\left. \frac{\xi_i\omega_{ni}}{\omega_{di}}\left(x_{Ni,j-1}\cos\omega_{di}\Delta t_j + \frac{\dot{x}_{Ni,j-1} + \xi_i\omega_{ni}x_{Ni,j-1}}{\omega_{di}}\sin\omega_{di}\Delta t_j \right) \right] +$$

$$\frac{F_{Ni,j}}{\omega_{ni}^2}e^{-\xi_i\omega_{ni}\Delta t_j} \cdot \left(1 + \frac{\xi_i\omega_{ni}}{\omega_{di}^2} \right) \cdot \sin\omega_{di}\Delta t_j \quad (4\text{-}184)$$

方程式(4-183)和式(4-184)代表用于计算第j个时间步长末尾处每一解耦正振型阻尼响应的递推公式。它们也提供在$j+1$个步长开始处的位移和速度的初始条件。这些公式可以重复用来产生每一解耦正振型响应的时间过程。然后,将每一时间测点的结果按常用方法变换回到原坐标,即可求得原坐标表示的系统响应的数值解。

2. 程序的编写

程序流程图如图4-39所示。

流程图的细化以及程序的编写工作,请读者完成。

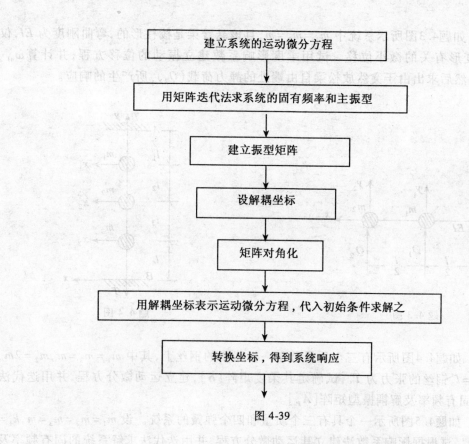

图 4-39

习 题 4

题 4.1 题4.1图表示一根带有质量块 m_1 和 m_2，并且有悬臂的棱柱形梁，其弯曲刚度为 EI。试确定其柔度矩阵 $[\delta]$，用求逆方法得到刚度矩阵 $[K]=[\delta]^{-1}$，以矩阵形式写出系统的振动微分方程。

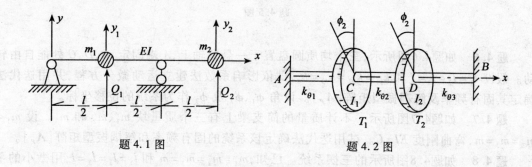

题 4.1 图   题 4.2 图

题 4.2 试确定题4.2图所示系统的柔度矩阵 $[\delta]$，校核关系式 $[K]=[\delta]^{-1}$，并用矩阵形式写出系统的振动位移方程。$k_{\theta 1}=k_{\theta 2}=k_{\theta 3}=k_\theta=\dfrac{GJ}{l}$，$J$ 为轴横截面的扭转常数。G 为剪切

弹模。

题 4.3 如题4.3图所示系统中 $m_1 = m_2 = m$,且该悬臂梁是棱柱形的,弯曲刚度为 EI,仅考虑与弯曲变形有关的微小位移。试用柔度影响系数建立振动的位移方程,并计算 ω_{n1}、ω_{n2}、u_1 及 u_2,然后求出由于突然放松梁自由端处的静力荷载 $(Q_2)_{st}$ 所产生的响应。

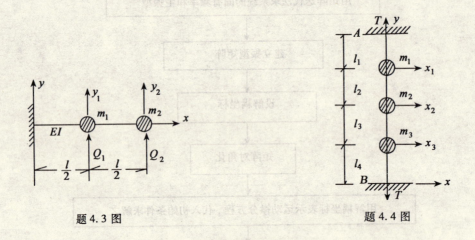

题 4.3 图   题 4.4 图

题 4.4 如题4.4图所示有三个质量置于一根张紧的钢丝上,其中 $m_1 = m_3 = m$,$m_2 = 2m$,$l_1 = l_2 = l_3 = l_4 = l$,钢丝的张力为 T。试确定其柔度矩阵 $[\delta]$,建立运动微分方程,并用迭代法求解系统的固有频率及解耦振型矩阵 $[A_P]$。

题 4.5 如题4.5图所示一个具有三个质量和四个弹簧的系统。设 $m_1 = m_2 = m_3 = m$,$k_1 = k_2 = k_3 = k_4 = k$。试根据影响系数法建立其运动微分方程,并用迭代法求解系统的固有频率及解耦振型矩阵 $[A_P]$。

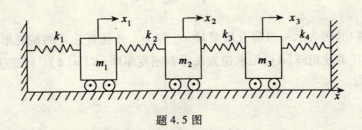

题 4.5 图

题 4.6 如题4.6图所示,三个均质圆盘置于一悬臂轴上,A 端固定,B、D、C 处能自由转动。假设 $I_1 = I_2 = I_3 = I$ 和 $k_{\theta 1} = k_{\theta 2} = k_{\theta 3} = k_\theta$,试依影响系数法建立运动微分方程,并用迭代法确定其固有频率及解耦振型矩阵 $[A_P]$。设角 ϕ_1、ϕ_2 及 ϕ_3 作为系统的位移坐标。

题 4.7 如题4.7图所示一不计质量的简支梁上有三个质量块 m_1、m_2 和 m_3。设 $m_1 = m_2 = m_3 = m$,弯曲刚度 $EI = C$。试用迭代法确定该系统的固有频率和解耦振型矩阵 $[A_P]$。

题 4.8 如题4.8图所示的三摆系统。已知,$m_1 = m_2 = m_3 = m$ 和 $l_1 = l_2 = l_3 = l$,用微小的平移 x_1、x_2 及 x_3 作位移坐标,试用影响系数法建立其运动微分方程,并用迭代法求其固有频率及解耦振型矩阵 $[A_P]$。

题 4.9 如题4.9图所示一座带有刚性梁($EI = \infty$)和柔性柱的三层楼结构。假设 $m_1 =$

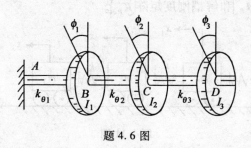

题 4.6 图

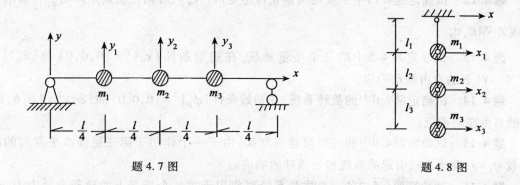

题 4.7 图   题 4.8 图

$m_2 = m_3 = m, h_1 = h_2 = h_3 = h, EI_1 = 3EI, EI_2 = 2EI, EI_3 = EI$。用微小的水平移动 x_1、x_2 及 x_3 作为位移坐标，试用影响系数法建立运动微分方程，用迭代法求其固有频率及解耦振型矩阵 $[A_P]$。

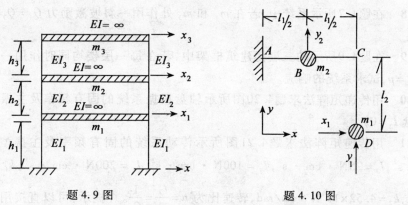

题 4.9 图   题 4.10 图

题 4.10 如题 4.10 图所示的平面框架，具有两根弯曲刚度为 EI 的棱柱形杆。框架于 A 处固定，C 处刚接，分别置质量 m_2、m_1 于 B 点和 D 点处。取微小位移 x_1、y_1 及 y_2 为位移坐标。设 $m_1 = m_2 = m$ 和 $l_1 = l_2 = l$，试用影响系数法建立运动微分方程，并用迭代法求系统的固有频率及解耦振型矩阵 $[A_P]$。

题 4.11 如题 4.11 图所示三个质量用三个弹簧相互连接，并与地面相连的系统。设位移坐标为 x_1、x_2 及 x_3，$m_1 = m_2 = m_3 = m$ 和 $k_1 = k_2 = k_3 = k$。试求系统的解耦振型矩阵 $[A_P]$ 及与其相应的解耦质量矩阵$[M_P]$和解耦刚度矩阵$[K_P]$。

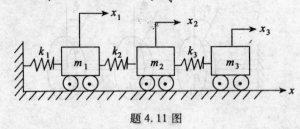

题 4.11 图

题 4.12 试确定题4.11中系统的解耦正振型矩阵$[A_N]$、解耦正质量矩阵$[M_N]$和解耦正刚度矩阵$[K_N]$。

题 4.13 试确定题4.5中的三个质量系统,在初始条件$\{x_0\}^T=\{0,0,0\}$和$\{\dot{x}_0\}^T=\{V,0,-V\}$下的自由振动响应。

题 4.14 试确定题4.6中的旋转系统,在初始条件$\{\phi_0\}^T=\{0,0,0\}$和$\{\dot{\phi}_0\}^T=\{\dot{\theta},\dot{\theta},\dot{\theta}\}$下的自由振动响应。

题 4.15 试确定题4.9中的三层楼建筑框架,由于一个作用于第三层楼水平方向的静荷载$Q_3=p$,突然放松引起的系统初始条件的响应。

题 4.16 试计算题4.5中的三个质量系统对作用于第一个质量上的阶跃激励力$Q_1=p$的响应。

题 4.17 在题4.6所示系统中,若在第二个圆盘与第三个圆盘之间的轴中央处作用一个扭矩$T\sin\omega t$,试求系统的稳态响应。

题 4.18 在题4.7所示系统中,若在m_1和m_3处作用一斜坡激励力$Q_1=Q_3=Rt$,试求系统的响应。

题 4.19 在题4.9所示的三层楼建筑框架中,若在每一层楼均同时作用一阶跃激励力$Q_1=Q_2=Q_3=p$,试求系统的响应。

题 4.20 用传递矩阵法求题4.20图所示轴盘扭振系统的固有频率及主振型。(提示:设第二个盘$I_2=0$)

题 4.21 用传递矩阵法求题4.21图所示传动系统的固有频率及主振型。已知$I_1=50\text{N}\cdot\text{cm}\cdot\text{s}^2,I_2=25\text{N}\cdot\text{cm}\cdot\text{s}^2,I_3=100\text{N}\cdot\text{cm}\cdot\text{s}^2,I_4=200\text{N}\cdot\text{cm}\cdot\text{s}^2,k_1=1.13\times10^6$ N·cm/rad,$k_2=4.52\times10^6$N·cm/rad,转速比为$n=\dfrac{r_2}{r_3}=\dfrac{1}{2}$。(提示:可以直接用分支系统传递矩阵法计算(未讲),亦可以先将系统转换成链式轴盘系统计算,建议采用该方法。)

题 4.22 用传递矩阵法求题4.22图所示的悬臂梁在自由端有集中质量m时横向振动的固有频率。梁的质量忽略不计。

题 4.23 如题4.23图所示悬臂轴盘扭振系统,A端固定。设$I_1=I_2=I_3=I,k_1=k_2=k_3=k$,结构阻尼不计。受力前系统处于静止平衡状态,若在第三个盘上作用一简谐力矩$M_0\sin\omega t$,试用解耦分析法求系统的稳态响应。

题 4.24 如题4.24图所示有阻尼的弹簧—质量系统。如$m_1=m_2=m_3=m,k_1=k_2=k_3=$

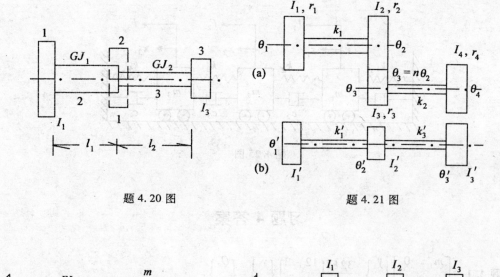

题 4.20 图　　　　　　　　　题 4.21 图

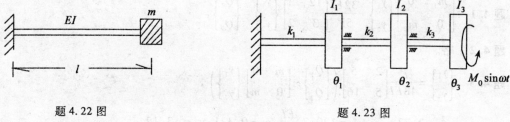

题 4.22 图　　　　　　　　　题 4.23 图

k，各质量上作用有外力 $F_1(t)=F_2(t)=F_3(t)=F\cdot\sin\omega t$（其中 $\omega=1.25\sqrt{\dfrac{k}{m}}$），各阶解耦正振型的相对阻尼系数 $\xi_{1N}=\xi_{2N}=\xi_{3N}=\xi=0.01$。试用解耦分析法求各质量的强迫振动稳态响应。

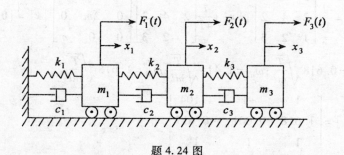

题 4.24 图

题 4.25（大作业）　如题 4.25 图所示，一个有阻尼的三个质量和四个弹簧组成的系统。假设 $m_1=m_3=2m, m_2=m, k_1=k_2=k_3=k_4=k$，各阶解耦正振型的相对阻尼系数 $\xi_{N1}=\xi_{N2}=\xi_{N3}=\xi_{N4}=\xi=0.02$，各质量上作用一阶跃激励力 $F_1=F_2=F_3=F$，在外激励力作用前系统的初始条件为 $\{x(0)\}^T=\{0,0,0\}$ 和 $\{\dot{x}(0)\}^T=\{v,0,-v\}$。试：(1) 用影响系数法列出系统的运动微分方程；(2) 用迭代法求解系统的固有频率及主振型矩阵 $[A_P]$；(3) 用解耦分析法求解系统的瞬态响应。

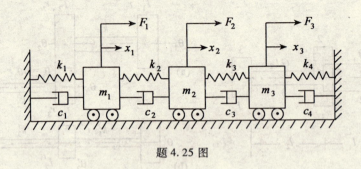

题 4.25 图

习题 4 答案

题 4.1 $\begin{bmatrix} m_1 & 0 \\ 0 & m_2 \end{bmatrix} \begin{Bmatrix} \ddot{y}_1 \\ \ddot{y}_2 \end{Bmatrix} + \dfrac{32EI}{5l^3} \begin{bmatrix} 12 & 3 \\ 3 & 2 \end{bmatrix} \begin{Bmatrix} y_1 \\ y_2 \end{Bmatrix} = \begin{Bmatrix} Q_1 \\ Q_2 \end{Bmatrix}$。

题 4.2 略。

题 4.3 $\begin{Bmatrix} y_1 \\ y_2 \end{Bmatrix} = \dfrac{l^3}{48EI} \begin{bmatrix} 2 & 5 \\ 5 & 16 \end{bmatrix} \left(\begin{Bmatrix} Q_1 \\ Q_2 \end{Bmatrix} - \begin{bmatrix} m & 0 \\ 0 & m \end{bmatrix} \begin{Bmatrix} \ddot{y}_1 \\ \ddot{y}_2 \end{Bmatrix} \right)$,

$\omega_{n1}^2 = 2.73 \dfrac{EI}{ml^3}$; $\omega_{n2}^2 = 120.7 \dfrac{EI}{ml^3}$; $u_1 = 0.321$; $u_2 = -3.12$。

$y_1 = (0.107\cos\omega_{n1}t - 0.00256\cos\omega_{n2}t) \dfrac{l^3 (Q_2)_{st}}{EI}$;

$y_2 = (0.333\cos\omega_{n1}t + 0.00082\cos\omega_{n2}t) \dfrac{l^3 (Q_2)_{st}}{EI}$。

题 4.4 $[\delta] = \dfrac{l}{4T} \begin{bmatrix} 3 & 2 & 1 \\ 2 & 4 & 2 \\ 1 & 2 & 3 \end{bmatrix}$; $\{x\} + \dfrac{l}{4T} \begin{bmatrix} 3 & 2 & 1 \\ 2 & 4 & 2 \\ 1 & 2 & 3 \end{bmatrix} \begin{bmatrix} m & 0 & 0 \\ 0 & 2m & 0 \\ 0 & 0 & m \end{bmatrix} \{\ddot{x}\} = \{0\}$,

$\omega_{n1} = 0.618\sqrt{\dfrac{T}{ml}}$; $\omega_{n2} = 1.414\sqrt{\dfrac{T}{ml}}$; $\omega_{n3} = 1.618\sqrt{\dfrac{T}{ml}}$。

$[A_P] = \begin{bmatrix} 1 & -1 & 1.104 \\ 1.618 & 0.001 & -0.617 \\ 1 & 1 & 1 \end{bmatrix}$。

题 4.5 $[K] = k \begin{bmatrix} 2 & -1 & 0 \\ -1 & 2 & -1 \\ 0 & -1 & 2 \end{bmatrix}$; $\{x\} + \dfrac{1}{4k} \begin{bmatrix} 3 & 2 & 1 \\ 2 & 4 & 2 \\ 1 & 2 & 3 \end{bmatrix} \begin{bmatrix} m & 0 & 0 \\ 0 & m & 0 \\ 0 & 0 & m \end{bmatrix} \{\ddot{x}\} = \mathbf{0}$,

$\omega_{n1} = 0.765\sqrt{\dfrac{k}{m}}$; $\omega_{n2} = 1.414\sqrt{\dfrac{k}{m}}$; $\omega_{n3} = 1.847\sqrt{\dfrac{k}{m}}$。

$$[A_P] = \begin{bmatrix} 1 & 1 & 1 \\ 1.414 & 0 & -1.414 \\ 1 & -1 & 1 \end{bmatrix}。$$

题 4.6 $\dfrac{1}{k_\theta}\begin{bmatrix} 1 & 1 & 1 \\ 1 & 2 & 2 \\ 1 & 2 & 3 \end{bmatrix}\begin{bmatrix} I & 0 & 0 \\ 0 & I & 0 \\ 0 & 0 & I \end{bmatrix}\{\ddot{\phi}\} + \{\phi\} = \{0\}$,

$$\omega_{n1} = 0.445\sqrt{\dfrac{k_\theta}{I}};\ \omega_{n2} = 1.247\sqrt{\dfrac{k_\theta}{I}};\ \omega_{n3} = 1.802\sqrt{\dfrac{k_\theta}{I}}。$$

$$[A_P] = \begin{bmatrix} 1 & 1 & 1 \\ 1.802 & 0.445 & -1.247 \\ 2.247 & -0.802 & 0.555 \end{bmatrix}。$$

题 4.7 $[\delta] = \dfrac{l^3}{768EI}\begin{bmatrix} 9 & 11 & 7 \\ 11 & 16 & 11 \\ 7 & 11 & 9 \end{bmatrix}$, $\omega_{n1} = 4.93\sqrt{\dfrac{EI}{ml^3}}$;

$$\omega_{n2} = 19.6\sqrt{\dfrac{EI}{ml^3}};\ \omega_{n3} = 41.6\sqrt{\dfrac{EI}{ml^3}};\ [A_P] = \begin{bmatrix} 1 & 1 & 1 \\ 1.414 & 0 & -1.414 \\ 1 & -1 & 1 \end{bmatrix}。$$

题 4.8 $[K] = \dfrac{mg}{l}\begin{bmatrix} 5 & -2 & 0 \\ -2 & 3 & -1 \\ 0 & -1 & 1 \end{bmatrix}$; $\begin{bmatrix} m & 0 & 0 \\ 0 & m & 0 \\ 0 & 0 & m \end{bmatrix}\{\ddot{x}\} + \dfrac{mg}{l}\begin{bmatrix} 5 & -2 & 0 \\ -2 & 3 & -1 \\ 0 & -1 & 1 \end{bmatrix}\{x\} = \begin{Bmatrix} 0 \\ 0 \\ 0 \end{Bmatrix}$,

$$\omega_{n1} = 0.645\sqrt{\dfrac{g}{l}};\ \omega_{n2} = 1.515\sqrt{\dfrac{g}{l}};\ \omega_{n3} = 2.508\sqrt{\dfrac{g}{l}}。$$

$$[A_P] = \begin{bmatrix} 1 & 1 & 1 \\ 2.293 & 1.532 & -0.645 \\ 3.929 & -1.045 & 0.122 \end{bmatrix},$$

题 4.9 $[\delta] = \dfrac{h^3}{144EI}\begin{bmatrix} 2 & 2 & 2 \\ 2 & 5 & 5 \\ 2 & 5 & 11 \end{bmatrix}$; $\{x\} + \dfrac{h^3}{144EI}\begin{bmatrix} 2 & 2 & 2 \\ 2 & 5 & 5 \\ 2 & 5 & 11 \end{bmatrix}\begin{bmatrix} m & 0 & 0 \\ 0 & m & 0 \\ 0 & 0 & m \end{bmatrix}\{\ddot{x}\} = 0$,

$$\omega_{n1} = 3.159\sqrt{\dfrac{EI}{mh^3}},\quad \omega_{n2} = 7.414\sqrt{\dfrac{EI}{mh^3}},\quad \omega_{n3} = 12.286\sqrt{\dfrac{EI}{mh^3}}$$

$$[A_P] = \begin{bmatrix} 1 & 1 & 1 \\ 2.292 & 1.353 & -0.645 \\ 3.923 & -1.045 & 0.122 \end{bmatrix}。$$

题 4.10 $[\delta] = \dfrac{l^3}{48EI}\begin{bmatrix} 64 & 24 & 6 \\ 24 & 16 & 5 \\ 6 & 5 & 2 \end{bmatrix}$, $\{y\} + \dfrac{l^3}{48EI}\begin{bmatrix} 64 & 24 & 6 \\ 24 & 16 & 5 \\ 6 & 5 & 2 \end{bmatrix}\begin{bmatrix} m & 0 & 0 \\ 0 & m & 0 \\ 0 & 0 & m \end{bmatrix}\{\ddot{y}\} = \{0\}$

$$\omega_{n1} = 0.802\sqrt{\dfrac{EI}{ml^3}},\quad \omega_{n2} = 2.621\sqrt{\dfrac{EI}{ml^3}},\quad \omega_{n3} = 12.504\sqrt{\dfrac{EI}{ml^3}}。$$

$$[A_P] = \begin{bmatrix} 1 & 1 & 1 \\ 0.418 & -2.140 & -6.781 \\ 0.111 & -0.942 & 16.481 \end{bmatrix}。$$

题 4.11 $[A_P] = \begin{bmatrix} 1 & 1 & 1 \\ 1.802 & 0.445 & -1.247 \\ 2.247 & -0.802 & 0.555 \end{bmatrix}$, $\lfloor M_P \rfloor = m \begin{bmatrix} 9.296 & 0 & 0 \\ 0 & 1.841 & 0 \\ 0 & 0 & 2.863 \end{bmatrix}$,

$$\lfloor K_P \rfloor = k \begin{bmatrix} 1.841 & 0 & 0 \\ 0 & 2.863 & 0 \\ 0 & 0 & 9.296 \end{bmatrix}。$$

题 4.12 $[A_N] = \dfrac{1}{\sqrt{m}} \begin{bmatrix} 0.32798 & 0.73696 & 0.59100 \\ 0.59102 & 0.32795 & -0.73698 \\ 0.73697 & -0.59104 & 0.32800 \end{bmatrix}$,

$$\lfloor M_N \rfloor = [I] = \begin{bmatrix} 1 & 0 & 0 \\ 0 & 1 & 0 \\ 0 & 0 & 1 \end{bmatrix}, \quad \lfloor K_N \rfloor = \begin{bmatrix} 0.19806 & 0 & 0 \\ 0 & 1.55494 & 0 \\ 0 & 0 & 3.24696 \end{bmatrix} \dfrac{k}{m}。$$

题 4.13 $\{x(t)\} = \begin{Bmatrix} \dfrac{V}{\omega_{n2}} \\ 0 \\ -\dfrac{V}{\omega_{n2}} \end{Bmatrix} \sin\omega_{n2} t = \begin{Bmatrix} 1 \\ 0 \\ -1 \end{Bmatrix} \dfrac{V}{\omega_{n2}} \sin\omega_{n2} t。$

题 4.14 $\{x(t)\} = \begin{Bmatrix} \left(0.543 \dfrac{\sin\omega_{n1} t}{\omega_{n1}} + 0.349 \dfrac{\sin\omega_{n2} t}{\omega_{n2}} + 0.108 \dfrac{\sin\omega_{n3} t}{\omega_{n3}}\right) \dot\theta \\ \left(0.979 \dfrac{\sin\omega_{n1} t}{\omega_{n1}} + 0.155 \dfrac{\sin\omega_{n2} t}{\omega_{n2}} - 0.134 \dfrac{\sin\omega_{n3} t}{\omega_{n3}}\right) \dot\theta \\ \left(1.220 \dfrac{\sin\omega_{n1} t}{\omega_{n1}} - 0.280 \dfrac{\sin\omega_{n2} t}{\omega_{n2}} + 0.0597 \dfrac{\sin\omega_{n3} t}{\omega_{n3}}\right) \dot\theta \end{Bmatrix}。$

题 4.15 $\{x(t)\} = \begin{Bmatrix} x_1(t) \\ x_2(t) \\ x_3(t) \end{Bmatrix}$

$$= \dfrac{ph^3}{144EI} \begin{Bmatrix} 2.616\cos\omega_{n1} t - 0.702\cos\omega_{n2} t + 0.083\cos\omega_{n3} t \\ 5.999\cos\omega_{n1} t - 0.938\cos\omega_{n2} t - 0.053\cos\omega_{n3} t \\ 10.258\cos\omega_{n1} t + 0.727\cos\omega_{n2} t + 0.010\cos\omega_{n3} t \end{Bmatrix}。$$

题 4.16 $\{x(t)\} = \begin{Bmatrix} x_1(t) \\ x_2(t) \\ x_3(t) \end{Bmatrix}$

$$= \dfrac{p}{k} \begin{Bmatrix} 0.75 - 0.427\cos\omega_{n1} t - 0.25\cos\omega_{n2} t - 0.073\cos\omega_{n3} t \\ 0.5 - 0.427\cos\omega_{n1} t - 0.073\cos\omega_{n3} t \\ 0.25 - 0.427\cos\omega_{n1} t + 0.25\cos\omega_{n2} t - 0.073\cos\omega_{n3} t \end{Bmatrix}。$$

题 4.17 $\{\phi(t)\} = \begin{Bmatrix} \phi_1(t) \\ \phi_2(t) \\ \phi_3(t) \end{Bmatrix}$

$$= \frac{T\sin\omega t}{I} \begin{Bmatrix} \dfrac{0.218\beta_1}{\omega_{n1}^2} - \dfrac{0.097\beta_2}{\omega_{n2}^2} - \dfrac{0.121\beta_3}{\omega_{n3}^2} \\ \dfrac{0.392\beta_1}{\omega_{n1}^2} - \dfrac{0.043\beta_2}{\omega_{n2}^2} + \dfrac{0.151\beta_3}{\omega_{n3}^2} \\ \dfrac{0.489\beta_1}{\omega_{n1}^2} + \dfrac{0.078\beta_2}{\omega_{n2}^2} - \dfrac{0.067\beta_3}{\omega_{n3}^2} \end{Bmatrix} \quad \left(\text{式中}, \beta_i = \dfrac{1}{1 - \dfrac{\omega^2}{\omega_{ni}^2}}\right)$$

题 4.18 $\{y\} = \begin{Bmatrix} y_1 \\ y_2 \\ y_3 \end{Bmatrix}$

$$= \frac{R}{2m} \begin{Bmatrix} \dfrac{t - \dfrac{1}{\omega_{n1}}\sin\omega_{n1}t}{\omega_{n1}^2} + \dfrac{t - \dfrac{1}{\omega_{n3}}\sin\omega_{n3}t}{\omega_{n3}^2} \\ \dfrac{1.414\left(t - \dfrac{\sin\omega_{n1}t}{\omega_{n1}}\right)}{\omega_{n1}^2} - \dfrac{1.414\left(t - \dfrac{\sin\omega_{n3}t}{\omega_{n3}}\right)}{\omega_{n3}^2} \\ \dfrac{t - \dfrac{1}{\omega_{n1}}\sin\omega_{n1}t}{\omega_{n1}^2} + \dfrac{t - \dfrac{1}{\omega_{n3}}\sin\omega_{n3}t}{\omega_{n3}^2} \end{Bmatrix}$$

题 4.19 $\{x(t)\} = \begin{Bmatrix} x_1(t) \\ x_2(t) \\ x_3(t) \end{Bmatrix}$

$$= \frac{ph^3}{144EI} \begin{Bmatrix} 6.013 - 4.812\cos\omega_{n1}t - 0.883\cos\omega_{n2}t - 0.319\cos\omega_{n3}t \\ 12.008 - 11.034\cos\omega_{n1}t - 1.179\cos\omega_{n2}t + 0.205\cos\omega_{n3}t \\ 17.992 - 18.867\cos\omega_{n1}t + 0.914\cos\omega_{n2}t - 0.039\cos\omega_{n3}t \end{Bmatrix}$$

题 4.20 $\omega_{n1}^2 = 0$, $\{A^{(1)}\} = \begin{Bmatrix} 1 \\ 1 \end{Bmatrix}$ （刚体运动），

$$\omega_{n2}^2 = \frac{I_1 + I_3}{I_1 I_3} \times \frac{1}{\dfrac{l_1}{GJ_1} + \dfrac{l_2}{GJ_2}}, \quad \{A^{(2)}\} = \begin{Bmatrix} 1 \\ -\dfrac{I_1}{I_3} \end{Bmatrix}$$

题 4.21 $\omega_{n1} = 0$, $\omega_{n2} = 1503 \dfrac{1}{s}$, $\omega_{n3} = 2604 \dfrac{1}{s}$。

$$\{A^{(1)}\}=\begin{Bmatrix}1\\1\\-\dfrac{1}{2}\\-\dfrac{1}{2}\end{Bmatrix}, \quad \{A^{(2)}\}=\begin{Bmatrix}1\\0\\0\\-\dfrac{1}{2}\end{Bmatrix}, \quad \{A^{(3)}\}=\begin{Bmatrix}1\\-2\\1\\-\dfrac{1}{2}\end{Bmatrix}。$$

题 4.22 $\omega_n=\sqrt{\dfrac{3EI}{ml^3}}$。

题 4.23 $\{\theta(t)\}=\begin{Bmatrix}0.2417\dfrac{\beta_1}{\omega_{n1}^2}-0.4356\dfrac{\beta_2}{\omega_{n2}^2}+0.1938\dfrac{\beta_3}{\omega_{n3}^2}\\0.4356\dfrac{\beta_1}{\omega_{n1}^2}-0.1938\dfrac{\beta_2}{\omega_{n2}^2}-0.2417\dfrac{\beta_3}{\omega_{n3}^2}\\0.5432\dfrac{\beta_1}{\omega_{n1}^2}+0.3493\dfrac{\beta_2}{\omega_{n2}^2}+0.1076\dfrac{\beta_3}{\omega_{n3}^2}\end{Bmatrix}\dfrac{M_0}{I}\sin\omega t$

式中，$\beta_i=\dfrac{1}{1-\dfrac{\omega^2}{\omega_{ni}^2}}$。

题 4.24 $\omega_{n1}=0.445\sqrt{\dfrac{k}{m}}, \quad \omega_{n2}=1.247\sqrt{\dfrac{k}{m}}, \quad \omega_{n3}=1.802\sqrt{\dfrac{k}{m}}$。

$$[A_P]=\begin{bmatrix}0.445 & -1.247 & 1.802\\0.802 & -0.555 & -2.247\\1 & 1 & 1\end{bmatrix},$$

$$\{x(t)\}=\dfrac{F}{k}\begin{Bmatrix}0.398\\0.717\\0.894\end{Bmatrix}\sin(\omega t-\psi_1)+\dfrac{F}{k}\begin{Bmatrix}10.896\\4.849\\8.737\end{Bmatrix}\sin(\omega t-\psi_2)+\dfrac{F}{k}\begin{Bmatrix}0.064\\-0.080\\0.035\end{Bmatrix}\sin(\omega t-\psi_3)。$$

式中，$\psi_1=179°31'58''$, $\psi_2=103°30'28''$, $\psi_3=1°31'54''$。

题 4.25 $[\delta]=\dfrac{1}{4k}\begin{bmatrix}3 & 2 & 1\\2 & 4 & 2\\1 & 2 & 3\end{bmatrix}, \quad [M]=m\begin{bmatrix}2 & 0 & 0\\0 & 1 & 0\\0 & 0 & 2\end{bmatrix},$

$\omega_{n1}^2=0.382\dfrac{k}{m}, \quad \omega_{n2}^2=\dfrac{k}{m}, \quad \omega_{n3}^2=2.618\dfrac{k}{m}$

$$[A_P]=\begin{bmatrix}0.809 & 1 & -0.309\\1 & 0 & 1\\0.809 & -1 & -0.309\end{bmatrix}。$$

第5章 弹性体的振动

本章研究质量与弹性连续分布的系统振动问题。这类系统的物体假设是均质的和各向同性的,并在弹性范围内服从虎克(Hooke,R.)定律。显然,为了表示弹性体内每一质点的位置,需要用无限多个坐标,所以这类系统具有无限多个自由度。

无限多个自由度的振动问题,在数学上需要同时用时间和坐标的函数来描述其运动状态,因而最后得到的系统的运动方程是偏微分方程。对于弹性体系统振动的微分方程,只在一些比较简单的特殊情况下方能求得其解析解,而对于几何形状比较复杂的构件,一般需要离散化成有限自由度系统计算。因而,本章只研究弦、杆及梁等简单构件的纵向、横向及扭转振动。

§5.1 弦 的 振 动

5.1.1 运动微分方程

我们讨论的是一种两端受到张力 T 拉紧的弦,弦上还受到横向干扰力 $q(x,t)$ 的作用,如图 5-1(a)所示。

这种弦的密度为 ρ(质量/单位体积)。假设弦的横向挠度 y 很小,因而随挠度而变的张力变化极小,可以忽略不计,因此作用于弦上的张力 T 为常量。

现在我们取一单元长度 ds 微段的弦来研究,其脱离体图如图 5-1(b)所示。如果弦发生横向振动,则弦上的任意一点的位移 y 应为位置 x 与时间 t 的函数,即
$$Y = y(x,t)。$$
当位移的振幅较小,弦的截面积为 A,则弦的单元微段 ds 的质量为

$$dm = \rho A \cdot ds = \rho A \sqrt{(dx)^2 + (dy)^2} \approx \rho A dx \tag{5-1}$$

弦的斜率为 $\theta(x,t) = \dfrac{\partial y(x,t)}{\partial x}$。又 $\sin\theta \approx \theta$。

设 t 瞬时,弦在 x 点和 $x+dx$ 点的倾角分别为 $\theta(x,t)$ 和 $\theta + \dfrac{\partial \theta}{\partial x}dx$,沿 y 方向作用在微小区间 $[x, x+dx]$ 的外力之和为

$$T\left[\theta(x,t) + \frac{\partial \theta(x,t)}{\partial x}dx\right] - T\theta(x,t) + q(x,t)dx = T\frac{\partial \theta(x,t)}{\partial x}dx + q(x,t)dx \tag{5-2}$$

根据牛顿(Newton)第二定律,弦的单元微段 ds 沿 y 方向的运动微分方程为

$$\underbrace{\rho A dx}_{\text{质量}} \cdot \underbrace{\frac{\partial^2 y(x,t)}{\partial t^2}}_{\text{加速度}} = \underbrace{T\frac{\partial \theta(x,t)}{\partial x}dx + q(x,t)dx}_{\text{外力}}$$

$$\tag{5-3}$$

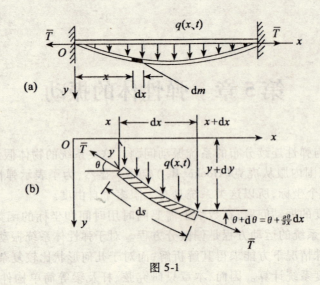

图 5-1

代入 $\theta(x,t) = \dfrac{\partial y(x,t)}{\partial x}$,并消去 dx,便得到弦的运动微分方程为

$$\rho A \frac{\partial^2 y(x,t)}{\partial t^2} = T \frac{\partial^2 y(x,t)}{\partial x^2} + q(x,t) \tag{5-4}$$

或

$$\frac{\partial^2 y(x,t)}{\partial t^2} = c^2 \frac{\partial^2 y(x,t)}{\partial x^2} + \frac{1}{\rho A} q(x,t) \tag{5-5}$$

式中,$c = \sqrt{\dfrac{T}{\rho A}}$,$c$ 为波沿弦长度方向传播的速度。

式(5-5)是在干扰力作用下弦的运动微分方程,如果干扰力不存在时,则可以得到弦作自由振动的运动微分方程

$$\frac{\partial^2 y(x,t)}{\partial t^2} = c^2 \frac{\partial^2 y(x,t)}{\partial x^2} \tag{5-6}$$

这一方程是自由振动微分方程,通常称之为波动方程。

5.1.2 固有频率与主振型

我们知道,无限自由度系统与有限自由度系统无本质差别。它们都应当具有相同的特性。即弹性体系统作某阶主振动时,其各质点也应当做同样的频率及相位运动,各点也应当同时通过静平衡位置和到达最大偏离位置,即系统具有一定的、与时间无关的振型。这样,我们就可以假设式(5-6)的解为

$$y(x,t) = Y(x)H(t) = Y(x)\sin(\omega_n t + \varphi) \tag{5-7}$$

式中,$Y(x)$ 称为振型函数,仅为 x 的函数,而 $\sin\omega_n t$ 是弦的振动方式,仅为 t 的函数。因此

$$\begin{cases} \dfrac{\partial^2 y(x,t)}{\partial t^2} = -\omega_n^2 Y(x)\sin(\omega_n t + \varphi) \\ \dfrac{\partial^2 y(x,t)}{\partial x^2} = \dfrac{d^2 Y(x)}{dx^2}\sin(\omega_n t + \varphi) \end{cases} \tag{5-8}$$

将式(5-8)代回式(5-6)得

$$-\omega_n^2 Y(x)\sin(\omega_n t + \varphi) = c^2 \frac{d^2 Y(x)}{dx^2}\sin(\omega_n t + \varphi)$$

故

$$\frac{d^2 Y(x)}{dx^2} + \frac{\omega_n^2}{c^2}Y(x) = 0 \tag{5-9}$$

经过上述处理之后,偏微分方程式(5-6)转变为常微分方程式(5-9)。这个方程的通解为

$$Y(x) = A\sin\frac{\omega_n}{c}x + B\cos\frac{\omega_n}{c}x \tag{5-10}$$

将式(5-10)代入式(5-7),便得到方程(5-6)的解

$$y(x,t) = \left(A\sin\frac{\omega_n}{c}x + B\cos\frac{\omega_n}{c}x\right)\cdot\sin(\omega_n t + \varphi) \tag{5-11}$$

式中,ω_n 为系统的固有频率。A、B、ω_n 及 φ 为四个待定常数,可以由弦的边界条件及振动的两个初始条件来决定。

弦的固有频率与弦的边界条件有关。为了求弦的固有频率,需利用弦的两个端点条件,如图5-1(a)的情况,由于两端固定,故有

$$y(0,t) = 0 \quad \text{及} \quad y(l,t) = 0$$

将之代入式(5-11)得

$$0 = (0+B)\sin(\omega_n t + \varphi)$$

$$0 = \left(A\sin\frac{\omega_n}{c}l + B\cdot\cos\frac{\omega_n}{c}l\right)\sin(\omega_n t + \varphi)$$

故

$$B = 0$$

$$A\sin\frac{\omega_n}{c}l = 0$$

上式中,若 $A = 0$,由式(5-10)知 $y(x) \equiv 0$,则弦为直线形式,弦并没有振动,这当然不是要讨论的情况,故此要使 $A \neq 0$,则必须使

$$\sin\frac{\omega_n}{c}l = 0 \tag{5-12}$$

上式即为弦振动的特征方程,即频率方程。由此可以求得无限多个固有频率。

若弦作 j 阶主振动时,则由式(5-12)得

$$\frac{\omega_{nj}}{c}l = j\pi \quad (j = 1, 2, \cdots, \infty)$$

故

$$\omega_{nj} = \frac{cj\pi}{l} = \frac{j\pi}{l}\sqrt{\frac{T}{\rho A}} \tag{5-13}$$

式中,$j = 1, 2, \cdots, \infty$,即对应于弦的无限多阶固有频率。

将式(5-13)代回式(5-10),得到对应于上述无限多阶固有频率的无限多个主振型。即

$$Y_j(x) = A_j \sin \frac{\omega_{nj}}{c} x = A_j \sin \frac{j\pi}{l} x, \quad (j = 1, 2, \cdots, \infty) \tag{5-14}$$

将式(5-13)及式(5-14)代入式(5-7),便得到弦的无限多个主振动,即

$$y_j(x,t) = A_j \sin \frac{j\pi}{l} x \cdot \sin(\omega_{nj} t + \varphi_j) \tag{5-15}$$

通过边界条件求得了 B 及 ω_{nj}。余下的 A_j 及 φ_j 可以由初始条件 $y(x,0)$ 及 $\dot{y}(x,0)$ 来决定,因为振幅的大小与初始条件有关。

在一般情况下,各阶主振动全部被激发,故弦的自由振动为无限多阶主振动的叠加。即

$$y(x,t) = \sum_{j=1}^{\infty} A_j \sin \frac{j\pi}{l} x \cdot \sin(\omega_{nj} t + \varphi_j) \tag{5-16}$$

由上述分析可知,弹性体的振动特性与多自由度系统的振动特性完全相同。所不同的是离散系统的主振型是以各质点间的振幅比来表示,而弹性体具有无限多自由度,各点的振幅就成为坐标 x 的连续函数——振型函数 $Y(x)$。所以,离散系统所描述的只是主振动的近似解,而弹性体的振型函数 $Y(x)$ 才是系统的真实主振型。

例 5-1 求如图 5-2 所示的弦振动的头三阶固有频率及相应的主振型,并作出主振型图。若将弦分成四段聚缩成三自由度系统,试比较其固有频率及相应的主振型。

解 (1)求固有频率及主振型,先将 $j = 1、2、3$ 代入式(5-13)及式(5-14),得

$$\omega_{n_1} = \frac{\pi}{l} \sqrt{\frac{T}{\rho A}}$$

$$\omega_{n_2} = \frac{2\pi}{l} \sqrt{\frac{T}{\rho A}}$$

$$\omega_{n_3} = \frac{3\pi}{l} \sqrt{\frac{T}{\rho A}}$$

及

$$Y_1(x) = A_1 \sin \frac{\pi}{l} x$$

$$Y_2(x) = A_2 \sin \frac{2\pi}{l} x$$

$$Y_3(x) = A_3 \sin \frac{3\pi}{l} x$$

以 x 为横坐标,$Y(x)$ 为纵坐标,并令 $A_j = 1 (j = 1、2、3)$。即可以作出头三阶主振型图,如图 5-2(b)、(c)、(d)所示。系统各阶固有频率之值由低到高成倍增长,相应的振型波形也逐渐增多。振幅始终为零的点称为节点。节点数随阶次增大而逐一增加。节点数与阶次的关系是第 n 阶主振型有 $(n-1)$ 个节点。

(2)将系统聚缩成三个自由度系统来研究,如图 5-3 所示。则

$$m_i = \frac{\rho A l}{4}$$

$$\Delta x_i = \frac{l}{4}$$

第5章 弹性体的振动

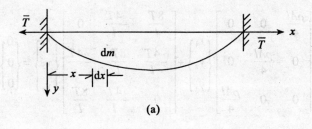

(a)

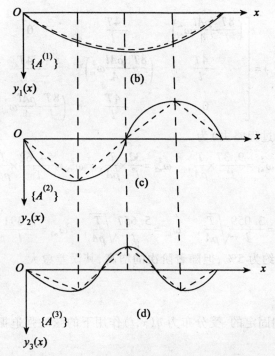

图 5-2

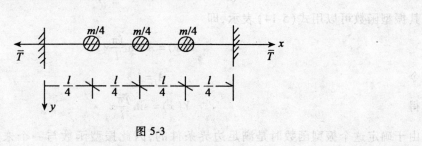

图 5-3

$$k_{11} = \frac{8T}{l}, \quad k_{12} = k_{21} = -\frac{4T}{l}$$

$$k_{22} = \frac{8T}{l}, \quad k_{23} = k_{32} = -\frac{4T}{l}, \quad k_{33} = \frac{8T}{l}。$$

代入振动微分方程式(4-15),得

$$\begin{bmatrix} \dfrac{\rho A l}{4} & 0 & 0 \\ 0 & \dfrac{\rho A l}{4} & 0 \\ 0 & 0 & \dfrac{\rho A l}{4} \end{bmatrix} \begin{Bmatrix} \ddot{y}_1 \\ \ddot{y}_2 \\ \ddot{y}_3 \end{Bmatrix} + \begin{bmatrix} \dfrac{8T}{l} & -\dfrac{4T}{l} & 0 \\ -\dfrac{4T}{l} & \dfrac{8T}{l} & -\dfrac{4T}{l} \\ 0 & -\dfrac{4T}{l} & \dfrac{8T}{l} \end{bmatrix} \begin{Bmatrix} y_1 \\ y_2 \\ y_3 \end{Bmatrix} = \begin{Bmatrix} 0 \\ 0 \\ 0 \end{Bmatrix}$$

其特征方程为

$$\Delta(\omega_{nj}^2) = \begin{bmatrix} \left(\dfrac{8T}{l} - \dfrac{\rho A l}{4}\omega_{nj}^2\right) & -\dfrac{4T}{l} & 0 \\ -\dfrac{4T}{l} & \left(\dfrac{8T}{l} - \dfrac{\rho A l}{4}\omega_{nj}^2\right) & -\dfrac{4T}{l} \\ 0 & -\dfrac{4T}{l} & \left(\dfrac{8T}{l} - \dfrac{\rho A l}{4}\omega_{nj}^2\right) \end{bmatrix} = 0$$

由此可以解出特征根（过程略去）为

$$\omega_{n1}^2 = \dfrac{9.37}{l^2} \times \dfrac{T}{\rho A}, \quad \omega_{n2}^2 = \dfrac{32}{l^2} \times \dfrac{T}{\rho A}, \quad \omega_{n3}^2 = \dfrac{54.62}{l^2} \times \dfrac{T}{\rho A}$$

其固有频率为

$$\omega_{n1} = \dfrac{3.059}{l}\sqrt{\dfrac{T}{\rho A}}, \quad \omega_{n2} = \dfrac{5.657}{l}\sqrt{\dfrac{T}{\rho A}}, \quad \omega_{n3} = \dfrac{7.391}{l}\sqrt{\dfrac{T}{\rho A}}$$

结果表明，基频的误差约为 5%，但随着阶次的增高，其误差愈大。

5.1.3 强迫振动

对于长为 l 的两端固定的、受分布力 $q(x,t)$ 作用下的弦的强迫振动，其运动微分方程可以用式(5-5)表示，即

$$\dfrac{\partial^2 y(x,t)}{\partial t^2} = c^2 \dfrac{\partial^2 y(x,t)}{\partial x^2} + \dfrac{1}{\rho A} q(x,t)$$

其振型函数可以用式(5-14)表示，即

$$Y(x) = A_j \sin \dfrac{j\pi}{l} x$$

令

$$A_j = 1$$

得

$$Y(x) = \sin \dfrac{j\pi}{l} x \tag{5-17}$$

由于确定这个振型函数时是满足边界条件的，因此振型函数与一个未知的时间函数 $H_j(t)$ 的乘积

$$y(x,t) = \sin\left(\dfrac{j\pi}{l} x\right) H_j(t) \tag{5-18}$$

也应满足边界条件。又由于非齐次方程(5-5)的解必须满足边界条件，所以我们假设方程(5-5)的解为

$$y(x,t) = \sum_{j=1}^{\infty} \sin\left(\dfrac{j\pi}{l} x\right) H_j(t) \tag{5-19}$$

现在采用使其满足式(5-5)的方法来确定未知函数 $H_j(t)$。为此，将式(5-19)代入式

(5-5),得

$$\sum_{j=1}^{\infty}\sin\left(\frac{j\pi}{l}x\right)\frac{d^2H_j(t)}{dt^2}+c^2\sum_{j=1}^{\infty}\left(\frac{j\pi}{l}x\right)^2\cdot\sin\left(\frac{j\pi}{l}x\right)H_j(t)=\frac{1}{\rho A}q(x,t) \quad (5\text{-}20)$$

将上式两边同乘以 $\sin\left(\frac{m\pi}{l}x\right)$,并从 0 到 l 对 x 进行积分。根据三角函数的正交性

$$\int_0^l \sin\left(\frac{j\pi}{l}x\right)\sin\left(\frac{m\pi}{l}x\right)dx = \begin{cases} \dfrac{l}{2} & (j=m) \\ 0 & (j\neq m) \end{cases}$$

得到(用 m 代替 j)

$$\frac{d^2H_m(t)}{dt^2}+\left(c\frac{m\pi}{l}\right)^2 H_m(t)=\frac{2}{\rho Al}\int_0^l q(x,t)\sin\frac{m\pi}{l}xdx \quad (m=j)$$

令

$$Q_m(t)=\frac{2}{\rho Al}\int_0^l q(x,t)\sin\frac{m\pi}{l}xdx$$

由式(5-13),令 $\omega_{nm}=\dfrac{cm\pi}{l}$ 得

$$\frac{d^2H_m(t)}{dt^2}+\omega_{nm}^2 H_m(t)=Q_m(t) \quad (m=j=1,2,\cdots,\infty) \quad (5\text{-}21)$$

这是关于 m 阶振型的方程,如 §2.6 中的 2.6.1 所述,其通解可以表示为

$$H_m(t)=C_m\cos\omega_{nm}t+D_m\sin\omega_{nm}t+\frac{1}{\omega_{nm}}\int_0^l Q_m(\tau)\sin\omega_{nm}(t-\tau)d\tau \quad (m=1,2,\cdots) \quad (5\text{-}22)$$

式中,C_m 及 D_m 是待定常数,由初始条件来确定。

将式(5-22)代回式(5-19),即得

$$y(x,t)=\sum_{m=1}^{\infty}\sin\left(\frac{m\pi}{l}x\right)\left[C_m\cos\omega_{nm}t+D_m\sin\omega_{nm}t+\frac{1}{\omega_{nm}}\int_0^l Q_m(\tau)\sin\omega_{nm}(t-\tau)d\tau\right] \quad (5\text{-}23)$$

这便是弦的强迫振动的通解。

§5.2 杆的纵向振动与扭转振动

杆的纵向振动与扭转振动,其运动方程在形式上和弦的振动完全相同,因此本节仅讨论其自由振动情况。

5.2.1 杆的纵向振动

如图 5-4(a)所示,假设所研究的杆是均质的细长杆,由于轴向力 N 的作用而产生轴向位移 u,u 是位置 x 及时间 t 两者的函数。设 t 瞬时 x 及 $x+dx$ 点处的轴向位移为 $u(x,t)$ 及 $u(x,t)+\dfrac{\partial u(x,t)}{\partial x}dx$。并设杆的单位体积的质量为 ρ,截面抗拉刚度为 $EA(x)$,E 为弹性模量,$A(x)$ 为杆的横截面积。

现取单元微段 dx 来研究。微段 dx 的脱离体图如图 5-4(b)所示。则微段 dx 的应变为

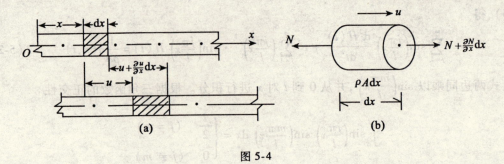

图 5-4

$$\varepsilon = \frac{\Delta dx}{dx} = \frac{u(x,t) + \frac{\partial u(x,t)}{\partial x}dx - u(x,t)}{dx} = \frac{\partial u(x,t)}{\partial x} \tag{5-24}$$

在 x 及 $x+dx$ 两个截面上的内力分别为 N 及 $N+\frac{\partial N}{\partial x}dx$,对于细长杆的 N 可以近似地认为

$$N = EA(x) \cdot \varepsilon = EA(x)\frac{\partial u(x,t)}{\partial x} \tag{5-25}$$

根据牛顿第二定律,可得

$$\underbrace{\rho A(x)dx}_{\text{质量}}\underbrace{\frac{\partial^2 u(x,t)}{\partial t^2}}_{\text{加速度}} = N + \frac{\partial N}{\partial x}dx - N = \frac{\partial N}{\partial x}dx = \underbrace{\frac{\partial}{\partial x}\left[EA(x)\frac{\partial u(x,t)}{\partial x}\right]dx}_{\text{外力}}$$

即

$$\frac{\partial^2 u(x,t)}{\partial t^2} = \frac{1}{\rho A(x)} \times \frac{\partial}{\partial x}\left[EA(x)\frac{\partial u(x,t)}{\partial x}\right] \tag{5-26}$$

当杆为均质、等截面时,上式便成为

$$\frac{\partial^2 u(x,t)}{\partial t^2} = \frac{E}{\rho} \times \frac{\partial^2 u(x,t)}{\partial x^2}$$

令 $C = \sqrt{\frac{E}{\rho}}$,则得到与弦的运动微分方程式(5-6)完全相同的偏微分方程,即

$$\frac{\partial^2 u(x,t)}{\partial t^2} = C^2 \frac{\partial^2 u(x,t)}{\partial x^2} \tag{5-27}$$

式中,C 称为弹性纵波沿 x 轴的传播速度。将式(5-6)中的 y 代以 u 就可以直接得到式(5-27)的解

$$u(x,t) = U(x)T(t) = U(x)\sin(\omega_n t + \varphi)$$
$$= \left(A\sin\frac{\omega_n}{C}x + B\cos\frac{\omega_n}{C}x\right)\sin(\omega_n t + \varphi) \tag{5-28}$$

式中,A、B、ω_n 及 φ 是四个待定常数,同样决定于杆两端边界条件及振动的两个初始条件。

边界条件对杆的固有频率及主振型的影响很大,而且边界条件各不相同,因此必须根据具体情况相应地列出各种边界条件。

例 5-2 如图5-5所示,一长为 l 的等截面均质直杆,左端固定,右端连接一刚度为 k 的弹簧。试求其纵向自由振动的运动方程 $u(x,t)$。

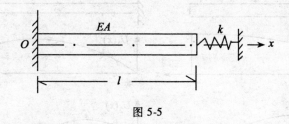

图 5-5

解 由式(5-28)可知,杆的纵向自由振动的运动方程 $u(x,t)$ 的一般形式是

$$u(x,t) = \left(A_1 \sin\frac{\omega_n}{C}x + B_1 \cos\frac{\omega_n}{C}x\right)\sin(\omega_n t + \varphi)$$

其边界条件为:

左端:$x=0$,$u(0,t)=0$,称为几何端点条件。

右端:杆受到弹簧力 $-ku(l,t)$ 的作用,故当

$$x = l, \quad EA\frac{\partial u(l,t)}{\partial x} = -ku(l,t)$$

时,称为力的端点条件。

代入式(5-28),因 $\sin(\omega_n t+\varphi)$ 一般不为0,故要满足该边界条件,应使振型函数为0,即得

$$B_1 = 0$$

及

$$EA\left(A_1\frac{\omega_n}{C}\cos\frac{\omega_n}{C}l - B_1\frac{\omega_n}{C}\sin\frac{\omega_n}{C}l\right)\sin(\omega_n t+\varphi)$$

$$= -k\left(A_1\sin\frac{\omega_n}{C}l + B_1\cos\frac{\omega_n}{C}l\right)\sin(\omega_n t+\varphi)$$

即

$$EA\frac{\omega_n}{C}\cos\frac{\omega_n}{C}l = -k\sin\frac{\omega_n}{C}l \tag{5-29}$$

由上式,根据不同的 k 值,可以解出不同的固有频率。

(1)若 $k=0$,即相当于自由端,其频率方程为

$$\cos\frac{\omega_n l}{C} = 0$$

若系统发生 j 阶主振动时,解得

$$\omega_{nj} = \frac{(2j-1)\pi}{2} \times \frac{C}{l} = \frac{(2j-1)\pi}{2l} \times \sqrt{\frac{E}{\rho}} \quad (j=1,2,\cdots,\infty) \tag{5-30}$$

相应的主振型为

$$U_j(x) = A_j \sin\frac{(2j-1)}{2l}\pi x \quad (j=1,2,\cdots,\infty) \tag{5-31}$$

我们绘出其头三阶主振型图如图5-6(a)所示。

(2)若 $k=\infty$,即相当于固定端。其频率方程为

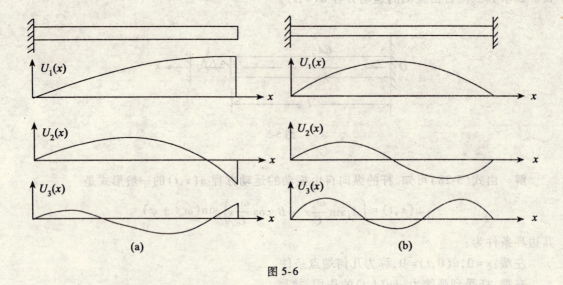

图 5-6

$$\sin\frac{\omega_n l}{C} = 0$$

若系统发生 j 阶主振动时，解得

$$\omega_{nj} = \frac{j\pi c}{l} = \frac{j\pi}{l}\sqrt{\frac{E}{\rho}} \quad (j = 1, 2, \cdots, \infty) \tag{5-32}$$

相应的主振型为

$$U_j(x) = A_j \sin\frac{j\pi}{l}x \quad (j = 1, 2, \cdots, \infty) \tag{5-33}$$

我们绘出其头三阶主振型图如图 5-6(b) 所示。

显然，所谓自由端或固定端，只是刚度不同而已，即系统端点的刚度增加，会使其各阶的固有频率亦提高。请读者思考，k 为何值时端点才相当于活动铰支座及固定铰支座的情况。

5.2.2 杆的扭转振动

如图 5-7(a) 所示的圆截面均质细长杆，设杆的剪切弹性模量为 G，截面的极惯性矩为 J_P，截面抗扭刚度为 GJ_P。x 点处截面的扭转角为 $\theta(x,t)$。由材料力学知识得知，x 截面上的扭矩为

$$M(x,t) = GJ_P \frac{\partial \theta(x,t)}{\partial x}。$$

取一单元微段 dx 研究，微段 dx 的脱离体图如图 5-7(b) 所示。在微段 dx 的两端作用有扭矩，因此微段 dx 的合成扭矩为

$$M + \frac{\partial M}{\partial x}dx - M = \frac{\partial M}{\partial x}dx$$

由此可以求得单元微段 dx 的扭转运动微分方程为

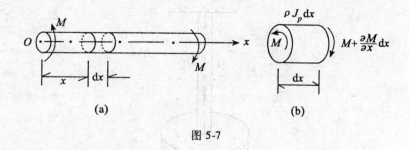

图 5-7

$$\underbrace{\rho J_p \mathrm{d}x}_{\text{转动惯量}} \cdot \underbrace{\frac{\partial^2 \theta(x,t)}{\partial t^2}}_{\text{角加速度}} = \underbrace{\frac{\partial}{\partial x}\left[GJ_p \frac{\partial \theta(x,t)}{\partial x}\right] \mathrm{d}x}_{\text{扭矩}} \tag{5-34}$$

当杆为均质、等截面时,上式成为

$$\rho J_p \frac{\partial^2 \theta(x,t)}{\partial t^2} = GJ_p \frac{\partial^2 \theta(x,t)}{\partial x^2}$$

令 $C = \sqrt{\dfrac{G}{\rho}}$,称 C 为剪切弹性横波沿 x 轴的传播速度,得

$$\frac{\partial^2 \theta(x,t)}{\partial t^2} = C^2 \frac{\partial^2 \theta(x,t)}{\partial x^2} \tag{5-35}$$

这就是杆的扭转振动的波动方程。可见与弦振动一样具有同一形式的偏微分方程。其解为

$$\theta(x,t) = \Theta(x)T(t) = \Theta(x)\sin(\omega_n t + \varphi)$$
$$= \left(A\sin \frac{\omega_n}{C}x + B\cos \frac{\omega_n}{C}x \right)\sin(\omega_n t + \varphi) \tag{5-36}$$

式中,四个待定常数 A、B、ω_n 及 φ 由系统的边界条件及初始条件确定。

求解系统的固有频率及主振型的方法和上一节相同,利用杆的端点条件求得 A 或 B 中的一个常数及固有频率 ω_n。从而得到各阶(如 j 阶)的主振动,即

$$\theta_j(x,t) = \left(A_j \sin \frac{\omega_{nj}}{C}x + B_j \cos \frac{\omega_{nj}}{C}x \right)\sin(\omega_{nj}t + \varphi_j) \quad (j=1,2,\cdots,\infty) \tag{5-37}$$

余下的两个待定常数由初始条件 $\theta(x,0)$ 和 $\dot{\theta}(x,0)$ 决定,从而确定系统在初始条件下的响应。

在一般初始条件下,各阶主振动全都被激发。所以式(5-35)的一般解为各阶主振动的叠加,即

$$\theta(x,t) = \sum_{j=1}^{\infty} \left(A_j \sin \frac{\omega_{nj}}{C}x + B_j \cos \frac{\omega_{nj}}{C}x \right)\sin(\omega_{nj}t + \varphi_j) \quad (j=1,2,\cdots,\infty) \tag{5-38}$$

这便是杆扭转振动的角位移响应。

例 5-3 某钻井的钻管下端与装有钻头的钻杆连接在一起,其力学模型可以简化成一长为 l 的均质的等截面细杆,其上端固定,下端相当于装有转动惯量为 J 的圆盘,如图 5-8 所示。杆的极惯性矩为 I_p,其剪切弹性模量为 G,试求其扭转振动的频率方程。

解 扭转振动的波动方程式(5-35)的通解为式(5-36),即

$$\theta(x,t) = \left(A\sin \frac{\omega_n}{C}x + B\cos \frac{\omega_n}{C}x \right) \cdot \sin(\omega_n t + \varphi)$$

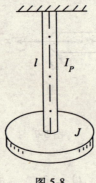

图 5-8

上端的边界条件为
$$\theta(0,t) = 0$$

代入式(5-36)得

$$A\sin\frac{\omega_n}{C}\times 0 + B\cos\frac{\omega_n}{C}\times 0 = 0 \tag{5-39}$$

下端的边界条件如下:由材料力学知识得知杆对圆盘所加的扭矩为

$$M(l,t) = -GI_P\frac{\partial\theta(x,t)}{\partial x}\bigg|_{x=l} \tag{5-40}$$

因此,对于圆盘的运动微分方程为

$$J\frac{\partial^2\theta(x,t)}{\partial t^2}\bigg|_{x=l} = -GI_P\frac{\partial\theta(x,t)}{\partial x}\bigg|_{x=l} \tag{5-41}$$

由式(5-39)可得
$$B = 0$$

因此,式(5-36)成为

$$\theta(x,t) = A\sin\frac{\omega_n}{C}x\sin(\omega_n t + \varphi) \tag{5-42}$$

将式(5-42)代入式(5-41)得

$$-AJ\omega_n^2\sin\frac{\omega_n}{C}l\cdot\sin(\omega_n t+\varphi) = -GI_P A\frac{\omega_n}{C}\cos\frac{\omega_n}{C}l\cdot\sin(\omega_n t+\varphi)$$

化简后得

$$CJ\omega_n\sin\frac{\omega_n}{C}l = GI_P\cos\frac{\omega_n}{C}l \tag{5-43}$$

或

$$\frac{\omega_n l}{C}\tan\frac{\omega_n l}{C} = \frac{\rho I_P l}{J} = \frac{I}{J} \tag{5-44}$$

式中,$C^2 = G/\rho$,$I = \rho l I_p$,为杆的转动惯量。

式(5-43)或式(5-44)即为系统的频率方程。解这个方程即可以求得系统的固有频率。这个方程为一超越方程,可以用图解法或其他方法求解固有频率 ω_{nj}。

§5.3 梁的弯曲振动

一细长的梁作垂直于其轴线方向的振动时,其主要变形形式是梁的弯曲变形,所以称之为弯曲振动。或简称为梁的振动。

当梁发生弯曲振动时,在一般情况下对梁的影响,有由弯曲引起的变形、剪切变形及转动惯量(截面绕中性轴的转动)等。对于横截面尺寸与长度之比较小的细长梁,前者影响较大,后两种情况的影响可以忽略不计。但对于横截面尺寸与长度之比不很小,或者在分析高阶振型时,就需要考虑剪切变形及转动惯量的影响。如果梁上还有轴向拉力作用,显然,梁的挠度将减小,相当于增加了梁的刚度,导致梁的固有频率提高;反之,作用的是轴向压力,则最终导致梁的固有频率降低。限于篇幅,轴向力的影响在本章不予介绍。

下面我们首先讨论横截面尺寸与长度之比较小的特殊情况。这种情况可以作如下假设:(1)梁的中心轴线及其振动都在图 5-9(a)所示的 xOy 平面之内;(2)在振动过程中始终满足平面假设,忽略剪切变形的影响;(3)梁上各点的运动只需用轴线的横向位移来描述,忽略了截面绕中性轴转动的影响。

5.3.1 运动微分方程

如图 5-9(a)所示,在梁上离原点 O 为 x 处取一单元微段 dx 来研究。dx 微段的脱离体图如图 5-9(b)所示。

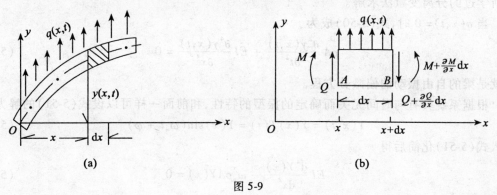

图 5-9

假设在 t 瞬时,梁上 x 点处的单位体积的质量为 $\rho(x)$,截面积为 $A(x)$,弯曲刚度为 $EI(x)$,其中 E 为纵向弹性模量,$I(x)$ 为截面惯性矩,剪力为 $Q(x,t)$,弯矩为 $M(x,t)$,分布干扰力为 $q(x,t)$,挠度为 $y(x,t)$。

按牛顿第二定律,微段 dx 沿 y 方向的运动方程为

$$\underbrace{\rho(x)A(x)dx}_{\text{质量}}\underbrace{\frac{\partial^2 y(x,t)}{\partial t^2}}_{\text{加速}}$$

$$= Q(x,t) - \left[Q(x,t) + \frac{\partial Q(x,t)}{\partial x}dx\right] + q(x,t)dx = \underbrace{q(x,t)dx - \frac{\partial Q(x,t)}{\partial x}dx}_{\text{外力}} \quad (5\text{-}45)$$

由于忽略了截面的转动影响,可以依平衡条件 $\sum M_B = 0$

$$M(x,t) + \frac{\partial M(x,t)}{\partial x}dx - M(x,t) - Q(x,t)dx - q(x,t)dx\frac{dx}{2} = 0, \qquad (5\text{-}46)$$

略去了式中的高阶项,可以得如下关系式

$$\frac{\partial M(x,t)}{\partial x} = Q(x,t) \qquad (5\text{-}47)$$

此外,由材料力学中的平面假设条件,可以得到弯矩与由之产生的挠度关系为

$$EI(x)\frac{\partial^2 y(x,t)}{\partial x^2} = M(x,t) \qquad (5\text{-}48)$$

将式(5-47)及式(5-48)代入式(5-45),便得

$$\rho(x)A(x)\frac{\partial^2 y(x,t)}{\partial t^2} + \frac{\partial^2}{\partial x^2}\left[EI(x)\frac{\partial^2 y(x,t)}{\partial x^2}\right] = q(x,t) \qquad (5\text{-}49)$$

这就是梁弯曲振动的偏微分方程。亦称为欧拉(Euler)方程。

如果梁为均质和等截面时,$\rho(x)$、$EI(x)$ 及 $A(x)$ 均为常量,则式(5-49)成为

$$\rho A\frac{\partial^2 y(x,t)}{\partial t^2} + EI\frac{\partial^4 y(x,t)}{\partial x^4} = q(x,t) \qquad (5\text{-}50)$$

5.3.2 梁的自由振动偏微分方程的解

对于一般梁的自由振动,其精确解是不容易求得的,但当梁为均质等截面时,可以用以前所学过的分离变量法求解。

当 $q(x,t) = 0$ 时,式(5-50)成为

$$\rho A\frac{\partial^2 y(x,t)}{\partial t^2} + EI\frac{\partial^4 y(x,t)}{\partial x^4} = 0 \qquad (5\text{-}51)$$

这就是梁的自由振动的偏微分方程。

根据系统具有与时间无关而确定的振型的特性,和前面一样可以设式(5-51)的解为

$$Y(x,t) = Y(x)T(t) = Y(x)\sin(\omega_n t + \varphi) \qquad (5\text{-}52)$$

代入式(5-51)化简后得

$$EI\frac{d^4 Y(x)}{dx^4} - \omega_n^2 \rho A Y(x) = 0 \qquad (5\text{-}53)$$

或

$$\frac{d^4 Y(x)}{dx^4} - k^4 Y(x) = 0 \qquad (5\text{-}54)$$

式中: $k^4 = \frac{\rho A}{EI}\omega_n^2$ 或 $\omega_n = k^2\sqrt{\frac{EI}{\rho A}} = Ck^2$。 $\qquad (5\text{-}55)$

$$C = \sqrt{\frac{EI}{\rho A}}$$

设式(5-54)的基本解为 $Y(x) = e^{sx}$,代入式(5-54),得到其特征方程

$$S^4 - k^4 = 0$$

其特征根为

$$S_{1,2} = \pm k, \quad S_{3,4} = \pm ik$$

由于

$$e^{\pm kx} = \text{ch}kx \pm \text{sh}kx$$
$$e^{\pm ikx} = \cos kx \pm i\sin kx$$

因此,方程的基本解为 $\sin kx$、$\cos kx$、$\text{sh}kx$ 及 $\text{ch}kx$,其通解就可以表示为这些基本解的线性组合。为此可以设式(5-54)的通解为

$$Y(x) = A\sin kx + B\cos kx + C\text{sh}kx + D\text{ch}kx \tag{5-56}$$

将式(5-56)代回式(5-52),即得到方程(5-51)的解

$$Y(x,t) = (A\sin kx + B\cos kx + C\text{sh}kx + D\text{ch}kx)\sin(\omega_n t + \varphi) \tag{5-57}$$

式中,有 A、B、C、D、ω_n 及 φ 六个待定常数,可以由梁的每端两个共四个边界条件及两个振动的初始条件来确定。

5.3.3 固有频率及主振型

和前面一样,由边界条件确定式(5-57)的部分待定常数,从而决定梁的固有频率及主振型。常用的边界条件有三种,如表 5-1 所示。将这三种情况加以组合,便可以得到各种各样的边界条件。

表 5-1

端点形式	图 例	边 界 条 件	
a)简支端		$y=0$ (挠度为0)	$\dfrac{\partial^2 y}{\partial x^2}=0$ (弯矩为0)
b)固定端		$y=0$ (挠度为0)	$\dfrac{\partial y}{\partial x}=0$ (梁的转角为0)
c)自由端		$\dfrac{\partial^2 y}{\partial x^2}=0$ (弯矩为0)	$\dfrac{\partial^3 y}{\partial x^3}=0$ (剪力为0)

下面以两端简支的情况为例,说明求解固有频率及主振型的过程。

如图 5-10 所示,其边界条件为

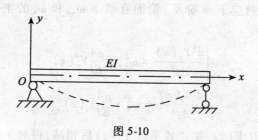

图 5-10

$$x=0, y(0,t)=0, \frac{\partial^2 y(0,t)}{\partial x^2}=0$$

$$x=l, y(l,t)=0, \frac{\partial^2 y(l,t)}{\partial x^2}=0$$

因此，对 $Y(x)$ 的这些条件式为

$$x=0, \quad Y(0)=0, \quad Y''(0)=0$$
$$x=l, \quad Y(l)=0, \quad Y''(l)=0$$

代入式(5-56)及其二阶导数式，可得

$$B=D=0$$

及

$$A\sin kl + C\mathrm{sh}kl = 0 \tag{5-58}$$

$$-A\sin kl + C\mathrm{sh}kl = 0 \tag{5-59}$$

由式(5-58)与式(5-59)可知，$\mathrm{sh}kl \neq 0$，则 $C=0$，又要求 $A \neq 0$，故

$$\sin kl = 0 \tag{5-60}$$

这就是两端简支时的频率方程。解上式可得

$$k_j = \frac{j\pi}{l} \quad (j=1,2,\cdots,\infty) \tag{5-61}$$

由式(5-55)得到简支梁的固有频率为

$$\omega_{nj} = Ck_j^2 = \frac{j^2\pi^2}{l^2} \times \sqrt{\frac{EI}{\rho A}} \quad (j=1,2,\cdots,\infty) \tag{5-62}$$

由式(5-56)得到简支梁的主振型为

$$Y(x) = A_j \sin k_j x = A_j \sin \frac{j\pi}{l}x \quad (j=1,2,\cdots,\infty) \tag{5-63}$$

这个振动函数和弦振动的振型函数式(5-14)很相似。故可以绘出其主振型图，如表5-2所示。

其他端点条件的梁，亦按上述方法求得其固有频率及主振型，只是由于包括有双曲函数而稍为复杂一些，这里不再叙述，其结果如表5-2所示。

5.3.4 主振型的正交性

主振型是由边界条件所决定的。因此，对于某种给定的边界组合，其主振型就完全确定了。这里主要是研究均质的、等截面梁的主振型的性质。

设 $Y_m(x)$ 和 $Y_j(x)$ 为对应于 m 阶及 j 阶固有频率 ω_{nm} 和 ω_{nj} 的主振型函数。它们必须满足方程式(5-54)，即

$$\begin{cases} \dfrac{\mathrm{d}^4 Y_m(x)}{\mathrm{d}x^4} = \omega_{nm}^2 \cdot \dfrac{\rho A}{EI} Y_m(x) \\ \dfrac{\mathrm{d}^4 Y_j(x)}{\mathrm{d}x^4} = \omega_{nj}^2 \cdot \dfrac{\rho A}{EI} Y_j(x) \end{cases} \tag{5-64}$$

将式(5-64)的第一式乘以 $Y_j(x)$，第二式乘以 $Y_m(x)$ 后相减，再对 x 从 0 到 l 进行分部积分，便得到

表 5-2

两端情况	两端简支		两端固定		两端自由	
频率方程	$\sin kl = 0$		$\cos kl \cdot \operatorname{ch} kl = 1$		$\cos kl \cdot \operatorname{ch} kl = 1$	
	$\omega^* = \dfrac{\pi^2}{l^2} \times \sqrt{\dfrac{EI}{\rho A}}$		$\omega^* = \dfrac{\pi^2}{l^2} \times \sqrt{\dfrac{EI}{\rho A}}$		$\omega^* = \dfrac{\pi^2}{l^2} \times \sqrt{\dfrac{EI}{\rho A}}$	
n	固有频率 ω_n	振型	固有频率 ω_n	振型	固有频率 ω_n	振型
1	$\omega_{n1} = \omega^*$	(半波, 节点 l)	$\omega_{n1} = 2.667\omega^*$	(节点 l)	$\omega_{n1} = 2.667\omega^*$	(节点 $0.226l$, $0.776l$)
2	$\omega_{n2} = 4\omega^*$	(节点 $0.5l$)	$\omega_{n2} = 6.249\omega^*$	(节点 $0.5l$)	$\omega_{n2} = 6.249\omega^*$	(节点 $0.132l$, $0.5l$, $0.868l$)
3	$\omega_{n3} = 9\omega^*$	(节点 $l/3$, $2l/3$)	$\omega_{n3} = 12.25\omega^*$	(节点 $0.356l$, $0.641l$)	$\omega_{n3} = 12.25\omega^*$	(节点 $0.054l$, $0.356l$, $0.644l$, $0.906l$)
4	$\omega_{n4} = 16\omega^*$	(节点 $l/4$, $l/2$, $3l/4$)	$\omega_{n4} = 20.25\omega^*$	(节点 $0.278l$, $0.5l$, $0.722l$)	$\omega_{n4} = 20.25\omega^*$	(节点 $0.073l$, $0.227l$, $0.5l$, $0.723l$, $0.927l$)

续表

两端情况	一端固定，一端自由		一端固定，一端简支	
频率方程	$\cos kl \cdot \mathrm{ch} kl = -1$, $\omega^* = \dfrac{\pi^2}{l^2} \times \sqrt{\dfrac{EI}{\rho A}}$		$\tan kl - \mathrm{th} kl = 0$, $\omega^* = \dfrac{\pi^2}{l^2} \times \sqrt{\dfrac{EI}{\rho A}}$	
n	固有频率 ω_n	振型	固有频率 ω_n	振型
1	$\omega_{n1} = 0.356\omega^*$		$\omega_{n1} = 1.562\omega^*$	
2	$\omega_{n2} = 2.232\omega^*$	$0.774l$	$\omega_{n2} = 5.063\omega^*$	$0.560l$
3	$\omega_{n3} = 6.252\omega^*$	$0.501l$, $0.868l$	$\omega_{n3} = 10.56\omega^*$	$0.384l$, $0.692l$
4	$\omega_{n4} = 12.25\omega^*$	$0.356l$, $0.644l$, $0.906l$	$\omega_{n4} = 18.06\omega^*$	$0.294l$, $0.529l$, $0.765l$

$$(\omega_{nm}^2 - \omega_{nj}^2)\frac{\rho A}{EI}\int_0^l Y_m(x) Y_j(x) \mathrm{d}x$$

$$= \int_0^l \left[Y_j(x) \frac{\mathrm{d}^4 Y_m(x)}{\mathrm{d}x^4} - Y_m(x) \frac{\mathrm{d}^4 Y_j(x)}{\mathrm{d}x^4} \right] \mathrm{d}x$$

$$= \left\{ Y_j(x) \frac{\mathrm{d}}{\mathrm{d}x}\left[\frac{\mathrm{d}^2 Y_m(x)}{\mathrm{d}x^2}\right] \right\} \bigg|_0^l - \left[\frac{\mathrm{d} Y_j(x)}{\mathrm{d}x} \times \frac{\mathrm{d}^2 Y_m(x)}{\mathrm{d}x^2}\right]\bigg|_0^l + \int_0^l \frac{\mathrm{d}^2 Y_m(x)}{\mathrm{d}x^2} \cdot \frac{\mathrm{d}^2 Y_j(x)}{\mathrm{d}x^2}\mathrm{d}x -$$

$$\left\{ Y_m(x) \frac{\mathrm{d}}{\mathrm{d}x}\left[\frac{\mathrm{d}^2 Y_j(x)}{\mathrm{d}x^2}\right] \right\} \bigg|_0^l + \left[\frac{\mathrm{d} Y_m(x)}{\mathrm{d}x} \cdot \frac{\mathrm{d}^2 Y_j(x)}{\mathrm{d}x^2}\right]\bigg|_0^l - \int_0^l \frac{\mathrm{d}^2 Y_j(x)}{\mathrm{d}x^2} \cdot \frac{\mathrm{d}^2 Y_m(x)}{\mathrm{d}x^2}\mathrm{d}x$$

即

$$(\omega_{nm}^2 - \omega_{nj}^2)\frac{\rho A}{EI}\int_0^l Y_m(x) Y_j(x) \mathrm{d}x$$

$$= Y_j(x)\frac{\mathrm{d}^3 Y_m(x)}{\mathrm{d}x^3}\bigg|_0^l - Y_m(x)\frac{\mathrm{d}^3 Y_j(x)}{\mathrm{d}x^3}\bigg|_0^l - \frac{\mathrm{d} Y_j(x)}{\mathrm{d}x} \cdot \frac{\mathrm{d}^2 Y_m(x)}{\mathrm{d}x^2}\bigg|_0^l + \frac{\mathrm{d} Y_m(x)}{\mathrm{d}x} \cdot \frac{\mathrm{d}^2 Y_j(x)}{\mathrm{d}x^2}\bigg|_0^l$$

$$= \left\{ Y_j(x)\frac{\mathrm{d}}{\mathrm{d}x}\left[\frac{\mathrm{d}^2 Y_m(x)}{\mathrm{d}x^2}\right] - Y_m(x)\frac{\mathrm{d}}{\mathrm{d}x}\left[\frac{\mathrm{d}^2 Y_j(x)}{\mathrm{d}x^2}\right] \right\}\bigg|_0^l - \tag{5-65}$$

$$\left\{ \left[\frac{\mathrm{d} Y_j(x)}{\mathrm{d}x} \cdot \frac{\mathrm{d}^2 Y_m(x)}{\mathrm{d}x^2}\right] - \left[\frac{\mathrm{d} Y_m(x)}{\mathrm{d}x} \cdot \frac{\mathrm{d}^2 Y_j(x)}{\mathrm{d}x^2}\right] \right\}\bigg|_0^l$$

上式右边实际上是 $x=0$ 及 $x=l$ 的端点条件。对于前面三种支承条件的任意组合的等截面梁,式(5-65)的右边恒为零。因此,只要 $m \neq j$,则 $\omega_{nm} \neq \omega_{nj}$,便有

$$\int_0^l Y_m(x) Y_j(x) \mathrm{d}x = 0 \qquad (m \neq j) \tag{5-66}$$

这就是梁的主振型对于质量的正交条件。

而当 $m=j$ 及 $\omega_{nm} = \omega_{nj}$ 时,得

$$\rho A \int_0^l Y_j^2(x) \mathrm{d}x = M_j = 常量 = 1 \tag{5-67}$$

式中,M_j 称为广义质量。

同样将式(5-66)代到由式(5-64)的第一式乘以 $Y_j(x)$ 对 x 从 0 到 l 积分的式中,可以得到

$$\int_0^l \frac{\mathrm{d}^2 Y_j(x)}{\mathrm{d}x^2} \cdot \frac{\mathrm{d}^2 Y_m(x)}{\mathrm{d}x^2}\mathrm{d}x = 0, \quad m \neq j \tag{5-68}$$

这便是主振型对于刚度的正交条件。

式(5-66)、式(5-67)及式(5-68)的关系统称为主振型函数的正交性。我们利用主振型正交性的这些性质,对任何起始条件引起的自由振动及强迫振动,都可以采用解耦分析法(振型分析法)简化为类似单自由度系统那样的微分方程来求解。

5.3.5 强迫振动

在求得梁横向振动的固有频率和主振型后,运用第 4 章中介绍的解耦分析法,就可以求得初始条件下的响应及任意激励的响应。

现在我们研究图 5-9(a)所示的,长为 l 的均质的等截面梁受分布力 $q(x,t)$ 作用下的强迫振动。其运动方程如式(5-50)为

$$\rho A \frac{\partial^2 y(x,t)}{\partial t^2} + EI \frac{\partial^4 y(x,t)}{\partial x^4} = q(x,t)$$

这个非齐次偏微分方程的全解同样包括两部分：一部分是对应齐次方程的通解，这已在本章 5.3.2 中讨论过；另一部分是对应于非齐次项的特解，即在给定的激励函数 $q(x,t)$ 后，就可以求得激励力的响应。

假设强迫振动的解，可以用对应于给定边界条件的 j 阶主振型函数 $Y_j(x)$，引进解耦正坐标 $H_j(t)$，根据解耦分析法可以将满足方程 (5-50) 和给定端点条件的解 $y(x,t)$ 作类似于式 (4-93) 的变换，即得

$$y(x,t) = \sum_{j=1}^{\infty} Y_j(x) H_j(t) \tag{5-69}$$

如果能确定解耦正坐标 $H_j(t)$，使之满足方程 (5-50)，那么强迫振动的解就可以求得。为此，将式 (5-69) 代入式 (5-50)，得

$$\rho A \sum_{j=1}^{\infty} Y_j(x) \frac{d^2 H_j(t)}{dt^2} + EI \sum_{j=1}^{\infty} \frac{d^4 Y_j(x)}{dx^4} H_j(t) = q(x,t) \tag{5-70}$$

对于主振型函数，式 (5-63) 成立，故将式 (5-63) 代入式 (5-70)，得

$$\rho A \sum_{j=1}^{\infty} Y_j(x) \frac{d^2 H_j(t)}{dt^2} + \rho A \sum_{j=1}^{\infty} \omega_{nj}^2 Y_j(x) \cdot H_j(t) = q(x,t) \tag{5-71}$$

将式 (5-71) 两边乘以 $Y_m(x)$，并从 0 到 l 对 x 进行分部积分，由主振型的正交条件式 (5-66)，则积分式中左边只剩下 $j=m$ 的项，其余均为 0。由此可得一组独立的常微分方程组。即

$$\frac{d^2 H_m(t)}{dt^2} + \omega_{nm}^2 H_m(t) = \frac{Q_m(t)}{M_m} \tag{5-72}$$

式中

$$\begin{cases} Q_m(t) = \int_0^l q(x,t) Y_m(x) dx \\ M_m = \rho A \int_0^l Y_m^2(x) dx = 1 \end{cases} \tag{5-73}$$

和前面一样，Q_m 称为广义力，M_m 称为广义质量。

式 (5-72) 就是对应于 m 阶振型的无阻尼单自由度系统强迫振动的运动微分方程。因此，如 §2.6 中的式 (2-102)，以解耦正坐标 $H_m(t)$ 代替 x，广义力 $Q_m(\tau)$ 代替 $F(\tau)$，即得式 (5-72) 的通解为

$$H_m(t) = H_m(0) \cos\omega_{nm} \cdot t + \frac{\dot{H}_m(0)}{\omega_{nm}} \sin\omega_{nm} \cdot t + \frac{1}{M_m \omega_{nm}} \int_0^t Q_m(\tau) \sin\omega_{nm}(t-\tau) d\tau \tag{5-74}$$

式中 $H_m(0)$ 及 $\dot{H}_m(0)$ 表示解耦正坐标及其速度的初始值。它们的数值可以用已知初始条件代入式 (5-69) 计算。

设初始条件为 $t=0, y(x,0)=y_0(x), \dot{y}(x,0)=\dot{y}_0(x)$，则

$$y_0(x) = \sum_{m=1}^{\infty} Y_m(x) H_m(0) = \sum_{m=1}^{\infty} Y_m(x) H_{m0}$$

将上式两边均乘以 $\rho A Y_j(x) dx$ 然后对 x 自 0 到 l 进行积分，并利用主振型的正交条件式 (5-66)，得

$$H_{m0} = \int_0^l \rho A y_0(x) Y_m(x) dx \tag{5-75}$$

同样方法可得

$$\dot{H}_{m0} = \int_0^l \rho A \, \dot{y}_0(x) Y_m(x) \, dx \tag{5-76}$$

由于梁的强迫振动的解可以表示为各个振型之和,因此梁在初始条件和任意激励条件下的响应为

$$y(x,t) = \sum_{m=1}^{\infty} Y_m(x) \Big[H_m(0) \cos\omega_{nm} t + \frac{\dot{H}_m(0)}{\omega_{nm}} \cdot \sin\omega_{nm} t + \frac{1}{M_m \omega_{nm}} \int_0^t Q_m(\tau) \sin\omega_{nm}(t-\tau) d\tau \Big] \tag{5-77}$$

式中 H_{m0} 与 $\dot{H}_{m0}$ 可以由式(5-75)及式(5-76)求得。

例 5-4 如图5-11所示,有一长为 l 的均质的等截面简支梁 AB,距 A 支座为 a 的 C 点上作用有一周期性集中力 $P_0 \sin\omega t$。设梁的初位移及初速度均为0,试求梁的强迫振动。

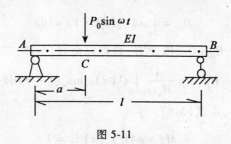

图 5-11

解 作用在 C 点上的集中力可以用 δ 函数写成

$$P(x,t) = P_0 \sin\omega t \cdot \delta(x-a) \tag{5-78}$$

由前面计算得知,简支梁的固有频率可以由式(5-62)得

$$\omega_{nj} = \left(\frac{j\pi}{l}\right)^2 \cdot \sqrt{\frac{EI}{\rho A}} \tag{5-79}$$

相应的主振型为

$$Y_j(x) = A_j \cdot \sin\frac{j\pi x}{l} \tag{5-80}$$

由式(5-61)得

$$\int_0^l \rho A \left(A_j \sin\frac{j\pi x}{l} \right)^2 dx = 1$$

即
$$\int_0^l \rho A A_j^2 \sin^2\frac{j\pi x}{l} dx = \rho A A_j^2 \frac{l}{j\pi} \int_0^l \sin^2\frac{j\pi x}{l} \cdot d\left(\frac{j\pi x}{l}\right)$$

$$= \rho A A_j^2 \frac{l}{j\pi} \Big[\frac{1}{2}\left(\frac{j\pi x}{l} - \frac{1}{4}\right) \sin^2\left(\frac{j\pi x}{l}\right) \Big] \Big|_0^l = \rho A A_j^2 \frac{l}{j\pi}\left(\frac{j\pi}{2} - \frac{1}{4}\sin^2 j\pi\right)$$

$$= \rho A A_j^2 \frac{l}{j\pi} \times \frac{j\pi}{2} = \rho A A_j^2 \cdot \frac{l}{2} = 1$$

故
$$A_j = \sqrt{\frac{2}{\rho A l}} \tag{5-81}$$

则解耦正振型函数为

$$Y_j(x) = \sqrt{\frac{2}{\rho Al}} \sin\frac{j\pi x}{l} \tag{5-82}$$

因此广义力 $Q_j(t)$ 可以根据式(5-73)及 $\int_{-\infty}^{\infty} f(t)\delta(t-\tau)\mathrm{d}t = f(\tau)$,求得

$$\begin{aligned}
Q_j(t) &= \int_0^l P(x,t) Y_j(x) \mathrm{d}x \\
&= \int_0^l P_0 \sin\omega t \cdot \delta(x-a) \cdot \sqrt{\frac{2}{\rho Al}} \cdot \sin\frac{j\pi x}{l} \cdot \mathrm{d}x \\
&= P_0 \sqrt{\frac{2}{\rho Al}} \cdot \sin\frac{n\pi a}{l} \cdot \sin\omega t
\end{aligned} \tag{5-83}$$

由于梁的初始位移及初速度均为 0,因此由

$$H_{j0} = \int_0^l \rho A y_0(x) Y_j(x) \mathrm{d}x$$

$$\dot{H}_{j0} = \int_0^l \rho A \dot{y}_0(x) \cdot Y_j(x) \mathrm{d}x$$

得知式(5-77)中的 $H_{j0}=0, \dot{H}_{j0}=0$。因此 $H_j(t)$ 可以由式(5-75)求得

$$H_j(t) = \frac{1}{M_n \omega_{nj}} \int_0^t Q_j(\tau) \sin\omega_{nj}(t-\tau) \mathrm{d}\tau \tag{5-84}$$

依解耦正振型的正交条件,由式(5-67)得

$$M_n = \rho A \int_0^l Y_n^2(x) \mathrm{d}x = 1$$

则 $$\begin{aligned}
H_j(t) &= \frac{1}{\omega_{nj}} \int_0^t Q_j(\tau) \sin\omega_{nj}(t-\tau) \mathrm{d}\tau \\
&= \frac{1}{\omega_{nj}} \int_0^t P_0 \sqrt{\frac{2}{\rho Al}} \cdot \sin\frac{j\pi a}{l} \sin\omega\tau \cdot \sin\omega_{nj}(t-\tau) \mathrm{d}\tau \\
&= \frac{P_0}{\omega_{nj}} \cdot \sqrt{\frac{2}{\rho Al}} \cdot \sin\frac{j\pi}{l}a \int_0^t \sin\omega\tau \cdot \sin\omega_{nj}(t-\tau) \mathrm{d}\tau \\
&= \frac{P_0}{\omega_{nj}} \sqrt{\frac{2}{\rho Al}} \cdot \sin\frac{j\pi a}{l} \cdot \left(-\frac{1}{2}\right) \int_0^t [\cos(\omega\tau + \omega_{nj}t - \omega_{nj}\tau) - \cos(\omega_{nj}t - \omega_{nj}\tau - \omega\tau)] \mathrm{d}\tau \\
&= \frac{P_0}{\omega_{nj}} \cdot \sqrt{\frac{2}{\rho Al}} \cdot \sin\frac{j\pi a}{l}\left(-\frac{1}{2}\right) \int_0^t \{\cos[\omega_{nj}t + (\omega - \omega_{nj})\tau] - \cos[\omega_{nj}t - (\omega + \omega_{nj})\tau]\} \mathrm{d}\tau \\
&= \frac{P_0}{\omega_{nj}} \cdot \sqrt{\frac{2}{\rho Al}} \cdot \sin\frac{j\pi a}{l}\left(-\frac{1}{2}\right) \left\{\frac{1}{\omega - \omega_{nj}}\sin[\omega_{nj}t + (\omega - \omega_{nj})\tau] + \frac{1}{\omega + \omega_{nj}}\sin[\omega_{nj}t - (\omega + \omega_{nj})\tau]\right\} \Big|_0^t \\
&= \frac{P_0}{\omega_{nj}} \cdot \sqrt{\frac{2}{\rho Al}} \cdot \sin\frac{j\pi a}{l}\left(-\frac{1}{2}\right) \left\{\frac{1}{\omega - \omega_{nj}}[\sin\omega t - \sin\omega_{nj}t] - \frac{1}{\omega + \omega_{nj}}[\sin\omega t + \sin\omega_{nj}t]\right\}
\end{aligned}$$

$$= \frac{P_0}{\omega_{nj}} \cdot \sqrt{\frac{2}{\rho Al}} \cdot \sin\frac{j\pi a}{l}\left(-\frac{1}{2}\right) \cdot$$

$$\left\{\frac{[(\omega+\omega_{nj})(\sin\omega t - \sin\omega_{nj}t) - (\omega-\omega_{nj})\cdot(\sin\omega t + \sin\omega_{nj}t)]}{(\omega^2 - \omega_{nj}^2)}\right\}$$

$$= \frac{P_0}{\omega_{nj}} \cdot \sqrt{\frac{2}{\rho Al}} \cdot \sin\frac{j\pi a}{l} \cdot \frac{1}{\omega^2 - \omega_{nj}^2} \cdot (\omega\sin\omega_{nj}t - \omega_{nj}\sin\omega t)$$

$$= \sqrt{\frac{2}{\rho Al}} \cdot \frac{P_0}{\omega_{nj}^2\left[\left(\frac{\omega}{\omega_{nj}}\right)^2 - 1\right]} \cdot \sin\frac{j\pi a}{l} \cdot \left(\frac{\omega}{\omega_{nj}}\sin\omega_{nj}t - \sin\omega t\right)_{\circ}$$

式中

$$\omega_{nj} = \left(\frac{j\pi}{l}\right)^2 \cdot \sqrt{\frac{EI}{\rho A}}_{\circ}$$

根据式(5-69),得到简支梁 AB 的强迫振动的解为

$$y(x,t) = \sum_{j=1}^{\infty} Y_j(x) H_j(t)$$

$$= \sum_{j=1}^{\infty} \sqrt{\frac{2}{\rho Al}} \sin\frac{j\pi x}{l} \cdot \sqrt{\frac{2}{\rho Al}} \cdot \frac{P_0}{\omega_{nj}^2\left[\left(\frac{\omega}{\omega_{nj}}\right)^2 - 1\right]} \sin\frac{j\pi a}{l}\left(\frac{\omega}{\omega_{nj}}\sin\omega_{nj}t - \sin\omega t\right)$$

$$= \frac{2P_0}{\rho Al} \cdot \sum_{j=1}^{\infty} \frac{1}{\omega_{nj}^2\left[\left(\frac{\omega}{\omega_{nj}}\right)^2 - 1\right]} \sin\frac{j\pi a}{l} \cdot \sin\frac{j\pi x}{l}\left(\frac{\omega}{\omega_{nj}}\sin\omega_{nj}t - \sin\omega t\right)_{\circ}$$

5.3.6 剪切变形与转动惯量的影响

对于梁的横截面与长度之比较大或者研究系统的高阶振型时,梁的平面假设等就不能成立了。因为剪切变形增大,回转运动的影响就不能忽略。下面就剪切变形及转动惯量对梁的横向振动的影响进行研究。

考虑了剪切变形后,梁挠度曲线的斜度,应该包括梁弯曲时造成截面回转和剪切作用所产生的截面回转两部分。如图 5-12 所示。设仅由弯曲产生的斜度为 θ,由中性轴上的剪切变形产生的斜度为 ϕ,则梁的挠度曲线的斜度为

$$\frac{\partial y}{\partial x} = \theta + \phi \tag{5-85}$$

对于弯矩 M 和剪力 Q 可以按材料力学中的公式表示为

$$M = EI\frac{\partial \theta}{\partial x} \tag{5-86}$$

$$Q = K\phi AG = K\left(\frac{\partial y}{\partial x} - \theta\right)AG \tag{5-87}$$

式中,A 为梁截面积,G 为剪切弹性模量,K 为取决于梁截面几何形状的常数,例如矩形截面的 $K = \frac{2}{3}$。

作用于单元微段 dx 上的弯矩和剪力如图 5-12 所示,则单元微段 dx 的回转运动微分方程为

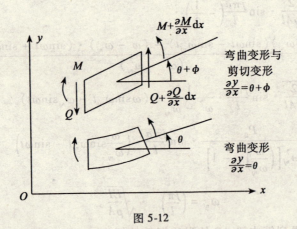

图 5-12

$$\underbrace{\rho I \mathrm{d}x}_{\substack{转动\\惯量}} \underbrace{\frac{\partial^2 \theta}{\partial t^2}}_{\substack{角加\\速度}} = \underbrace{M + \frac{\partial M}{\partial x}\mathrm{d}x - M + Q \cdot \mathrm{d}x}_{外力矩}$$

即

$$\rho I \frac{\partial^2 \theta}{\partial t^2} = \frac{\partial M}{\partial x} + Q \tag{5-88}$$

将式(5-86)和式(5-87)代入式(5-88),得

$$\rho I \frac{\partial^2 \theta}{\partial t^2} - EI \frac{\partial^2 \theta}{\partial x^2} - K\left(\frac{\partial y}{\partial x} - \theta\right)AG = 0 \tag{5-89}$$

又微段 $\mathrm{d}x$ 沿 y 轴作直线运动的运动微分方程是

$$\rho A \frac{\partial^2 y}{\partial t^2} = \frac{\partial Q}{\partial x} \tag{5-90}$$

将式(5-87)代入式(5-90),整理后得

$$\rho \frac{\partial^2 y}{\partial t^2} - GK\left(\frac{\partial^2 y}{\partial x^2} - \frac{\partial \theta}{\partial x}\right) = 0 \tag{5-91}$$

由式(5-91)得

$$\frac{\partial \theta}{\partial x} = \frac{\partial^2 y}{\partial x^2} - \frac{\rho}{KG} \times \frac{\partial^2 y}{\partial t^2} \tag{5-92}$$

将式(5-92)对 x 取二阶偏导数得

$$\frac{\partial^3 \theta}{\partial x^3} = \frac{\partial^4 y}{\partial x^4} - \frac{\rho}{KG} \times \frac{\partial^4 y}{\partial x^2 \partial t^2} \tag{5-93}$$

又将式(5-92)对 t 取二阶偏导数得

$$\frac{\partial^3 \theta}{\partial x \partial t^2} = \frac{\partial^4 y}{\partial x^2 \partial t^2} - \frac{\rho}{KG} \times \frac{\partial^4 y}{\partial t^4} \tag{5-94}$$

再由式(5-89)的全式对 x 取一阶偏导数得

$$\rho I \frac{\partial^3 \theta}{\partial x \partial t^2} - EI \frac{\partial^3 \theta}{\partial x^3} - KAG \frac{\partial^2 y}{\partial x^2} + KAG \frac{\partial \theta}{\partial x} = 0 \tag{5-95}$$

将式(5-92)、式(5-93)、式(5-94)三式代入式(5-95)后,化简后即消去 θ 而得到

$$\rho A \frac{\partial^2 y}{\partial t^2} + EI \frac{\partial^4 y}{\partial x^4} - \rho I\left(1 + \frac{E}{KG}\right)\frac{\partial^4 y}{\partial x^2 \partial t^2} + \frac{I\rho^2}{KG} \times \frac{\partial^4 y}{\partial t^4} = 0 \tag{5-96}$$

这就是考虑了剪切变形及转动惯量影响的梁的运动偏微分方程,又称铁木辛柯(Timoshenko,s.)梁的运动方程。式(5-96)中,第三、四项就是考虑剪切变形及转动惯量影响的附加项。显然,前面推导的欧拉方程(5-51)只是该方程的特殊情况。

对于其固有频率及主振型,简单的梁可以通过边界条件求得,复杂的梁则要用其他方法求解。为了弄清剪切变形及转动惯量对它们的影响,现以简支梁为例来说明。

假设 j 阶振型可以用主振型函数表示为

$$y = \sin\frac{j\pi x}{l}\cos\omega_{nj}t \tag{5-97}$$

代入式(5-96)后,可得频率方程为

$$EI\left(\frac{j\pi}{l}\right)^4 - \rho A\omega_{nj}^2 - \rho I\left(1 + \frac{E}{KG}\right)\left(\frac{j\pi}{l}\right)^2\omega_{nj}^2 + \frac{I\rho^2\omega_{nj}^4}{KG} = 0 \tag{5-98}$$

最后一项相比之下通常很小,可以略去不计,于是可以求得 ω_{nj}^2 的近似值为

$$\omega_{nj}^2 = \frac{EI}{\rho A}\left(\frac{j\pi}{l}\right)^4\left[1 - \left(\frac{I}{A}\right)\left(1 + \frac{E}{KG}\right)\left(\frac{j\pi}{l}\right)^2\right] \tag{5-99}$$

与式(5-62)相比较,显然式(5-99)中第二项就是剪切变形及转动惯量影响的结果。可见考虑了剪切变形及转动惯量影响之后,其固有频率偏小。

§5.4 弹性体系统固有频率的计算

前面讨论的直杆振动问题,其精确解只能在简单的支承条件下得到,对于一些变截面杆或质量和刚度分布不均匀的弹性体系统,其精确解是不可能求得的,因此,采用一些近似方法计算弹性体系统的固有频率,对实际工程来说十分必要。弹性连续体固有频率的近似计算法有瑞雷法、李兹法、传递矩阵法、差分法及有限元法等。限于篇幅,本节将在第2章§2.2的基础上,把能量法推广到弹性体系。其他方法请有兴趣的读者参阅相关文献与专著。下面以梁的纯弯曲振动为例来说明。

长为 l 的梁作弯曲振动时的势能可以按材料力学中的公式得

$$U = \frac{1}{2}\int_0^l \frac{M^2}{EI(x)}dx = \frac{1}{2}\int_0^l EI(x)\left[\frac{\partial^2 y(x,t)}{\partial x^2}\right]^2 dx \tag{5-100}$$

式中,$EI(x)$ 是梁的抗弯刚度,$\frac{\partial^2 y(x,t)}{\partial x^2}$ 为梁的单位弯曲变形。其动能表示式为

$$T = \frac{1}{2}\int_0^l \rho A(x)\left[\frac{\partial y(x,t)}{\partial t}\right]^2 dx \tag{5-101}$$

由于梁的振动曲线 $y(x,t)$ 预先未知,为此,必须将振动曲线假设为如下形式

$$y(x,t) = Y^{(j)}(x)\sin(\omega_{nj}t + \varphi) \tag{5-102}$$

依式(5-102),应用能量法计算。当梁在静平衡位置时系统具有最大动能

$$T_{\max} = \frac{\omega_{nj}^2}{2}\int_0^l \rho A(x)Y^{(j)2}(x)dx \tag{5-103}$$

而在偏离平衡位置最远距离处，梁具有最大的弹性势能

$$U_{\max} = \frac{1}{2}\int_0^l \underbrace{EI(x)}_{\text{拉弯刚度}} \underbrace{\left(\frac{d^2 Y^{(j)}(x)}{dx^2}\right)^2}_{\text{弯曲变形}} dx \tag{5-104}$$

根据机械能守恒定律有

$$T_{\max} = U_{\max}$$

由此求得梁的固有频率为

$$\omega_{nj}^2 = \frac{\int_0^l EI(x)\left[\dfrac{d^2 Y^{(j)}(x)}{dx^2}\right]^2 dx}{\int_0^l \rho A(x)\left[Y^{(j)}(x)\right]^2 dx} \tag{5-105}$$

利用式(5-105)即可计算梁的固有频率。显然，该频率与所设的振动曲线有关，亦即与所设的振型函数 $Y^{(j)}(x)$ 有关。振型函数 $Y^{(j)}(x)$ 接近哪一阶的实际振型，则所求得的固有频率就接近该阶的固有频率。且振型函数 $Y^{(j)}(x)$ 假设愈精确，求得的固有频率就会愈精确。所以，振型函数虽然可以任意假设，但必须与实际振型较接近才有实际意义。通常梁的静挠度曲线可以作梁的基频计算的第一阶振型函数。上述方法亦称为瑞雷法。

例 5-5 如图5-13所示，一长为 l 的均质等截面悬臂梁，试用瑞雷法求其基频。

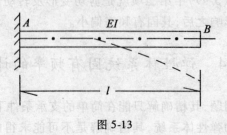

图 5-13

解 由材料力学知识知，由自重产生的悬臂梁的静挠度曲线为

$$Y(x) = \frac{\rho g A}{24EI}(x^4 - 4lx^3 + 6l^2 x^2)$$

以此作为其基频计算的振型函数为

$$Y^{(1)}(x) = \frac{\rho g A}{24EI}(x^4 - 4lx^3 + 6l^2 x^2)$$

则

$$\frac{d^2 Y^{(1)}_{(x)}}{dx^2} = \frac{\rho g A}{2EI}(l-x)^2$$

代入式(5-105)得

$$\omega_{n1}^2 = \frac{EI}{\rho A} \times \frac{\int_0^l \left[\dfrac{\rho g A}{2EI}(l-x)^2\right]^2 dx}{\int_0^l \left[\dfrac{\rho g A}{24EI}(x^4 - 4lx^3 + 6l^2 x^2)\right]^2 dx} = \frac{162}{16l^4} \times \frac{EI}{\rho A}$$

故
$$\omega_{n1} = \frac{3.53}{l^2}\sqrt{\frac{EI}{\rho A}}.$$

该值比表 5-2 所示的精确值大 0.47%。可见这个近似值已经比较精确了。

习 题 5

题 5.1 有一杆，在 $x=0$ 的端点处为自由，在 $x=l$ 的端点处为固定，试确定该杆纵向振动的一般表达式。

题 5.2 求如题 5.2 图所示阶梯杆纵向振动时的频率方程。$\rho_1 = \rho_2 = \rho$。（提示：杆的连续条件是当 $x_1 = l_1, x_2 = 0$ 时，$u_1 = u_2$，$EA_1 \dfrac{\partial u_1}{\partial x_1} = EA_2 \dfrac{\partial u_2}{\partial x_2}$。）

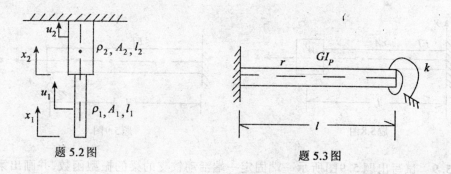

题 5.2 图   题 5.3 图

题 5.3 一等值的圆轴，一端固定，另一端和扭转弹簧相连，如题 5.3 图所示。已知轴的抗扭刚度为 GI_P，单位体积重量为 r，长度为 l，弹簧的刚度为 k。试求系统扭转振动的频率方程。

题 5.4 如题 5.4 图所示，一变截面悬臂梁的单位长度质量和刚度分别为 $\rho(x) = \dfrac{6}{5}\rho\left[1 - \dfrac{1}{2}\left(\dfrac{x}{l}\right)^2\right]$ 及 $EA(x) = \dfrac{6}{5}EA\left[1 - \dfrac{1}{2}\left(\dfrac{x}{l}\right)^2\right]$。试求杆纵向振动的前三阶固有圆频率及主振型。

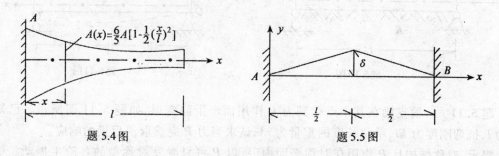

题 5.4 图   题 5.5 图

题 5.5 一张紧的弦 AB，长为 l，单位长度质量为 ρA，两端固定，若在中点给以初始横向位移 δ，如题 5.5 图所示，然后突然释放，试求系统的初始响应。

题 5.6 如题 5.6 图所示一长为 l 的等直圆杆，以等角速度 ω 转动。某瞬时左端突然固定，试求杆扭转振动的响应。

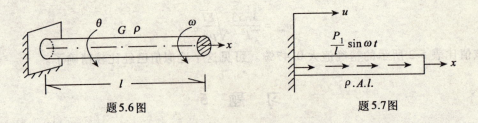

题5.6图 题5.7图

题5.7 如题5.7图所示为一端固定,一端自由的等直杆,受沿轴线均匀分布的干扰力 $f(x,t)=\dfrac{P_1}{l}\sin\omega t$ 作用。试求其强迫振动的稳态响应。

题5.8 如题5.8图所示,一悬臂梁左端固定,右端附有重物。已知重物的重量为 W,梁的长度为 l,抗弯刚度为 EI,单位长度重量为 rA,试求系统横向振动的频率方程。

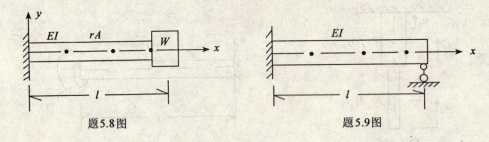

题5.8图 题5.9图

题5.9 试写出题5.9图所示一端固定一端活动铰支的梁的振型函数,并画出第一阶及第二阶主振型图。

题5.10 如题5.10图所示一等直梁置于连续的弹性基础上。两端简支,受轴向常压力 N 作用。梁单位长度质量为 m_0,抗弯刚度为 EI,弹性基础的刚性系数为 k。试导出梁的横向振动微分方程式,并求其固有圆频率。

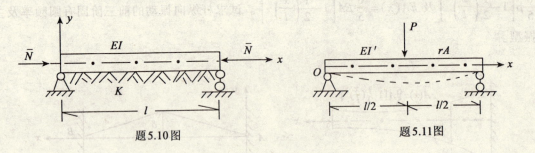

题5.10图 题5.11图

题5.11 一简支梁在其中点受到力 P 作用而产生静变形,如题5.11图所示。已知梁长为 l,抗弯刚度为 EI,单位长度的重量为 rA,试求当力 P 突然取消后梁的响应。

提示:对称结构且 P 作用在对称平面内,所以 P 将只激发对称型的各阶主振动。梁的静挠度曲线为

$$y(x,0) = \begin{cases} \dfrac{Px}{48EI}(3l^2 - 4x^2), & \left(0 \leq x \leq \dfrac{l}{2}\right) \\ \dfrac{P(l-x)}{48EI}[3l^2 - 4(l-x)^2], & \left(\dfrac{l}{2} < x \leq l\right) \end{cases}$$

题 5.12 如题 5.12 图所示一变截面悬臂梁,长为 l,厚度为 b,横截面积 A 按直线规律变化:$A(x) = A_0\left(1 + \dfrac{x}{l}\right)$。试求系统的第一阶和第二阶固有圆频率。

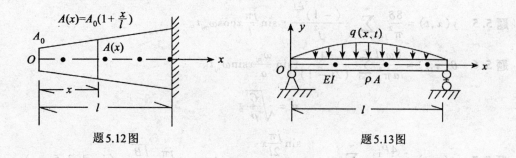

题5.12图　　　　　　　　　题5.13图

题 5.13 如题 5.13 图所示,简支梁上受正弦分布的横向干扰力 $q(x,t) = F_0\sin\dfrac{\pi}{l}x\sin\omega t$ 作用。试求梁的受迫振动的稳态响应。

题 5.14 如题 5.14 图所示为一等直悬臂梁,试求其在固定端有支承运动 $y_s(t) = d\sin\omega t$ 时的稳态响应。梁的抗弯刚度为 EI,单位长度质量为 ρA,长度为 l。

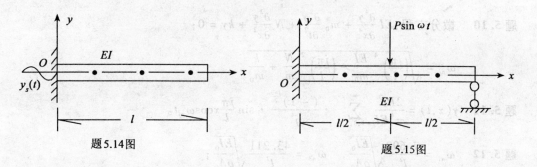

题5.14图　　　　　　　　　题5.15图

题 5.15 如果一脉冲动力 $P\sin\omega t$ 作用于一端固定另一端活动铰支梁的跨中处,试确定梁的稳态强迫响应,已求得该梁的正规函数 $Y_j(x) = \text{ch}K_jx - \cos K_jx - \alpha_j(\text{sh}K_jx - \sin K_jx)$,式中
$$\alpha_j = \dfrac{\text{ch}K_jl - \cos K_jl}{\text{sh}K_jl - \sin K_jl}。$$

习题 5 答案

题 5.1 $u = \displaystyle\sum_{j=1,3,5,\cdots}^{\infty} \cos\dfrac{j\pi x}{2l}\left(A_j\cos\dfrac{j\pi at}{2l} + B_j\sin\dfrac{j\pi at}{2l}\right)$。

题 5.2 $\tan\dfrac{\omega_n}{a}l_1 \cdot \tan\dfrac{\omega_n}{a}l_2 = \dfrac{A_2}{A_1}, a = \sqrt{\dfrac{E}{\rho}}$。

题 5.3 $\tan\dfrac{\omega_n l}{a} = -\dfrac{GI_P}{kl}\left(\dfrac{\omega_n l}{a}\right), a = \sqrt{\dfrac{Gg}{r}}$。

题 5.4 $\begin{Bmatrix}\omega_{n1}\\ \omega_{n2}\\ \omega_{n3}\end{Bmatrix} = \begin{Bmatrix}1.7742\\ 1.8222\\ 7.9317\end{Bmatrix}\sqrt{\dfrac{EA}{\rho l^2}}$, $[A] = \begin{bmatrix}0.9999 & -0.1610 & 0.0674\\ -0.0105 & 0.9866 & -0.1131\\ 0.0018 & -0.0275 & 0.9913\end{bmatrix}$。

题 5.5 $y(x,t) = \dfrac{8\delta}{\pi^2}\sum\limits_{j=1,3,5,\cdots}^{\infty}\dfrac{(-1)^{\frac{j-1}{2}}}{j^2}\cdot\sin\dfrac{j\pi}{l}x\cos\omega_{nj}t$。

题 5.6 $\theta(x,t) = \dfrac{8\omega_n l}{a\pi^2}\sum\limits_{j=1}^{\infty}\dfrac{1}{(2j-1)^2}\sin\dfrac{\omega_{nj}}{a}x\sin\omega_{nj}t$。

$$a = \sqrt{\dfrac{G}{\rho}}。$$

题 5.7 $u(x,t) = \dfrac{4P_1}{\pi\rho Al}\sum\limits_{j=1,3,5,\cdots}^{\infty}\cdot\dfrac{\sin\dfrac{j\pi}{2l}x}{j(\omega_{nj}^2-\omega^2)}\sin\omega t, \omega_{nj} = \dfrac{j\pi}{2l}\sqrt{\dfrac{B}{\rho}}\quad (j=1,3,5,\cdots)$。

题 5.8 $\dfrac{W\omega_{nj}^2}{gEIk^2} = \dfrac{1+\cos kl\cdot\mathrm{ch}kl}{\sin kl\cdot\mathrm{ch}kl-\cos kl\cdot\mathrm{sh}kl}$。

题 5.9 $y_j(x) = \mathrm{ch}K_jx - \cos K_jx + a_j(\mathrm{sh}K_jx - \sin K_jx)$,

式中, $a_j = \dfrac{\mathrm{ch}K_jl - \cos K_jl}{\mathrm{sh}K_jl - \sin K_jl}$。

题 5.10 微分方程:$EI\dfrac{\partial^4 y}{\partial x^4} + m_0\dfrac{\partial^2 y}{\partial t^2} + N\dfrac{\partial^2 y}{\partial x^2} + ky = 0$;

$$\omega_{nj} = \sqrt{\left(\dfrac{j\pi}{l}\right)^4\dfrac{EI}{m_0} - \left(\dfrac{j\pi}{l}\right)^2\dfrac{N}{m} + \dfrac{k}{m_0}}。$$

题 5.11 $y(x,t) = \dfrac{2Pl^3}{\pi^4 EI}\sum\limits_{j=1,3,5,\cdots}^{\infty}\cdot\dfrac{(-1)^{\frac{j-1}{2}}}{j^4}\cdot\sin\dfrac{j\pi}{l}x\cos\omega_{nj}t$。

题 5.12 $\omega_{n1} = \dfrac{7.692}{l^2}\sqrt{\dfrac{EI_0}{\rho A_0}}$, $\omega_{n2} = \dfrac{43.211}{l^2}\sqrt{\dfrac{EI_0}{\rho A_0}}$;

式中, $I_0 = \dfrac{A_0^3}{12b^2}$。

题 5.13 $y(x,t) = \dfrac{F_0}{\rho A(\omega_{nj}^2-\omega^2)}\sin\dfrac{j\pi}{l}x\sin\omega t$。

$$= \dfrac{F_0 l^4}{j^4\pi^4 EI(1-\lambda_j^2)}\sin\dfrac{j\pi}{l}x\sin\omega t。$$

题 5.14 $y(x,t) = \omega^2 d\sum\limits_{j=1}^{\infty}\dfrac{Y_j(x)\int_0^l Y_j(x)\mathrm{d}x}{M_j(\omega_{nj}^2-\omega^2)}\sin\omega t$。

式中, $M_j = \int_0^l Y_j^2(x)\mathrm{d}x$。

题 5.15 $y(x,t) = \dfrac{Pl^3}{EI} \sum\limits_{j=1}^{\infty} \dfrac{\beta_j Y_j(x) [Y_j(x)]_{x=\frac{l}{2}}}{(K_j l)^4} \sin\omega t$。

式中，$\beta_j = \dfrac{1}{1 - \dfrac{\omega^2}{\omega_{nj}^2}}$。

第6章 回转体的振动

在实际工程中,回转体主要是指机械中的转轴及工作轮、大型(水、火)发电机中的转子、水轮机、汽轮发电机以及大型水泵的工作轮等。这种回转体——亦称为转子,由于制造问题、材料不均匀以及其他原因,使得转子重心偏离转轴中心线——即所谓偏心。由于转子偏心,使回转体在运转过程中产生一周期性的离心惯性力。在离心惯性力作用下,回转体系统被迫产生回转振动。当回转体在运转过程中,其转速达到某一数值时,就引起回转体的剧烈振动——共振现象,这一转速被称为临界转速。

§6.1 回转体的临界转速

现在我们来研究一个最简单的回转体——单盘转子的临界转速。

如图 6-1(a) 所示,回转体的轴两端简支,圆盘固定在轴的中间,为了略去回转体自重的影响,将轴竖放。设圆盘质量为 m,轴当做弹簧系数为 k 的复原元件,其质量不计;静止状态时轴为一直线,其中心线为 O 轴,圆盘的几何中心 A 位于中心线上;G 为回转体重心,偏心为 e。

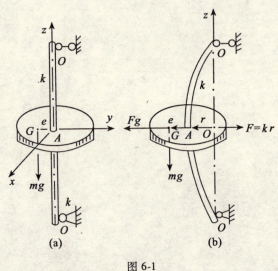

图 6-1

如图 6-1(b) 所示,回转体作回转振动时,轴的挠度为 $r=\overline{OA}$,偏心 e 为 $\overline{AG}$,在轴心 A 上沿向心的方向作用有弹簧力 $F=kr$(k 为弹簧系数),在重心 G 上沿离心方向的作用有离心惯性力 $F_g=m(r+e)\omega^2$(m 为回转体质量。ω 为回转轴的角速度),当 $\omega=c$ 时,这两个力应互相

平衡，即 $F = F_g$。故

$$m(r+e)\omega^2 = kr$$

由此求得挠度 r 为

$$r = \frac{me\omega^2}{k - m\omega^2} = \frac{e\omega^2}{\omega_n^2 - \omega^2} = \frac{e\lambda^2}{1 - \lambda^2} \tag{6-1}$$

式中，$\omega_n = \sqrt{\dfrac{k}{m}}$——回转体只作横向自由振动时的固有频率；

$\lambda = \dfrac{\omega}{\omega_n}$——频率比，即回转体转速与回转体的固有频率之比。

式(6-1)中的 r 与无阻尼($\xi=0$)的单自由度系统时的强迫振动的振幅关系式(2-75)完全相同。下面对式(6-1)进行分析讨论。

1. 当 $\omega=0$ 时，$r=0$。当 $\omega<\omega_n$ 时，$r=$ 正值，表示挠度 $\overline{OA}$ 与偏心 e 的方向一致，此时重心 G 处于形心 A 的外侧作回转振动，如图 6-2(a)所示。

2. 当 $\omega=\omega_n$ 时，$r=\infty$，即回转振动的挠度变成无穷大。也就是说，当 $\lambda=1$ 时，即使转子平衡得很好，只要有一个很小的偏心 e，则动挠度 r 也会趋向无穷大。尽管在实际中，由于轴承产生的阻尼会把挠度限制在一定数值内，同时较大变形产生的非线性弹性恢复力也会限制挠度值，但是轴的动挠度仍然比较大，且容易导致系统被破坏。所以，这时的转速定为临界转速。以 ω_k 表示为

$$\omega_k = \omega_n = \sqrt{\frac{k}{m}} \tag{6-2}$$

实际工程中常用每分钟转速来表示，即

$$n_k = \frac{60\omega_k}{2\pi}(\text{rpm}) \tag{6-3}$$

显然，临界转速在数值上是等于转子因其他原因不能转时而作横向自由振动的固有频率。必须指出，由于忽略了阻尼等其他一些因素的原因，实际的临界转速值只是接近于固有频率值，两者并不完全相等。

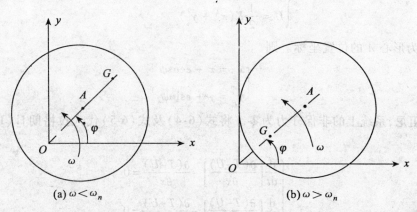

图 6-2

3. 当 $\omega = \infty$ 时，$r = -e$。

r 为负值表示挠度 $\overline{OA}$ 与偏心 $e = \overline{AG}$ 的方向相反。即回转体按 $\omega > \omega_n$ 作高速旋转时，重心 G 处在形心 A 的内侧作回转振动，如图6-2(b)所示。

对于回转体在回转振动中，形成的动挠度曲线与其原中心轴线构成了一个弓状面（如图6-1(b)所示），这个弓状面将绕着中心轴线 O 旋转，这种旋转称为涡动或称为弓状回旋。值此，以上分析中假定轴承中心 O、形心 A、重心 G 三点在一直线上（如图6-2所示）。但一般情况该三点并不一定在一直线上，如图6-3所示。下面进一步研究该三点不在一条直线上的情况。

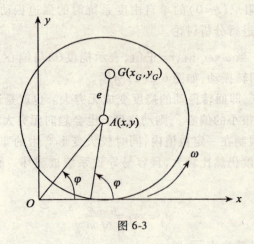

图 6-3

对于一般的系统，我们设其重心 G 的位置为 x_G、y_G，回转体的角位置用角度 ψ 表示，则系统的位置必须用三个坐标来确定，从而构成三个自由度系统。假定回转体的转动惯量为 I_0，轴的弹性系数为 K，则系统的动能 T 和位能 U 可以分别表示为

$$\begin{cases} T = \dfrac{1}{2} m(\dot{x}_G^2 + \dot{y}_G^2) + \dfrac{1}{2} I_0 \dot{\psi}^2 \\ U = \dfrac{1}{2} K(x^2 + y^2) \end{cases} \tag{6-4}$$

式中，x、y 为形心 A 的位置坐标。则

$$\begin{cases} x_G = x + e\cos\psi \\ y_G = y + e\sin\psi \end{cases} \tag{6-5}$$

由于不计阻尼，系统上的非保守力为零。将式(6-4)及式(6-5)代入拉格朗日(Lagrange)方程式

$$\begin{cases} \dfrac{d}{dt}\left[\dfrac{\partial(T-U)}{\partial \dot{x}}\right] - \dfrac{\partial(T-U)}{\partial x} = 0 \\ \dfrac{d}{dt}\left[\dfrac{\partial(T-U)}{\partial \dot{y}}\right] - \dfrac{\partial(T-U)}{\partial y} = 0 \\ \dfrac{d}{dt}\left[\dfrac{\partial(T-U)}{\partial \dot{\psi}}\right] - \dfrac{\partial(T-U)}{\partial \psi} = 0 \end{cases}$$

便得到其运动微分方程为

$$\begin{cases} I\ddot{\psi} = -Ke(x\sin\psi - y\cos\psi) \\ m\ddot{x} + Kx = me\dot{\psi}^2\cos\psi + me\ddot{\psi}\sin\psi \\ m\ddot{y} + Ky = me\dot{\psi}^2\sin\psi - me\ddot{\psi}\cos\psi \end{cases} \quad (6\text{-}6)$$

方程式(6-6)是含有变量 x、y 及 ψ 的非线性微分方程。若特别考虑回转体作等速回转的情况,则得到线性微分方程。即令 $\ddot{\psi}=0$ 及 $\dot{\psi}=\omega=$ 常量,代入式(6-6)并将 $\psi=\omega t$ 及 $\omega_n^2=\dfrac{K}{m}$ 一并代入,便得

$$\begin{cases} \ddot{x} + \omega_n^2 x = e\omega^2\cos\omega t \\ \ddot{y} + \omega_n^2 y = e\omega^2\sin\omega t \end{cases} \quad (6\text{-}7)$$

此时的系统相当于一个强迫振动问题。式(6-7)的解为

$$\begin{cases} x = \dfrac{e\omega^2}{\omega_n^2 - \omega^2}\cos\omega t \\ y = \dfrac{e\omega^2}{\omega_n^2 - \omega^2}\sin\omega t \end{cases} \quad (6\text{-}8)$$

由式(6-7)的右边可知,与 x 轴成 ωt 角所示的方向就是偏心 $\overline{AG}$ 的方向。又从式(6-8)可知,挠度 r 也取同样的方向,与 x 轴夹角都是 ωt。这样 O、A、G 三点仍在一直线上,由式(6-8)可以求得回转体的挠度为

$$r = \sqrt{x^2 + y^2} = \dfrac{e\omega^2}{\omega_n^2 - \omega^2} = \dfrac{e\lambda^2}{1 - \lambda^2} \quad (6\text{-}9)$$

这样,回转体的运动就成了挠度为 r、转速与回转体转速相同的回转振动了。亦即前面所说的,回转体以图6-1(b)的形式作涡动。

当 $\omega = \omega_n$ 时,回转体的挠度 $r = \infty$,即发生共振现象。这样分析的结果就和前面所说的一致了。

由式(6-9)可知,回转体振动时的振幅与偏心 e 成正比。因此,为了减轻振动,应使回转体的偏心尽可能小。然而,当 $\omega = \omega_n$ 时,回转体即发生共振,此时只要有一点偏心,系统挠度也将达到无穷大,致使系统遭到破坏。可见,在回转体的振动问题中,最重要的是查明临界转速。

以上介绍的单盘转子临界转速可以按处理单自由度系统的振动时那样计算。在实际工程中系统可能是形状复杂的多盘或无限多个盘所组成的连续体转子系统,其临界转速又如何计算呢?下面作简单的介绍。

对于多盘转子的临界转速,可以在单盘转子临界转速求解的基础上,通过公式推广来求多盘转子的第一阶临界转速 ω_{K_1}(或 n_{K_1}),即

$$\dfrac{1}{\omega_{K_1}^2} = \dfrac{1}{\omega_{n_1}^2} \approx \dfrac{1}{\omega_{n_0}^2} + \dfrac{1}{\omega_{n_{11}}^2} + \dfrac{1}{\omega_{n_{22}}^2} + \cdots + \dfrac{1}{\omega_{n_{ii}}^2} \quad (6\text{-}10)$$

或

$$\dfrac{1}{n_{K_1}^2} = \dfrac{1}{n_{n_1}^2} \approx \dfrac{1}{n_{n_0}^2} + \dfrac{1}{n_{n_{11}}^2} + \dfrac{1}{n_{n_{22}}^2} + \cdots + \dfrac{1}{n_{n_{ii}}^2} \quad (6\text{-}11)$$

式中 ω_{n_0}（或 n_{n_0}）为当轴上没有圆盘时轴的一阶临界转速。如果轴的质量忽略不计时，则 $\frac{1}{\omega_{n_0}^2}=0$。其余的 $\omega_{n_{11}}(n_{n_{11}})$，$\omega_{n_{22}}(n_{n_{22}})$，…，$\omega_{n_{ii}}(n_{n_{ii}})$ 的意义和 §4.4 中 4.4.2 所介绍的一样。即 $\omega_{n_{ii}}$ 表示仅有质量 m_{ii} 单独存在时系统的固有频率。实际工程中多采用式(6-11)。

如果还想求多盘转子的二阶、三阶乃至 n 阶固有频率时，就要采用传递矩阵法或滤频法等方法了（见例 4-9）。

对于一般转子（弹性体）的临界转速也同样按梁发生弯曲振动时求共振频率的方法来求得。若用适应于回转体系统的坐标系来考虑 §5.3 中所述的梁的弯曲运动方程，即可得下列两式

$$\begin{cases} \dfrac{\partial^2}{\partial s^2}\left(EI(s)\dfrac{\partial^2 x}{\partial s^2}\right)+\rho A(s)\dfrac{\partial^2 x}{\partial t^2}=\rho A(s)e(s)\omega^2\cos\psi \\ \dfrac{\partial^2}{\partial s^2}\left(EI(s)\dfrac{\partial^2 y}{\partial s^2}\right)+\rho A(s)\dfrac{\partial^2 y}{\partial t^2}=\rho A(s)e(s)\omega^2\sin\psi \end{cases} \tag{6-12}$$

式中，s——回转体转轴坐标；

e——回转体的偏心；

ρ——回转体的密度；

$EI(s)$——回转体的弯曲刚度；

$A(s)$——回转体的截面面积；

$e(s)$、$I(s)$、$A(s)$——回转体位置 s 的函数。

若用复值变量 $z=x+iy$ 表示，则式(6-12)成为

$$\dfrac{\partial^2}{\partial s^2}\left[EI(s)\dfrac{\partial^2 z}{\partial s^2}\right]+\rho A(s)\dfrac{\partial^2 z}{\partial t^2}=\rho A(s)e(s)\omega^2 e^{i\psi} \tag{6-13}$$

式中，$e^{i\psi}=\cos\psi+i\sin\psi$。因此，用 §5.3 中所述的方法，就能求得其固有频率与强迫振动的解，而临界转速则与梁发生横向振动时的固有频率一致。当然，还可以采用梁求解的一些近似方法求解，限于篇幅这里从略。

§6.2 转子的平衡

从上一节得知，回转体发生振动是由于回转体有偏心所致。因此，消除偏心便可以消除回转体的振动。为此，我们把消除回转体偏心的校正过程称为转子的平衡。根据转子偏心质量分布情况，可能引起转子的静不平衡与动不平衡问题。因此，转子的平衡又分为转子静平衡及转子动平衡。对于有偏心的转子的振动，其转速与临界转速相比较小，而转子的弹性变形又可以忽略不计时，称之为刚性转子；转速接近或超过临界转速，而转子的弹性变形又不能忽略不计时，称之为柔性转子。相应的平衡分别称之为刚性转子平衡和柔性转子平衡。

6.2.1 转子静平衡及质量偏心度

如图 6-4 所示，将转子置于两根平行的刃形支承上，使转轴转动后，如果转子没有偏心，则该转子可以在任意位置上停下来；如果转子有偏心时，该转子总是滚动到偏心质量垂直向下的位置才停下来。应用该方法可以测出转子的偏心位置，这种利用重力的作用测出的转

子不平衡称为静不平衡。消除这种不平衡的方法,只要在偏心质量相反方向加配重,或者就在其相同方向上用钻孔、切削等办法去掉一些重量,就可以达到目的。这种方法称为转子的静平衡。

现假设在距离平衡的圆盘形转子中心 O 为 r 的地方,加上质量为 $m(g)$ 的平衡重,若该转子以角速度 ω 旋转,则轴承上将作用有一离心力 F,其大小为

$$F = mr\omega^2 \qquad (6\text{-}14)$$

为了消除转子的这种不平衡,必须在其相反方向上加上重径积为 $m \cdot r$ 的平衡重。这个量称为不平衡量,用 $U = mr(g \cdot mm)$ 表示。由图 6-5 可知,这种不平衡量为固结于转子的回转坐标上沿偏心方向的有向矢量,用矢量表示为

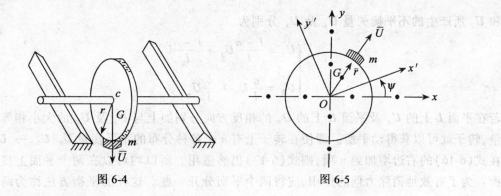

图 6-4   图 6-5

$$U = mr \qquad (6\text{-}15)$$

这个矢量称为不平衡矢量。

一般将不平衡量除以转子的质量后,所得的值

$$\varepsilon(\mu) = \frac{U}{M_{\text{rotor}}} = \frac{mr(\text{g} \cdot \text{mm})}{M_{\text{rotor}}(\text{kg})} \qquad (6\text{-}16)$$

用以表示转子不平衡的程度,称之为质量偏心度。上式中 ε 的单位是 $\mu(\mu m) = 10^{-6} m$。

6.2.2 转子的动平衡

1. 刚性转子的动平衡

对于发电机的转子、水轮机或汽轮机的工作轮等,它们的质量是沿轴向分布的,即使通过上述方法获得了它们的静平衡,但一开始旋转时往往仍会发生振动。如图 6-6 所示,在转子的轴上装有两个获得完全静平衡的圆盘上分别安装相位差为 180°的质量块时,该转子仍然处于静平衡,但转子一开始旋转时还会发生振动。其原因是由于所安装的质量块引起的离心力 $mr\omega^2$,致使沿轴的横向产生一力偶矩 $mr\omega^2 l$,力偶矩的作用使轴承受力而振动。作用在轴上的力偶称为不平衡力偶。将消除这个不平衡力偶的校正过程称为动平衡。从广义上说,静不平衡也是动不平衡的根源之一,亦可以通过动平衡方法来加以消除,所以静不平衡和力偶不平衡统称为动不平衡,对它们加以校正的过程统称为动平衡。

现在我们来研究图 6-7 所示的转子的动平衡方法。假设在与平面 L 相距 a 处有一不平衡矢量 U_1,在相距 b 处有另一不平衡矢量 U_2,由于离心力为不平衡量与转速的平方之乘积,即离心力正比于不平衡量,因此在计算时只考虑不平衡量即可。在平面 L 和 R 上,由 U_1

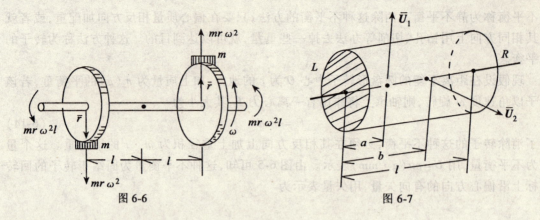

图 6-6

图 6-7

和 U_2 所产生的不平衡矢量 U_L 及 U_R 分别为

$$\begin{cases} U_L = \dfrac{l-a}{l}U_1 + \dfrac{l-b}{l}U_2 \\ U_R = \dfrac{a}{l}U_1 + \dfrac{b}{l}U_2 \end{cases} \quad (6\text{-}17)$$

若在平面 L 上的 U_L 及平面 R 上的 U_R 的相反方向分别加上与 U_L 及 U_R 的大小相等的平衡量，转子就可以获得动平衡。即使在转子上有 n 个各种分布的不平衡量 $U_1, U_2, \cdots, U_n$，只需在式(6-16)的右边增加到 n 项，则式(6-17)仍然适用。所以均可以在两个平面上校正不平衡。为了有效地消除力偶的作用，应将两个平面分开一些。这样的平衡方法称为两平面平衡法。

例 6-1 对于如图 6-8 所示的长为 400mm 的转子，距离其左端为 100mm 的平面上有 3kg·mm 的不平衡量，另在其中央平面上还有 2kg·mm 的不平衡量，二者的角度相差 90°。试求两端面上校正量的大小(kg·mm)及角度。

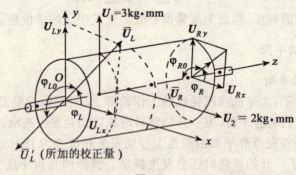

图 6-8

解 取 $Oxyz$ 轴坐标系如图 6-8 所示，用式(6-17)的投影式可以得水平方向的不平衡量为

$$\begin{cases} U_{Lx} = \dfrac{(l-b)}{l}U_2 = \dfrac{400-200}{400}\times 2 = 1(\text{kg}\cdot\text{mm}) \\ U_{Rx} = \dfrac{b}{l}U_2 = \dfrac{200}{400}\times 2 = 1(\text{kg}\cdot\text{mm}) \end{cases}$$

垂直方向的不平衡量为

$$\begin{cases} U_{Ly} = \dfrac{(l-a)}{l}U_1 = \dfrac{400-100}{400}\times 3 = 2.25(\text{kg}\cdot\text{mm}) \\ U_{Ry} = \dfrac{a}{l}U_1 = \dfrac{100}{400}\times 3 = 0.75(\text{kg}\cdot\text{mm}) \end{cases}$$

平面 L 及 R 上不平衡量及从水平方向起计的相位角分别为

$$U_L = \sqrt{1^2 + 2.25^2} = 2.462(\text{kg}\cdot\text{mm})$$

$$\varphi_L = \arccos\dfrac{1}{2.462} = 66°02'$$

及

$$U_R = \sqrt{1^2 + 0.75^2} = 1.25(\text{kg}\cdot\text{mm})$$

$$\varphi_R = \arccos\dfrac{1}{1.25} = 36°52'$$

由于所加校正量的角度与不平衡量的方向相反,所以,应将求得的相位角加上 180°后即得

$$\varphi_{L_0} = 246°02'$$

$$\varphi_{R_0} = 216°52'$$

如图 6-8 所示。

2. 柔性转子的动平衡

转子在低速转动时,一般是不发生变形的,此时称之为刚性转子,这种转子的动平衡法前面已介绍过。如图 6-9(a)所示为刚性转子获得平衡的状态。但当转子作高速旋转时,特别是接近临界转速时,转子就会发生变形,这种转子称为柔性转子。如图 6-9(b)所示。此时,转子的离心力为

$$F = m_1(a-r_1)\omega^2 + m_2(a-r_2) - m_0(a+r_0)\omega^2$$
$$= (m_1+m_2-m_0)a\omega^2 - (m_1 r_1 + m_2 r_2 + m_0 r_0)\omega^2 \tag{6-18}$$

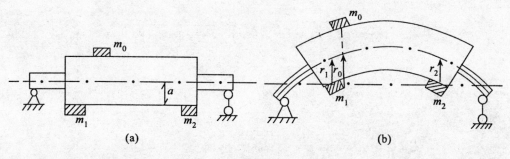

图 6-9

由刚性转子的静力平衡条件可得

$$m_1 a + m_2 a - m_0 a = 0$$

将该条件代入式(6-18)得

$$F = -(m_1 r_1 + m_2 r_2 + m_0 r_0)\omega^2 \tag{6-19}$$

可见,这个离心力是由转子的变形引起的。因此,为了在这种情况下获得平衡,必须考虑转子的变形(动挠度),这样的平衡称为柔性转子的平衡。

对于柔性转子的平衡方法,目前尚没有像适用于刚性转子那样成熟的确定方法,而常用的方法有振型平衡法或影响系数法。影响系数法实质上是刚性转子平衡时,所常用的两面影响系数法(即两面向量法)的推广,这里不作介绍。至于振型平衡法,其原理是将转子看做是梁,使其主振型从低阶依次到所需的阶数,对每种振型都加以平衡。亦即,首先进行刚性转子的平衡,然后按照各阶振型将挠度影响系数大的位置作为校正平面来确定校正重量。例如,由表 5-2 知两端简支的等截面轴,其一阶振型的影响系数以中点为最大,所以取中平面为校正平面来对一阶振型进行平衡(如果由于结构的影响,也可以取其他位置);接着对二阶振型进行平衡,这里影响系数最大的位置为 $\frac{l}{4}$ 和 $\frac{3l}{4}$ 的截面,因此可以取这两个面作为校正平面,在不打乱原先已获得平衡的一阶振型的平衡条件下,将校正重量分配到两个校正平面上而获得二阶平衡;接着对三阶振型,在不打乱一阶和二阶振型的平衡条件下,将校正重量分配到三个校正平面上,照该方法继续进行平衡,直到获得所需的高阶振型平衡为止。

显然,这样的计算工作量是巨大的,要完成巨大的计算量又要保证精度,只有借助于电子计算机。

此外,还可以通过动平衡试验机,使转子获得平衡。目前,动平衡实验机已在工厂、科研单位及高等院校广泛使用。

按上述方法平衡,由于计算或测量仪器的误差,未能完全消除不平衡量,则必须规定一个允许的残余不平衡度——称为允许的不平衡量。显然,这种允许的不平衡量是随转子大小和转速的不同而异,一般可以按式(6-14)求得的质量偏心度 ε 来规定

$$\varepsilon \cdot \omega = 常数 \tag{6-20}$$

的大小,以此作为允许的不平衡量。这个允许的不平衡量可以从相关规范或机械手册中查阅到。

第7章 工程结构的抗震计算

§7.1 地 震

地震,顾名思义就是大地发生振动。强烈的地震会对地面的建筑物造成极大的破坏,因此对人类的生命和财产危害极大。地震是一种自然现象,其产生的原因是地球内部运动的结果。地球的自转导致地球内部发生运动变化,使地壳岩层产生巨大的地应力,在地应力的作用下,一些岩层发生褶皱变形,同时在岩层中逐渐积累了巨大的变形能。当地应力的作用超过岩层的强度极限时,就会突然发生断裂和错动,此时岩层中积累的巨大变形能急剧地释放出来,引起周围物质的振动,并以弹性波的形式向四周传播出去。这种弹性波称为地震波。当地震波传到地面时,大地便发生振动,这就是地震。这种地震又称之为构造地震。在世界范围内,这种地震发生较多较普遍,波及范围较广,破坏性也较大,因此,构造地震将作为工程地震的主要研究对象。此外,还有由于火山爆发引起的火山地震,以及由于地下洞穴的大规模塌陷引起的陷落地震等。这些地震发生较少,波及范围较小,破坏性也不大,在此不作介绍。

地震发生的地方称为震源。震源正对着的地面称为震中。震中附近地区振动最大、破坏性最严重,称为极震区。从震中到震源的垂直距离称为震源深度。在地面上受地震影响的任一点到震中的距离称为震中距离,到震源的距离称为震源距离。在地形图上把地面破坏程度相似的各点连接起来的曲线,称为等震线。

震级是表示发生地震大小的量,由地震释放出来的能量多少来确定,主要通过仪器记录的地震波来测定。

烈度是表示地震时由地面建筑物遭受破坏的程度来确定的量。

震级与烈度是两个不同的概念。一次地震只有一个震级,但是有不同的烈度,因为不同地点的被破坏程度及影响不一样。显然,同一次地震,总是极震区的烈度最大,随着震中距离加大,烈度也逐渐降低。同样,相同震级的地震,发生在不同地点,其烈度也不同。目前,世界各国使用的烈度标准不完全相同,我国和多数国家一样使用十二级地震烈度表。

作为工程地震的研究内容,包括两个方面的问题:(1)发生地震时地面是如何运动的?地震力有多大?(2)在特定的地面运动情况下,工程建筑物的响应如何(运动方程、速度、加速度、位移及内力等)?前者属于地震特征研究问题,后者属于结构的抗震研究问题。两者之间存在着密切联系,是不可分割的,必须综合其研究成果,设计出能够承受所设计的地震荷载的建筑物。

§7.2 地震荷载的确定

发生地震时,地面上的建筑物由于基础运动而引起强迫振动。这种强迫振动,一方面决定于地面运动的规律;另一方面也决定于建筑物本身固有的动力学特征。地震引起建筑物的强迫振动响应,可以用荷载、内力、变形或能量等力学量来度量,而一般工程上较多地以地震荷载来度量。

通常讲地震荷载,就是指地震时建筑物本身具有的惯性力。在设计中,我们把这种惯性力看成是一种能够反映地震影响的等效荷载,要求根据这种惯性力设计出来的建筑物能够抵抗相应的地震。

地震本身是一种没有规律的、不可预知的随机振动,因此地震荷载的确定是一个非常复杂的问题。在确定地震荷载时,必须对有关问题作适当的简化与假定,从而得到一些地震荷载确定的理论。目前,地震荷载理论主要有以下两大类。

7.2.1 静力理论

静力理论是假定建筑物为一不变形的刚体,发生地震时其上各部分的加速度均与地面的加速度相同,由这一加速度所产生的惯性力就可以作为建筑物的地震荷载。若以 W 表示建筑物某部分的重量,则其所受的地震荷载为

$$P = \frac{W}{g} \cdot a_0 = \frac{a_0}{g} \cdot W = K \cdot W \tag{7-1}$$

式中:a_0——发生地震时地面最大水平加速度。经验表明,在一般情况下地震的水平运动是导致建筑物被破坏的主要因素,因此,以水平加速度作为设计的加速度;

g——重力加速度;

$K = \dfrac{a_0}{g}$——地震系数,K 取决于地震烈度。

静力理论忽略了建筑物本身的振动,所以称为静力理论。由于完全忽略了建筑物的变形性质,没有考虑建筑物的动力特性(自振频率、振型与结构阻尼等),所以与实际的情况不完全相符合。尽管如此,由于这一理论应用极其简便,并且对于刚度较大的水工建筑物(如重力坝、挡土墙等),在它们的初步设计中,根据静力理论所算得的地震荷载仍然具有一定的参考价值,所以,目前在一些实际工程中还使用这一理论。

7.2.2 动力理论

动力理论是根据振动理论计算建筑物对于地震的响应。在计算过程中,除了考虑发生地震时地面的运动规律外,还要考虑建筑物本身的动力特性。因此,要求计算出建筑物自由振动的动力特性(固有频率、振型及结构阻尼等),并分析和计算建筑物在地震强迫振动下的响应。

1. 定函数理论

定函数理论实质上就是以数学函数来模拟地面运动的理论。因为实际的地面振动不仅非常复杂而且难以预测。为了简便可行而采用某种以定函数表达的周期运动,作为与地震

等效的地面运动,然后根据这种等效的运动计算其地震荷载。

如前苏联柯尔琴斯基(И. Л. корчинский)假定地面运动为若干个不同振幅、不同阻尼及不同频率的衰减正弦函数的总和[3]即

$$V(i) = \sum_{i=1}^{n} a_i e^{-\varepsilon it} \sin\theta_i t \tag{7-2}$$

前苏联1957年颁发的《地震区建筑规范》中,地震荷载计算方法就是根据这一假定拟定的。

2. 反应谱理论

由于地震时地面的振动是随机的,无法用数学分析或用实际运动来计算建筑物的响应。为此,我国的抗震设计规范与许多国家一样,采用了一种所谓"反应谱"理论来计算地震荷载。这一理论是根据地震时地面运动的实测记录,通过计算分析而绘制的加速度(常用加速度的相对值)反应谱曲线作为依据的。所谓加速度反应谱曲线,就是单自由度弹性体系在一定的地震作用下,最大反应加速度与体系自振周期的函数关系曲线。所以反应谱又被称为反应谱曲线或谱曲线。如果已知体系的自振周期,就可以利用加速度反应谱曲线或相应公式,很容易地确定体系的反应加速度,进而求出地震荷载。因为多自由度系统的振动可以分解为若干振型的叠加。而每个振型又可以转化成为一个等效单自由度系统来考虑,这样任何建筑物对于地震的响应均可以作为若干个单自由度系统响应的叠加。显然,有了"反应谱"之后,不但可以求得单自由度系统的地震荷载,还可以计算出弹性体系的地震荷载,这种分析方法又称为拟静力法。

反应谱理论是以单自由度弹性系统在实际地震作用下的响应为基础对建筑物的响应进行分析的。目前,我国与许多国家一样采用这一理论。

3. 直接动力分析理论

由于电子计算机技术的飞速发展和广泛应用,致使能将实际地震的加速度时程记录(即地震记录)输入给建筑物结构体系,进行结构的地震响应分析。这种分析方法是将实际建筑物理想化,利用计算机求解理想化的体系对某一指定地震记录的动力响应,我们称之为地震响应的直接动力分析法。随着电子计算机技术及测试技术的进步与提高,这一方法将会得到广泛应用。

此外,有以随机过程原理来分析结构对地震的响应的统计特征,以此作为结构设计的依据。这一方法称为统计理论。也有以地震时输入结构的能量进行设计,使结构所吸收的能量不致造成结构的被破坏,这一方法称为能量理论。限于篇幅,我们不能一一加以叙述。

§7.3 工程结构的抗震计算

目前,对工程结构的抗震计算,主要途径是确定建筑物的地震荷载,根据确定的地震荷载进行结构的强度与刚度的验算。下面我们介绍用地震反应谱理论来确定建筑物的地震荷载。

7.3.1 单自由度体系的地震响应

由于地震波在地面的传播过程是十分复杂的,地基又是变形体,建筑物本身也是复杂

的,为了简便起见,运用地震反应谱理论时,必须作如下三点假设:

1. 假定建筑物的地基为一刚性盘体,各点运动完全一致,没有相位差;
2. 假定建筑物是弹性体系,这是实际结构的第一次近似模型,若建筑物在地震时进入非弹性阶段工作,反应谱理论便不适用;
3. 假定地震时地面运动过程可以用地震记录表示。

根据这三点假设,讨论单自由度弹性体系在基础输入实际地震记录时,体系的响应及其地震荷载。

如图 7-1 所示的单自由度系统,发生地震时地面水平位移为 $x_0(t)$,其振动微分方程为

$$m(\ddot{x} + \ddot{x}_0) + c\dot{x} + ,x = 0 \tag{7-3}$$

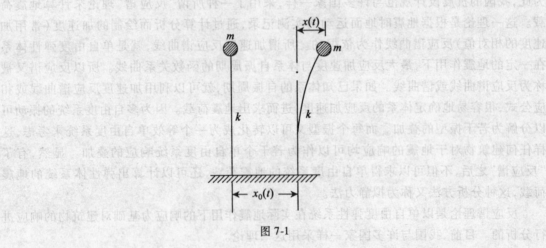

图 7-1

式中:c——系统的阻尼系数;
$x(t)$——质量 m 相对于地面的水平位移;
k——系统的刚性系数,即前面说的 k_{ii}。

式(7-3)可以改写为

$$m\ddot{x} + c\dot{x} + kx = -m\ddot{x}_0 \tag{7-4}$$

由此可见,地震时系统的作用相当于在质点 m 处作用一大小等于 $m\ddot{x}_0(t)$、方向与 $\ddot{x}_0(t)$ 相反的干扰力。在式(7-4)两边同除以 m 得

$$\ddot{x} + \frac{c}{m}\dot{x} + \frac{k}{m}x = -\ddot{x}_0$$

令 $\xi = \dfrac{c}{2m\omega_n}$ ——系统的阻尼比,可以由实测而得。

$\omega_n^2 = \dfrac{k}{m}$ ——无阻尼系统的固有频率。则上式成为

$$\ddot{x} + 2\xi\omega_n\dot{x} + \omega_n^2 x = -\ddot{x}_0 \tag{7-5}$$

这就是单自由度系统由地震引起的地面运动作用下的振动微分方程。

对于任意的地面加速度记录(如图 7-2 所示),根据式(2-99)可以得方程式(7-5)的一般解为

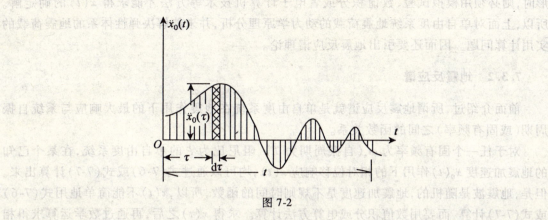

图 7-2

$$x(t) = -\frac{1}{\omega_d}\int_0^t \ddot{x}_0(\tau) e^{-\xi\omega_n(t-\tau)} \cdot \sin\omega_d(t-\tau) d\tau \tag{7-6}$$

式中：τ——时刻 0 到任一时刻 t 之间的变量；

$\omega_d = \sqrt{1-\xi^2}\,\omega_n$——有阻尼的自振频率。

式(7-6)就是单自由度系统在零初始条件（当 $t=0$ 时，$x_0(0)=0$）下地震响应的积分表达式。

对于一般工程结构，阻尼很小时可以近似地认为 $\omega_d = \omega_n$，则式(7-6)可以写为

$$x(t) = -\frac{1}{\omega_n}\int_0^t \ddot{x}_0(\tau) e^{-\xi\omega_n(t-\tau)} \cdot \sin\omega_n(t-\tau) d\tau \tag{7-7}$$

由于系统所受的地震荷载就是作用在系统上的惯性力，所以地震荷载为

$$p(t) = -ma(t) = -m[\ddot{x}(t) + \ddot{x}_0(t)] \tag{7-8}$$

式中质点 m 的绝对加速度可以由式(7-5)求得

$$a(t) = \ddot{x}(t) + \ddot{x}_0(t) = -2\xi\omega_n \dot{x}(t) - \omega_n^2 x(t) \approx -\omega_n^2 x(t) \tag{7-9}$$

将式(7-7)代入上式得

$$a(t) = \omega_n \int_0^t \ddot{x}_0(\tau) e^{-\xi\omega_n(t-\tau)} \cdot \sin\omega_n(t-\tau) d\tau \tag{7-10}$$

由式(7-8)及式(7-10)可知，在地震作用下质点 m 的加速度 $a(t)$ 及地震荷载 $p(t)$ 的大小与方向均随时间变化。但是，对于工程结构的抗震计算来说，只需其最大值，故单自由度系统的地震荷载公式为

$$p = ma_{\max} \tag{7-11}$$

式中 $a_{\max}$ 为质点 m 的最大加速度响应，即

$$a_{\max} = \left|\omega_n \int_0^t \ddot{x}_0(\tau) e^{-\xi\omega_n(t-\tau)} \cdot \sin\omega_n(t-\tau) d\tau\right|_{\max} \tag{7-12}$$

显然，式(7-11)与式(7-1)在形式上是相同的，但二者有不同的概念。因为 a_0 是地面最大的水平加速度，并不考虑系统的动力特性。而 $a_{\max}$ 是质点 m 的最大水平加速度的响应，$a_{\max}$ 考虑了系统的动力特性（固有频率及阻尼）。

必须指出，上述的分析仅适用于当地面运动加速度 $\ddot{x}_0(t)$ 为十分简单的数学表达式时，积分式(7-7)才有确定的解析结果。当地面运动加速度 $\ddot{x}_0(t)$ 为实际的复杂而不规则的随机图

形时,则必须用模拟试验、数值积分或者电子计算机技术等方法才能求得 $x(t)$ 的确定解。所以,上面对单自由度系统地震荷载的动力学原理分析,并未能解决弹性体系的地震荷载的实用计算问题。因而还要引出地震反应谱理论。

7.3.2 地震反应谱

前面介绍过,所谓地震反应谱就是单自由度系统在地震作用下的最大响应与系统自振周期(或固有频率)之间的函数关系。

对于任一个固有频率为 ω_n(自振周期为 T)、阻尼比为 ξ 的单自由度系统,在某个已知的地震加速度 $\ddot{x}_0(t)$ 作用下的相对位移响应 $x(t)$,均可以通过式(7-6)或式(7-7)计算出来。但是,地震波是随机的,地震加速度是不规则时间的函数,所以,$x(t)$ 不能简单地用式(7-6)或式(7-7)计算,而要用数值积分或电算方法计算。求得 $x(t)$ 之后,再通过数学运算求得相对速度响应 $\dot{x}(t)$ 和绝对加速度响应 $[\ddot{x}_0(t)+\ddot{x}(t)]$。

根据前面的假定,在同一个地震的地面加速度 $\ddot{x}_0(t)$ 的作用下,可以测试或计算出具有不同固有频率 ω_n(或自振周期 T)的许多单自由度系统的相对位移响应 $x(t)$、相对速度响应 $\dot{x}(t)$ 和绝对加速度响应 $[\ddot{x}_0(t)+\ddot{x}(t)]$。因此,可以得到许多相对位移、相对速度或绝对加速度的时间函数曲线。如图 7-3 所示,为由某一次地震加速度记录所计算出的,同一阻尼的三个不同自振周期的单自由度系统的绝对加速度响应曲线。

有了图 7-3 所示的曲线,就可以找到不同自振周期 T 的绝对加速度的最大值 $(\ddot{x}_0+\ddot{x})_{max}$。也就是说,对于每一个地震加速度记录都可以得到一条 $(\ddot{x}_0+\ddot{x})_{max}$ 与 T 的关系曲线。这就是所谓绝对加速度反应谱。如图 7-4 所示,就是测定的某次地震记录的绝对加速度反应谱。

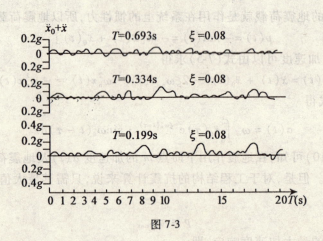

图 7-3

有了图 7-4 的绝对加速度反应谱,则在该次地震中的任何单自由度系统(自振周期为 T 及阻尼比为 ξ)的最大绝对加速度响应均可以从图中查到。有了最大绝对加速度就可以通过式(7-11)计算得系统所受的地震荷载 p。有了地震荷载 p 就可以进行结构的内力计算与截面选择,或者进行结构的强度和刚度的校核。可见加速度反应谱非常重要。

在工程结构的抗震计算中,有时还要用到速度反应谱与位移反应谱。下面简单介绍相对位移反应谱、相对速度反应谱与绝对加速度反应谱之间的关系。

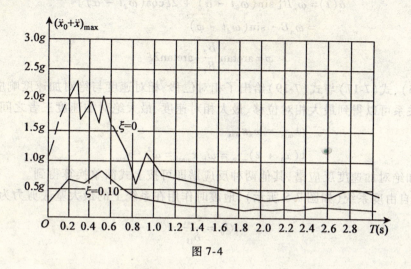

图 7-4

为了求得相对速度响应 $v(t)$，必须将式(7-6)对时间 t 求导数，并注意到 $\omega_d \approx \omega_n$，得

$$v(t) = \dot{x}(t) = \xi \int_0^t \ddot{x}_0(\tau) e^{-\xi\omega_n(t-\tau)} \cdot \sin\omega_d(t-\tau)d\tau - \int_0^t \ddot{x}_0(\tau) e^{-\xi\omega_n(t-\tau)} \cdot \cos\omega_d(t-\tau)d\tau \tag{7-13}$$

若令

$$\begin{cases} B_1 = \int_0^t \ddot{x}_0(\tau) e^{-\xi\omega_n(t-\tau)} \cdot \cos\omega_d\tau d\tau \\ B_2 = \int_0^t \ddot{x}_0(\tau) e^{-\xi\omega_n(t-\tau)} \cdot \sin\omega_d\tau d\tau \end{cases} \tag{7-14}$$

注意到
$$\sin\omega_d(t-\tau) = \sin\omega_d\tau\cos\omega_d t - \cos\omega_d\tau\sin\omega_d t$$

则相对位移 $x(t)$ 又可以写成

$$x(t) = -\frac{1}{\omega_d}(B_1\sin\omega_d t - B_2\cos\omega_d t) = -\frac{1}{\omega_d}B\sin(\omega_d t - \alpha) \tag{7-15}$$

式中

$$\begin{cases} B = \sqrt{B_1^2 + B_2^2} \\ \alpha = \arctan\dfrac{B_2}{B_1} \end{cases} \tag{7-16}$$

则式(7-13)又可以写成

$$\begin{aligned} v(t) = \dot{x}(t) &= B[\xi\sin(\omega_d t - \alpha) - \cos(\omega_d t - \alpha)] \\ &= B\sin(\omega_d t - \alpha - \alpha') = B\sin(\omega_d t - \beta) \end{aligned} \tag{7-17}$$

式中

$$\begin{cases} \alpha' = \arctan\dfrac{1}{\xi} \\ \beta = \alpha + \alpha' = \arctan\dfrac{B_2}{B_1} + \arctan\dfrac{1}{\xi} \end{cases} \tag{7-18}$$

绝对加速度为

$$a(t) = \ddot{x}_0(t) + \ddot{x}(t) = -2\xi\omega_n\dot{x}(t) - \omega_n^2 x(t)$$

将其代入式(7-15)及式(7-17)，忽略了 ξ 的二次项影响，并注意到 $\omega_d = \omega_n$，得

$$a(t) = \omega_n B[\sin(\omega_d t - \alpha) + 2\xi\cos(\omega_d t - \alpha)]$$
$$= \omega_n B \cdot \sin(\omega_d t - \varphi) \tag{7-19}$$

式中
$$\varphi = \arctan\frac{B_2}{B_1} - \arctan 2\xi \tag{7-20}$$

式(7-15)、式(7-17)与式(7-19)给出了相对位移、相对速度与绝对加速度响应之间的关系,由这些关系可以得到最大相对位移、最大相对速度、最大绝对加速度三者之间的关系,即

$$\begin{cases} \dot{x}_{\max} = \omega_n x_{\max} \\ (\ddot{x}_0 + \ddot{x})_{\max} = \omega_n \dot{x}_{\max} = \omega_n^2 \cdot x_{\max} \end{cases} \tag{7-21}$$

这样,若已知绝对加速度反应谱,其他两种反应谱即可按上式简单换算得到。

对于单自由度系统(如图7-5所示),地震时作用在系统上的最大基底剪力为

$$Q_0 = \frac{x_{\max}}{\delta_{11}} \tag{7-22}$$

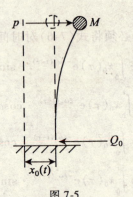

图 7-5

作用在质点 M 上的最大惯性力,即地震荷载为

$$p = M(\ddot{x}_0 + \ddot{x})_{\max} \tag{7-23}$$

利用式(7-21)的关系可以知道

$$p = M(\ddot{x}_0 + \ddot{x})_{\max} = M\omega_n^2 x_{\max} = M \cdot \frac{1}{M\delta_{11}} x_{\max} = \frac{x_{\max}}{\delta_{11}} = Q_0$$

这个关系由图7-5所示系统的平衡条件也可以找到。这说明在单自由度系统中基础剪力与地震荷载相同。

为了应用上的方便,地震荷载公式(7-23)也可以改写成如下形式

$$p = \alpha W \tag{7-24}$$

式中
$$\alpha = \frac{a_{\max}}{g} \tag{7-25}$$

g 为重力加速度。W 为质点 M 的重量。α 称为地震影响系数,为质点的最大加速度响应与重力加速度的比值。

在我国《工业与民用建筑抗震设计规范》(TJ11—78)中,就是采用系数 α 反映地震的影响。该规范给出了如图7-6所示的 α—T 曲线。

有了如图7-6所示的地震影响系数 α—T 曲线,在抗震计算时只要预先求得建筑物的自

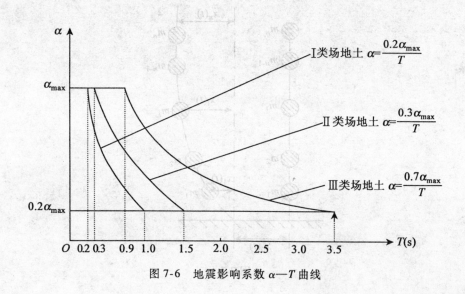

图 7-6 地震影响系数 α—T 曲线

振周期 T，然后由该曲线确定相应的 α 值。再由式(7-24)即可计算出建筑物的地震荷载。

我国的规范(TJ11—78)给出的 α—T 曲线是根据国内外地震记录的反应谱统计平均而得到的。考虑到影响建筑物对地震响应的许多因素中，建筑物场地的地基土质条件对反应谱 α—T 曲线的形状影响比较大，为此，需要按不同地基的土质条件的地震记录分别计算其反应谱，进行统计分析，制定其设计用的标准反应谱。我国的规范(TJ11—78)规定的场地土分类标准如下：

Ⅰ类　　稳定岩石；
Ⅱ类　　除Ⅰ类场地土外的一般稳定土；
Ⅲ类　　饱和松砂、淤泥和淤泥质土、冲填土及其松软的人工填土等。

图 7-6 中的地震影响系数的最大值 α_{max} 可以按照表 7-1 中所列的数据取用。

表 7-1　　　　　　　　　　地震影响系数 α 的最大值

设计烈度（分12度）	7	8	9
α_{max}	0.23	0.45	0.90

7.3.3 多自由度系统的地震响应

这里所研究的系统是弹性系统。如图 7-7 所示的 n 个质点组成的多自由度系统。发生地震时系统的各质点亦发生振动。当地面水平运动位移为 $x_0(t)$ 时，设系统的任一质点 m_i 与地面的相对位移为 $x_i(t)$，则 m_i 质点的运动微分方程为

$$m_i \ddot{x}_i + \sum_{r=1}^{n} c_{ir} \dot{x}_r + \sum_{r=1}^{n} k_{ir} x_r = - m_i \ddot{x}_0(t) \tag{7-26}$$

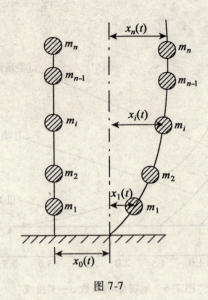

图 7-7

若 $i=1,2,\cdots,n$,则以上方程就表示了系统的运动微分方程,该方程还可以写成

$$\begin{cases} m_1\ddot{x}_1 + c_{11}\dot{x}_1 + c_{12}\dot{x}_2 + \cdots + K_{11}x_1 + k_{12}x_2 + \cdots = -m_1\ddot{x}_0(t) \\ m_2\ddot{x}_2 + c_{21}\dot{x}_1 + c_{22}\dot{x}_2 + \cdots + k_{21}x_1 + k_{22}x_2 + \cdots = -m_2\ddot{x}_0(t) \\ \vdots \quad \vdots \quad \vdots \quad \vdots \quad \vdots \quad \vdots \\ m_n\ddot{x}_n + c_{n1}\dot{x}_1 + c_{n2}\dot{x}_2 + \cdots + k_{n1}x_1 + K_{n2}x_2 + \cdots = -m_n\ddot{x}_0(t) \end{cases} \tag{7-27}$$

式(7-27)亦可以用矩阵形式表示为

$$[M]\{\ddot{x}\} + [C]\{\dot{x}\} + [K]\{x\} = -[M]\{\ddot{x}_0\} \tag{7-28}$$

式中

$$[M] = \begin{bmatrix} m_1 & 0 & 0 & 0 & \cdots & 0 \\ 0 & m_2 & 0 & 0 & \cdots & 0 \\ \vdots & \vdots & \vdots & \vdots & & \vdots \\ 0 & 0 & 0 & 0 & \cdots & m_n \end{bmatrix} \text{——质量矩阵}$$

$$[K] = \begin{bmatrix} k_{11} & k_{12} & k_{13} & \cdots & k_{1n} \\ k_{21} & k_{22} & k_{23} & \cdots & k_{2n} \\ \vdots & \vdots & \vdots & & \vdots \\ k_{n1} & k_{n2} & k_{n3} & \cdots & k_{nn} \end{bmatrix} \text{——刚度矩阵}$$

$$[C] = \begin{bmatrix} c_{11} & c_{12} & c_{13} & \cdots & c_{1n} \\ c_{21} & c_{22} & c_{23} & \cdots & c_{2n} \\ \vdots & \vdots & \vdots & & \vdots \\ c_{n1} & c_{n2} & c_{n3} & \cdots & c_{nn} \end{bmatrix} \text{——阻尼矩阵}$$

由式(7-27)可知,发生地震时,多自由度系统的振动相当于在 n 个干扰力 $-m_i\ddot{x}_0(t)$ ($i=1, 2,\cdots,n$)分别直接作用于各质点上引起的强迫振动。

显然,方程(7-27)是一组互相耦合的方程,如第 4 章中那样,我们仍然采用解耦分析的方法求解。由前述得知，n个自由度系统就存在n个振型，这可以通过第4章中所介绍的多自由度系统自由振动求解的方法（迭代法），求得其n个固有频率$\omega_{n1}, \omega_{n2}, \cdots, \omega_{nj}, \cdots, \omega_{nn}$或自振周期$T_1, T_2, \cdots, T_j, \cdots, T_n$，同时也可以求得$n$个振型曲线$A_j(i)$。然后，根据解耦分析法的思路求方程(7-27)的解。为此，必须假设解耦坐标为x_p，并从§4.6中可知，要求系统的阻尼正比于质量或刚度，这样方程解耦时，阻尼矩阵才实现对角化，才达到解耦的目的。因此，设$c_{ir}=\varphi k_{ir}$，φ为粘滞系数，则质点m_i的相对位移$x_i(t)$可以按振型分解为

$$x_i(t) = \sum_{j=1}^{n} A_j(i) x_{pj}(t) \tag{7-29}$$

式中，$x_{pj}(t)$——j阶振型的解耦坐标；

$A_j(i)$——质点m_i在第j阶振型中的相对水平位移。可以从事先求得的j阶振型中找到。

将式(7-29)代入方程式(7-26)，并注意到$c_{ir}=\varphi k_{ir}$，得

$$\sum_{j=1}^{n} \left[m_i \ddot{x}_{pj}(t) A_j(i) + \varphi \sum_{r=1}^{n} k_{ir} \dot{x}_{pj}(t) A_j(r) + \sum_{r=1}^{n} k_{ir}(t) x_{pj}(t) A_j(r) \right] = -m_i \ddot{x}_0(t) \tag{7-30}$$

由多自由度系统无阻尼自由振动方程得

$$\sum_{r=1}^{n} k_{ir} A_j(r) = \omega_{nj}^2 m_i A_j(i) \tag{7-31}$$

式中，ω_{nj}为对应于j阶振型的固有频率。将式(7-31)代入式(7-30)得

$$\sum_{j=1}^{n} \left[m_i A_j(i) \ddot{x}_{pj}(t) + \varphi \omega_{nj}^2 m_i A_j(i) \dot{x}_{pj}(t) + \omega_{nj}^2 m_i A_j(i) x_{pj}(t) \right] = -m_i \ddot{x}_0(t)$$

或

$$\sum_{j=1}^{n} m_i A_j(i) \left[\ddot{x}_{pj}(t) + \varphi \omega_{nj}^2 \dot{x}_{pj}(t) + \omega_{nj}^2 x_{pj} \right] = -m_i \ddot{x}_0(t)$$

将上式两边同乘以第k阶振型质点m_i的幅值$A_k(i)$，并对i求和，得

$$\sum_{i=1}^{n} \sum_{j=1}^{n} m_i A_j(i) A_k(i) \left[\ddot{x}_{pj}(t) + \varphi \omega_{nj}^2 \dot{x}_{pj}(t) + \omega_{nj}^2 x_{pj}(t) \right] = -\sum_{i=1}^{n} m_i A_k(i) \ddot{x}_0(t)$$

将上式左边两个总和号对换位置，并考虑到振型正交性的性质，即得

$$\ddot{x}_{pj} + \varphi \omega_{nj}^2 \dot{x}_{pj} + \omega_{nj}^2 x_{pj} = -\eta_j \ddot{x}_0(t) \quad (j=1, 2, \cdots, n) \tag{7-32}$$

式中，$\eta_j = \dfrac{\sum\limits_{i=1}^{n} m_i A_j(i)}{\sum\limits_{i=1}^{n} m_i A_j^2(i)}$，$\eta_j$反映了第$j$阶振型在整个振动中所参与的分量。称为振型参与系数。对每一振型均为一常数。可以根据事先求得的振型曲线查找到$A_j(i)$而求得。

经过上述的变换后，方程(7-32)变成了互不耦合的独立的方程了。再令$\xi_j = \dfrac{\varphi \omega_{nj}}{2}$，称为

第 j 阶振型的阻尼比。ξ_j 可以由结构的振动实测得到。一般情况下第一阶振型的阻尼比最小,随着阶次增加,阻尼比略有提高。为偏于安全,假定各阶振型的阻尼比相同,即 $\xi_j = \xi_1 = \xi$。则式(7-32)变为

$$\ddot{x}_{pj}(t) + 2\xi\omega_{nj}\dot{x}_{pj}(t) + \omega_{nj}^2 x_{pj}(t) = -\eta_j \ddot{x}_0(t) \tag{7-33}$$

方程(7-33)与方程(7-5)完全一样,只是在方程的右边多乘一个振型参与系数 η_j。因此,在初始条件为零的情况下,方程(7-33)的解为

$$x_{pj}(t) = -\frac{\eta_j}{\omega_{dj}} \int_0^t \ddot{x}_0(\tau) e^{-\xi\omega_{nj}(t-\tau)} \cdot \sin\omega_{dj}(t-\tau) d\tau \tag{7-34}$$

依式(7-6)有

$$x_j(t) = -\frac{1}{\omega_{dj}} \int_0^t \ddot{x}_0(t) e^{-\xi\omega_{nj}(t-\tau)} \cdot \sin\omega_{dj}(t-\tau) d\tau \tag{7-35}$$

则式(7-34)又可以写成

$$x_{pj}(t) = -\eta_j x_j(t) \tag{7-36}$$

这便是方程(7-33)的解。

将解耦坐标还原为原坐标。为此,必须将式(7-36)代回式(7-29),即得到系统的任一质点 m_i 的相对位移为

$$x_i(t) = \sum_{j=1}^n A_j(i) x_{pj}(t) = \sum_{j=1}^n A_j(i) \eta_j x_j(t) \tag{7-37}$$

通过上述解耦分析法,就可以把 n 个自由度的系统分解为 n 个独立的单自由度系统并对其求解,然后将 n 个单自由度系统的地震位移响应进行线性叠加,即得到多自由度系统的地震位移响应,如式(7-37)所示。显然,由式(7-37)求得的解就是精确解,若只取 n 项中的前几项的和得到的才是近似解。

有了 $x_i(t)$ 就可以求得 $\ddot{x}_i(t)$ 及 $\dot{x}_i(t)$,由此即可以求得质点 m_i 的地震荷载为

$$p_i(t) = m_i[\ddot{x}_0(t) + \ddot{x}_i(t)] = m_i[\ddot{x}_0(t) + \sum_{j=1}^n A_j(i)\eta_j \ddot{x}_j(t)] \tag{7-38}$$

式中,第一项 $m_i \ddot{x}_0(t)$ 与结构本身的变形及动力特性无关,亦即与振型无关,为计算方便,仍可以将 $m_i \ddot{x}_0(t)$ 按振型分解为级数表示

$$m_i \ddot{x}_0(t) = \sum_{j=1}^n \beta_j m_i A_j(i) \ddot{x}_0(t) \tag{7-39}$$

其中,系数 β_j 待求。为此,将上式两边同乘以第 k 阶振型 $A_k(i)$,并对 i 求和,得

$$\ddot{x}_0(t) \sum_{i=1}^n m_i A_k(i) = \sum_{i=1}^n \sum_{j=1}^n \beta_j m_i A_j(i) A_k(i) \ddot{x}_0(t) = \ddot{x}_0(t) \sum_{i=1}^n \sum_{j=1}^n \beta_j m_i A_j(i) A_k(i)$$

根据振型正交性质,上式右边的 $j \neq k$ 项为零,只剩下 $j = k$ 的各项,即

$$\ddot{x}_0(t) \sum_{i=1}^n m_i A_k(i) = \ddot{x}_0(t) \beta_k \sum_{i=1}^n m_i A_k^2(i)$$

式中

$$\beta_k = \frac{\sum_{i=1}^n m_i A_k(i)}{\sum_{i=1}^n m_i A_k^2(i)} = \eta_k \quad\text{——振型参与系数}$$

同样

$$\beta_j = \frac{\sum_{i=1}^{n} m_i A_j(i)}{\sum_{i=1}^{n} m_i A_j^2(i)} = \eta_j \qquad (7\text{-}40)$$

将 β_j 代入式(7-39)得

$$m_i \ddot{x}_0(t) = \sum_{j=1}^{n} \eta_j m_i A_j(i) \ddot{x}_0(t) = m_i \ddot{x}_0(t) \sum_{j=1}^{n} \eta_j A_j(i) \qquad (7\text{-}41)$$

由此可知

$$\sum_{j=1}^{n} \eta_j A_j(i) = 1 \qquad (7\text{-}42)$$

这也是振型函数的特性之一。将式(7-41)代入式(7-38)得

$$p_i(t) = m_i \sum_{j=1}^{n} \eta_j A_j(i) [\ddot{x}_0(t) + \ddot{x}_j(t)] = m_i \sum_{j=1}^{n} \eta_j A_j(i) a_j(t) \qquad (7\text{-}43)$$

式中

$$a_j(t) = \ddot{x}_0(t) + \ddot{x}_j(t) \qquad (7\text{-}44)$$

式(7-43)与单自由度系统加速度响应公式(7-9)相似,故称之为第 j 阶振型的加速度响应函数。依式(7-24)类似形式,可以将式(7-43)改写为

$$p_i(t) = W_i \cdot \sum_{j=1}^{n} \eta_j A_j(i) \frac{a_j(t)}{g} = W_i \cdot \sum_{j=1}^{n} \alpha_j(t) \eta_j A_j(i) = \sum_{j=1}^{n} p_{ij}(t) \qquad (7\text{-}45)$$

式中,g 为重力加速度;W_i 为质点 m_i 的重量;

$$\alpha_j(t) = \frac{a_j(t)}{g}$$

$$p_{ij}(t) = W_i \alpha_j(t) \eta_j A_j(i) \qquad (7\text{-}46)$$

$p_{ij}(t)$ 称为质点 m_i 的第 j 阶振型的地震荷载函数。若取 $\alpha_j(t)$ 的最大值 $\alpha_{j\max} = \alpha_j(T)$,则第 j 阶振型的最大地震荷载为

$$p_{ij} = \alpha_j(T) \eta_j A_j(i) W_i \qquad (7\text{-}47)$$

式中,$\alpha_j(T)$——第 j 阶振型的地震影响系数,可以由事先求得的 j 阶振型对应的自振周期 T_j,从图 7-6 的 α—T 曲线上查找到;

$A_j(i)$——质点 m_i 在第 j 阶振型中的相对水平位移,可以在事先求得的 j 阶振型中查找到;

$$\eta_j = \frac{\sum_{i=1}^{n} A_j(i) W_i}{\sum_{i=1}^{n} A_j^2(i) W_i} \text{——振型参与系数。}$$

目前,在实际工程结构的抗震计算中,还要考虑到结构的延性、阻尼及多振型影响与结构稳定性等因素,我国的《工业与民用建筑抗震设计规范》(TJ11—78)中建议对式(7-47)作些修正,认为作用在质点 m_i 的第 j 阶振型的水平地震荷载 p_{ij} 为

$$p_{ij} = C \cdot \alpha_j(T) \eta_j A_j(i) \cdot W_i \qquad (7\text{-}48)$$

式中,C 称为结构的影响系数。可以从表 7-2 查得。这是一个调整结构的安全度、增加结构的安全与可靠性的经验系数。主要是用以弥补目前地震荷载理论的不完善的缺陷。如现有方法是假定结构为弹性系统,而实际上发生地震时,结构可能而且允许进入弹塑性阶段;又

如在计算中对阻尼的考虑也很难准确反映客观情况,等等。

表 7-2　　　　　　　　　　　结构影响系数 C 值

结 构 类 型	C
框架结构	
1. 钢	0.25
2. 钢筋混凝土	0.30
钢筋混凝土框架加抗震墙(支撑)结构	0.30～0.35
钢筋混凝土抗震墙结构	0.35～0.40
无筋砌体结构	0.45
多层内框架或底层框架结构	0.45
铰接排架	
1. 钢 柱	0.30
2. 钢筋混凝土柱	0.35
3. 砖 柱	0.40
烟囱、水塔等高柔结构	
1. 钢结构	0.35
2. 钢筋混凝土	0.40
3. 砖结构	0.50
各类木结构	0.25

因此,作用于质点 m_i 的水平地震荷载为

$$p_i = \sum_{j=1}^{n} p_{ij} \tag{7-49}$$

上式给出了地震荷载为各振型地震荷载之和的关系,是计算地震荷载的一般公式。但是,在工程抗震计算中,要求结构各截面内力,以最大内力作为设计依据。因此,在求出第 j 阶振型 m_i 质点上的水平地震荷载后,就可以按材料力学方法计算在 p_{ij} 的作用下系统内部的地震内力 S_j。显然,根据反应谱理论确定的相应于各振型的 $p_{ij}(j=1,2,\cdots,n;i=1,2,\cdots,n)$ 均为最大值,所以按 p_{ij} 计算的地震内力 $S_j(j=1,2,\cdots,n)$ 也将是最大值。但是,相应于各振型的最大内力 S_j 一般不会同时出现,这样就出现如何将 S_j 进行合理组合,以确定结构的最大地震力 S 的问题,在工程抗震中称之为振型组合问题。

关于振型组合问题,各国学者和不同版本的抗震结构规范提出了各种组合方案。现介绍两种我国常用的方法。

1. 各振型地震内力平方和开方的组合法。我国《工业与民用建筑抗震设计规范》(TJ11—78)根据发生地震时地面运动为平稳随机过程的假定,利用概率论的方法,得到了下列近似计算公式

$$S = \sqrt{\sum_{j=1}^{n} S_j^2} \tag{7-50}$$

式中,S_j——由第 j 阶振型水平地震荷载产生的结构内力。一般对于工业与民用建筑物只需

考虑 1~3 个振型。

2. 简化方法。对于如图 7-8(a)所示的竖向悬臂结构,通过大量的实验,理论计算和统计分析。在(TJ11—78)抗震设计规范中建议,对于重量和刚度分布比较均匀、高度不超过 50m 并以剪切变形为主的建筑物,以及一般单层工业厂房和其他可以简化为单自由度系统的建筑物,其结构简图可以取为如图 7-8(b)所示的多自由度系统,其水平地震荷载可以按下列近似公式计算,结构的基底剪力(总地震荷载)为

$$Q_0 = C\alpha_1 W \tag{7-51}$$

则作用于任一质点 m_i 的水平地震荷载为

$$p_i = \frac{W_i H_i}{\sum_{i=1}^{n} W_i H_i} Q_0 \tag{7-52}$$

上述两式中:

C——结构影响系数,由表 7-2 查得;

α_1——相应于结构基本周期 T_1 的地震影响系数 α,由图 7-6 中所列公式计算;

$W = \sum_{i=1}^{n} W_i$ —— 产生地震荷载的建筑物的总重量;

W_i——质点 m_i 的重量;

H_i——质点 m_i 相对地面的高度。

其他的组合法在此不一一介绍,读者可以参阅相关文献。

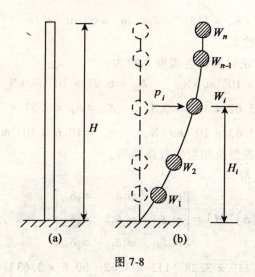

图 7-8

例 7-1 有一钢筋混凝土三层框架,结构尺寸及体形常数如图 7-9 所示。各楼层重 $W_1 = 1166.2t$, $W_2 = 1108.5t$, $W_3 = 594.5t$,场地土质为 Ⅱ 类,设计烈度为 8 度。试计算框架层间的地震剪力。

解 (1)为计算方便,这个框架可以简化为一竖向悬臂结构,其上有三个质点,各质点的质量分别为

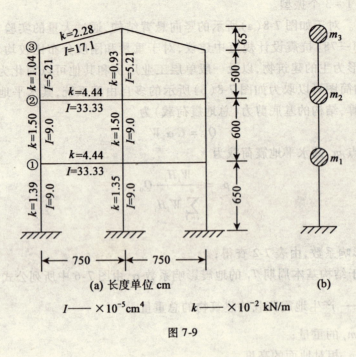

(a) 长度单位 cm

I —— $\times 10^{-5} \text{cm}^4$ k —— $\times 10^{-2}$ kN/m

图 7-9

$$m_1 = \frac{W_1}{g} = \frac{1166.2}{9.8} = 119 \text{t} \cdot \text{s}^2/\text{m}$$

$$m_2 = 113 \text{t} \cdot \text{s}^2/\text{m}, \quad m_3 = 60.6 \text{t} \cdot \text{s}^2/\text{m}$$

(2)求系统的柔度系数 δ_{ki}。

根据结构力学中的方法计算出各柔度系数为

$$\delta_{11} = 3.28 \times 10^{-5} \text{m/kN}, \quad \delta_{22} = 6.91 \times 10^{-5} \text{m/kN}$$

$$\delta_{12} = \delta_{21} = 3.62 \times 10^{-5} \text{m/kN}, \quad \delta_{23} = \delta_{32} = 7.21 \times 10^{-5} \text{m/kN}$$

$$\delta_{13} = \delta_{31} = 3.63 \times 10^{-5} \text{m/kN}, \quad \delta_{33} = 10.6 \times 10^{-5} \text{m/kN}$$

(3)计算系统的各主振型及相应的自振周期。

计算矩阵 $[D] = [\delta][M]$

$$[D] = [\delta][M] = \begin{bmatrix} m_1\delta_{11} & m_2\delta_{12} & m_3\delta_{13} \\ m_1\delta_{21} & m_2\delta_{22} & m_3\delta_{23} \\ m_1\delta_{31} & m_2\delta_{32} & m_3\delta_{33} \end{bmatrix}$$

$$= \begin{bmatrix} 119 \times 3.28 & 113 \times 3.62 & 60.6 \times 3.63 \\ 119 \times 3.62 & 113 \times 6.91 & 60.6 \times 7.21 \\ 119 \times 3.63 & 113 \times 7.21 & 60.6 \times 1.06 \end{bmatrix} \times 10^{-5}$$

$$= \begin{bmatrix} 0.390 & 0.409 & 0.219 \\ 0.431 & 0.780 & 0.436 \\ 0.431 & 0.814 & 0.643 \end{bmatrix} \times 10^{-2}$$

求 ω_{n1}、T_1 及基本振型 $\{A^{(1)}\}$

设 $\{A\}_0 = \begin{Bmatrix} 1 \\ 1 \\ 1 \end{Bmatrix}$，则

$$\{A\}_1 = [D]\{A\}_0 = \begin{bmatrix} 0.390 & 0.409 & 0.219 \\ 0.431 & 0.780 & 0.436 \\ 0.431 & 0.814 & 0.643 \end{bmatrix} \begin{Bmatrix} 1 \\ 1 \\ 1 \end{Bmatrix} \times 10^{-2}$$

$$= \begin{Bmatrix} 0.390 + 0.409 + 0.219 \\ 0.431 + 0.780 + 0.436 \\ 0.431 + 0.814 + 0.643 \end{Bmatrix} \times 10^{-2}$$

$$= \begin{Bmatrix} 1.018 \\ 1.640 \\ 1.888 \end{Bmatrix} \times 10^{-2} = 1.018 \times 10^{-2} \begin{Bmatrix} 1.00 \\ 1.62 \\ 1.85 \end{Bmatrix}$$

$$\{A\}_2 = [D]\{A\}'_1 = \begin{bmatrix} 0.390 & 0.409 & 0.219 \\ 0.431 & 0.780 & 0.436 \\ 0.431 & 0.814 & 0.643 \end{bmatrix} \begin{Bmatrix} 1.00 \\ 1.62 \\ 1.85 \end{Bmatrix} \times 10^{-2}$$

$$= \begin{Bmatrix} 0.390 \times 1.0 + 0.409 \times 1.62 + 0.219 \times 1.85 \\ 0.431 \times 1.0 + 0.780 \times 1.62 + 0.360 \times 1.85 \\ 0.431 \times 1.0 + 0.814 \times 1.62 + 0.643 \times 1.85 \end{Bmatrix} \times 10^{-2}$$

$$= \begin{Bmatrix} 1.459 \\ 2.490 \\ 2.940 \end{Bmatrix} \times 10^{-2} = 1.459 \times 10^{-2} \begin{Bmatrix} 1.00 \\ 1.71 \\ 2.01 \end{Bmatrix}$$

$$\{A\}_3 = [D]\{A\}'_2 = \begin{bmatrix} 0.390 & 0.409 & 0.219 \\ 0.431 & 0.780 & 0.436 \\ 0.431 & 0.814 & 0.643 \end{bmatrix} \begin{Bmatrix} 1.00 \\ 1.70 \\ 2.01 \end{Bmatrix} \times 10^{-2}$$

$$= 1.529 \times 10^{-2} \begin{Bmatrix} 1.00 \\ 1.73 \\ 2.04 \end{Bmatrix}$$

$$\{A\}_4 = [D]\{A\}'_3 = \begin{bmatrix} 0.390 & 0.409 & 0.219 \\ 0.431 & 0.780 & 0.436 \\ 0.431 & 0.814 & 0.643 \end{bmatrix} \begin{Bmatrix} 1.00 \\ 1.73 \\ 2.04 \end{Bmatrix} \times 10^{-2}$$

$$= 1.544 \times 10^{-2} \begin{Bmatrix} 1.00 \\ 1.73 \\ 2.04 \end{Bmatrix}$$

因 $\{A\}'_3 = \{A\}'_2$，方程收敛，迭代终止。

则

$$\frac{1}{\omega_{n1}^2}\{A^{(1)}\} = 1.544 \times 10^{-2} \begin{Bmatrix} 1.00 \\ 1.73 \\ 2.04 \end{Bmatrix}$$

故得基频为

$$\omega_{n_1} = \sqrt{\frac{100}{1.544}} = 8.05$$

自振周期

$$T_1 = \frac{2\pi}{\omega_{n_1}} = \frac{2\pi}{8.05} = 0.780(\text{s})$$

第一阶主振型为

$$\{A^{(1)}\} = \{1.00, 1.73, 2.04\}$$

求 ω_{n_2}、T_2 及 $\{A^{(2)}\}$，根据式(4-46)得到系统的滤频矩阵为

$$[S]_1 = \begin{bmatrix} 0 & -\frac{m_2}{m_1}\left(\frac{A_{21}^{(1)}}{A_{10}^{(1)}}\right) & -\frac{m_3}{m_1}\left(\frac{A_{30}^{(1)}}{A_{10}^{(1)}}\right) \\ 0 & 1 & 0 \\ 0 & 0 & 1 \end{bmatrix}$$

$$= \begin{bmatrix} 0 & -\frac{113}{119}(1.73) & -\frac{60.6}{119}(2.04) \\ 0 & 1 & 0 \\ 0 & 0 & 1 \end{bmatrix}$$

$$= \begin{bmatrix} 0 & -1.643 & -1.939 \\ 0 & 1 & 0 \\ 0 & 0 & 1 \end{bmatrix}$$

仍设

$$\{A\}'_0 = \begin{Bmatrix} 1 \\ 1 \\ 1 \end{Bmatrix}$$

故此 $\{A\}_1 = [D][S]_1\{A\}_0$

$$= \begin{bmatrix} 0.390 & 0.409 & 0.219 \\ 0.431 & 0.780 & 0.436 \\ 0.431 & 0.814 & 0.643 \end{bmatrix} \begin{bmatrix} 0 & -1.643 & -1.039 \\ 0 & 1 & 0 \\ 0 & 0 & 1 \end{bmatrix} \begin{Bmatrix} 1 \\ 1 \\ 1 \end{Bmatrix} \times 10^{-2}$$

$$= \begin{bmatrix} 0 & -0.232 & -0.1862 \\ 0 & 0.0719 & -0.0118 \\ 0 & 0.1059 & 0.1952 \end{bmatrix} \begin{Bmatrix} 1 \\ 1 \\ 1 \end{Bmatrix} \times 10^{-2}$$

$$= \begin{Bmatrix} -0.418 \\ 0.060 \\ 0.301 \end{Bmatrix} \times 10^{-2} = 0.418 \times 10^{-2} \begin{Bmatrix} 1.00 \\ -0.1438 \\ -0.7203 \end{Bmatrix}$$

$\{A\}_{(2)} = [D][S]_1\{A\}'_1$

$$= \begin{bmatrix} 0 & -0.232 & -0.1862 \\ 0 & 0.0719 & -0.0118 \\ 0 & 0.1059 & 0.1952 \end{bmatrix} \begin{Bmatrix} 1.000 \\ -0.1438 \\ -0.7203 \end{Bmatrix} \times 10^{-2}$$

$$= \begin{Bmatrix} 0.1674 \\ -0.0018 \\ -0.1558 \end{Bmatrix} \times 10^{-2} = 0.1674 \times 10^{-2} \begin{Bmatrix} 1.000 \\ -0.0108 \\ -0.9307 \end{Bmatrix}$$

一直迭代下去,迭代到第 11 次得

$$\{A\}_{11} = [D][S]_1 \{A\}'_{10}$$

$$= \begin{bmatrix} 0 & -0.232 & -0.1862 \\ 0 & 0.0719 & -0.0118 \\ 0 & 0.1059 & 0.1952 \end{bmatrix} \cdot \begin{Bmatrix} 1.000 \\ 0.1189 \\ -1.1368 \end{Bmatrix} \times 10^{-2}$$

$$= 0.1840 \times 10^{-2} \begin{Bmatrix} 1.000 \\ 0.119 \\ -1.137 \end{Bmatrix}$$

可见方程收敛,迭代终止,所以得

$$\frac{1}{\omega_{n_2}^2} = 0.1840 \times 10^{-2}$$

故

$$\omega_{n_2} = \sqrt{\frac{100}{0.1840}} = 23.313$$

则

$$T_2 = \frac{2\pi}{\omega_{n_2}} = \frac{2\pi}{23.313} = 0.269(\text{s})$$

又第二阶主振型为

$$\{A^{(2)}\}^T = \{1.000 \quad 0.1190 \quad -1.1370\}$$

再求 ω_{n_3}、T_3 及第三振型 $\{A^{(3)}\}$,为了求出 $\{A^{(3)}\}$,我们利用正交方程式(4-43)的条件,$C_1 = C_2 = 0$ 得

$$C_1 = \sum_{i=1}^{3} m_i (A_i^{(1)}) A_{i0} = 119(1.000) A_{10} + 113 \times (1.73) A_{20} + 6.06 \times (2.04) A_{30} = 0 \tag{7-53}$$

$$C_2 = \sum_{i=1}^{3} m_i (A_i^{(2)}) A_{i0} = 119(1.000) A_{10} + 113 \times (0.119) A_{20} + 60.6 \times (-1.137) A_{30} = 0 \tag{7-54}$$

解式(7-53)与式(7-54)得

$$A_{20} = -1.057 A_{30}, \quad A_{10} = 0.698 A_{30}, \quad A_{30} = A_{30}$$

以矩阵表示上述结果得

$$\begin{Bmatrix} A_1 \\ A_2 \\ A_3 \end{Bmatrix} = \begin{bmatrix} 0 & 0 & 0.698 \\ 0 & 0 & -1.057 \\ 0 & 0 & 1.000 \end{bmatrix} \cdot \begin{Bmatrix} A_{10} \\ A_{20} \\ A_{30} \end{Bmatrix}$$

显然,上述矩阵已消去了第一、二振型,因此,该矩阵可以作为第三振型的滤频矩阵,即

$$[S]_2 = \begin{bmatrix} 0 & 0 & 0.698 \\ 0 & 0 & -1.057 \\ 0 & 0 & 1.000 \end{bmatrix}$$

仍设 $\{A\}_0 = \begin{Bmatrix} 1 \\ 1 \\ 1 \end{Bmatrix}$, 则

$$\{A\}_1 = [D][S]_2\{A\}_0$$

$$= \begin{bmatrix} 0.390 & 0.409 & 0.219 \\ 0.431 & 0.780 & 0.436 \\ 0.431 & 0.814 & 0.643 \end{bmatrix} \begin{bmatrix} 0 & 0 & 0.698 \\ 0 & 0 & -1.057 \\ 0 & 0 & 1.000 \end{bmatrix} \begin{Bmatrix} 1 \\ 1 \\ 1 \end{Bmatrix} \times 10^{-2}$$

$$= \begin{bmatrix} 0 & 0 & 0.0589 \\ 0 & 0 & -0.0876 \\ 0 & 0 & 0.0834 \end{bmatrix} \begin{Bmatrix} 1 \\ 1 \\ 1 \end{Bmatrix} \times 10^{-2}$$

$$= 0.0589 \times 10^{-2} \cdot \begin{Bmatrix} 1.000 \\ -1.487 \\ 1.416 \end{Bmatrix}$$

$$\{A\}_2 = [D][S]_2\{A\}'_1$$

$$= \begin{bmatrix} 0 & 0 & 0.0589 \\ 0 & 0 & -0.0876 \\ 0 & 0 & 0.0834 \end{bmatrix} \times 10^{-2} \begin{Bmatrix} 1.000 \\ -1.487 \\ 1.416 \end{Bmatrix}$$

$$= 10^{-2} \cdot \begin{Bmatrix} 0.0834 \\ -0.1279 \\ 0.1180 \end{Bmatrix} = 0.0834 \times 10^{-2} \cdot \begin{Bmatrix} 1.000 \\ -1.487 \\ 1.416 \end{Bmatrix}$$

迭代终止。故此得

$$\frac{1}{\omega_{n_3}^2}\{A\}^{(3)} = 0.0834 \times 10^{-2} \cdot \begin{Bmatrix} 1.000 \\ -1.487 \\ 1.416 \end{Bmatrix}$$

于是

$$\omega_{n_3} = \sqrt{\frac{100}{0.0834}} = 34.627$$

故

$$T_3 = \frac{2\pi}{\omega_{n_3}} = \frac{2\pi}{34.627} = 0.181(\text{s})$$

第三振型为

$$\{A^{(3)}\} = \begin{Bmatrix} 1.000 \\ -1.487 \\ 1.416 \end{Bmatrix}$$

第 1、2、3 阶振型如图 7-10 所示。

(4) 计算水平地震荷载 p_{ij}。

作用于各质点处相应于第 1 阶振型的水平地震荷载为

$$p_{i1} = C\alpha_1(T)\eta_1 A_1(i) \cdot W_i$$

其中,$C = 0.3$(从表 7-2 查得)。

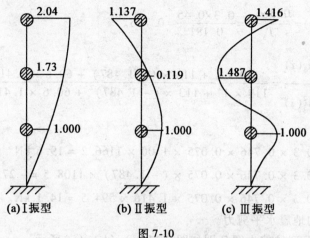

图 7-10

$$\alpha_1(T) = \frac{0.3\alpha_{max}}{T_1} = \frac{0.3 \times 0.45}{0.780} = 0.173$$

(其中 $\alpha_{max} = 0.45$ 依 8 度烈度由表 7-1 查得)上式中的 0.3 是依 II 类场地土由图 7-6 上可知。

η_1 值可以按式(7-40)算得

$$\eta_1 = \frac{\sum_{i=1}^{3} m_i A_1(i)}{\sum_{i=1}^{3} m_i A_1^2(i)} = \frac{119 \times 1 + 113 \times 1.73 + 60.6 \times 2.04}{119 \times 1^2 + 113 \times 1.73^2 + 60.6 \times 2.04^2} = 0.618$$

故此

$$p_{11} = 0.3 \times 0.173 \times 0.618 \times 1.00 \times 1166.2 = 37.4 \text{ kN}$$
$$p_{21} = 0.3 \times 0.173 \times 0.618 \times 1.73 \times 1108.5 = 61.5 \text{ kN}$$
$$p_{31} = 0.3 \times 0.173 \times 0.618 \times 2.04 \times 594.5 = 38.9 \text{ kN}$$

作用于各质点处相应于第二振型的水平地震荷载为

$$p_{i2} = C\alpha_2(T)\eta_2 A_2(i) W_i$$

同上办法得 $C = 0.3$,$\alpha_2(T) = \frac{0.3 \times \alpha_{max}}{T_2} = \frac{0.3 \times 0.45}{0.269} = 0.501$。

$$\eta_3 = \frac{\sum_{i=1}^{3} m_i A_2(i)}{\sum_{i=1}^{3} m_i A_2^2(i)} = \frac{119 \times 1 + 113 \times 0.119 + 60.6 \times (-1.137)}{119 \times 1^2 + 113 \times 0.119^2 + 60.6 \times (-1.137)^2} = 0.319$$

故此得

$$p_{12} = 0.3 \times 0.501 \times 0.319 \times 1.00 \times 1166.2 = 56 \text{ kN}$$
$$p_{22} = 0.3 \times 0.501 \times 0.319 \times 0.119 \times 1108.5 = 6.3 \text{ kN}$$
$$p_{32} = 0.3 \times 0.501 \times 0.319 \times (-1.137) \times 594.5 = -32.5 \text{ kN}$$

作用于各质点处相应于第 3 阶振型的水平地震荷载为

$$p_{i3} = C\alpha_3(T_3)\eta_3 A_3(i) W_i$$

其中 $C = 0.3$,$\alpha_3(T_3) = \dfrac{0.3\alpha_{\max}}{T_3} = \dfrac{0.3 \times 0.45}{0.181} = 0.746$。

$$\eta_3 = \dfrac{\sum\limits_{i=1}^{3} m_i A_3(i)}{\sum\limits_{i=1}^{3} m_i A_3^2(i)} = \dfrac{119 \times 1 + 113 \times (-1.487) + 60.6 \times 1.416}{119 \times 1^2 + 113 \times (-1.487)^2 + 60.6 \times 1.416^2} = 0.075$$

故此得

$$p_{13} = 0.3 \times 0.746 \times 0.075 \times 1.00 \times 1166.2 = 19.6 \text{ kN}$$
$$p_{23} = 0.3 \times 0.746 \times 0.075 \times (-1.487) \times 1108.5 = -27.7 \text{ kN}$$
$$p_{33} = 0.3 \times 0.746 \times 0.075 \times 1.416 \times 594.5 = 14.1 \text{ kN}。$$

(5) 计算框架的地震水平剪力。

相应于前三个振型的剪力图分别如图 7-11(a)、(b)、(c)所示。

楼层的地震水平剪力按式(7-50)计算

顶层

$$Q_3 = \sqrt{\sum_{i=1}^{3} Q_{3i}^2} = \sqrt{38.9^2 + (-32.5)^2 + (14.1)^2}$$
$$= \sqrt{2768.27} = 52.6 \text{ kN}$$

第二层

$$Q_2 = \sqrt{\sum_{i=1}^{3} Q_{2i}^2} = \sqrt{100.4^2 + (-26.2)^2 + (-13.6)^2}$$
$$= \sqrt{10951.56} = 104.6 \text{ kN}$$

第一层

$$Q_1 = \sqrt{\sum_{i=1}^{3} Q_{1i}^2} = \sqrt{137.8^2 + 29.8^2 + 6.0^2} = \sqrt{19912.88} = 141.1 \text{ kN}$$

楼层的剪力图如图 7-11(d)所示。

7.3.4 水工建筑物的抗震计算简介

水工建筑物的抗震计算包括抗震稳定计算和抗震强度计算。对各类挡水建筑物及其地基均应进行抗震稳定计算;对各类混凝土结构、钢筋混凝土结构和钢结构等均应进行抗震强度计算。限于篇幅,这里只简单介绍这些建筑物的抗震强度计算。

水工建筑物的地震响应是十分复杂的。特别是大型挡水建筑物,由于建筑物本身、水及地基三者相互作用相互影响,使问题更加复杂。严格地说,应将建筑物本身、水及地基三者作为一个综合的振动系统进行动力分析。但这样的处理方法,无论在理论上或实用上都存在一定的困难。目前,在实用上有些处理方法是将三者分开,分别考虑它们的动力响应,然后将水和地基的响应分别作为作用在建筑物迎水面和基础面的外力。我国于1978年颁布的《水工建筑物抗震设计规范》中建议,对于水工建筑物的地震荷载应包括建筑物本身的地震惯性力、地震动水压力和地震动土压力。在计算水工建筑物地震荷载时宜用"似静力法"。这种方法是以动力学理论为基础,分析和计算了各种类型相当数量的建筑物的地震

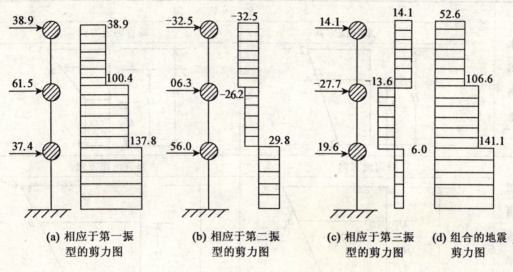

(a) 相应于第一振型的剪力图　(b) 相应于第二振型的剪力图　(c) 相应于第三振型的剪力图　(d) 组合的地震剪力图

图 7-11(图中单位为 kN)

响应,然后加以适当的统计、概括和简化,假定出沿建筑物各部分按一定规律分布的加速度图形,根据加速度分布图形就可以求得建筑物各部分的惯性力——地震荷载。显然,运用这种方法时,可以不必再计算建筑物的动力特性(固有频率、自振周期和振型等),而采用了在形式上与静力学理论类似的计算方法。

下面举几个关于水工建筑物本身地震荷载的计算方法的例子,说明"似静力法"的具体应用。

1. 水闸闸墩、闸顶机架、排架、进水塔和压力管道等沿高度作用于质点 m_i 的水平地震力 p_i 为

$$p_i = K_H C_z a_i W_i \tag{7-55}$$

式中:K_H——水平向地震系数,由表 7-3 查得;

C_z——综合影响系数,一般取 $\dfrac{1}{4}$ 用以反映理论计算与实际情况的差异等尚未完全考虑到的因素;

a_i——地震加速度分布系数,由表 7-4 查得;

W_i——质点 m_i 的重量。

表 7-3	地震系数 K_H		
设计烈度(分12度)	7	8	9
地震系数 K_H	0.1	0.2	0.4

表 7-4　地震加速度分布系数 a_i 值

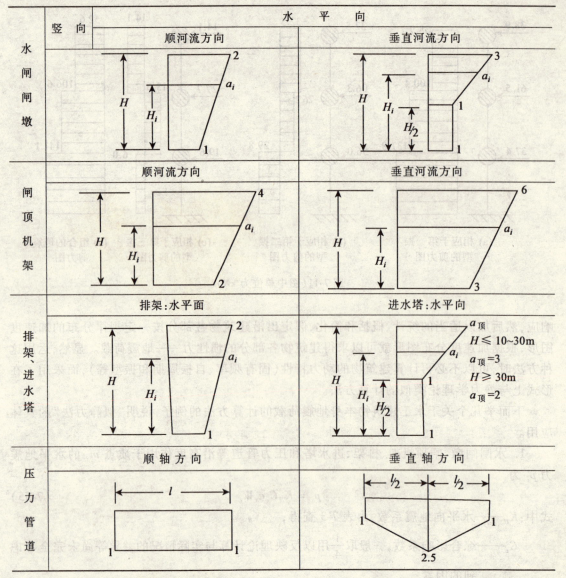

注：① 地基和水闸闸墩底以下部分的 $a_i = 1$；
② 岸边溢洪道的闸墩以及在垂直河流方向地震作用下的坝上闸墩也可以按水闸闸墩计算；
③ 计算压力管道镇墩的地震荷载时，其 $a_i = 1$。

2. 混凝土重力坝（包括大头坝）的水平向的总地震荷载（惯性力）Q_0，为

$$Q_0 = K_H C_z FW \tag{7-56}$$

式中：F——地震惯性力系数，由表 7-5 查得；
W——产生惯性力的建筑物的总重量。

沿建筑物高度作用于质点 m_i 的地震荷载 p_i 为

$$p_i = \frac{W_i \Delta_i}{\sum_{i=1}^{n}(W_i \Delta_i)} \cdot Q_0 \tag{7-57}$$

式中：Δ_i——地震惯性力分布系数，由表 7-5 查得；
　　　W_i——质点 m_i 的重量；
　　　n——建筑物的自由度数。

表 7-5　　　　　　　　　地震惯性力系数 F 及其分布系数 Δ_i

竖　向	水　平　向		
$H \leqslant 150\text{m}$	$H < 30\text{m}$	$30 \leqslant H \leqslant 70\text{m}$	$70 < H \leqslant 150\text{m}$
$F = 1.5$	$F = 1.1$	$F = 1.3$	$F = 1.5$

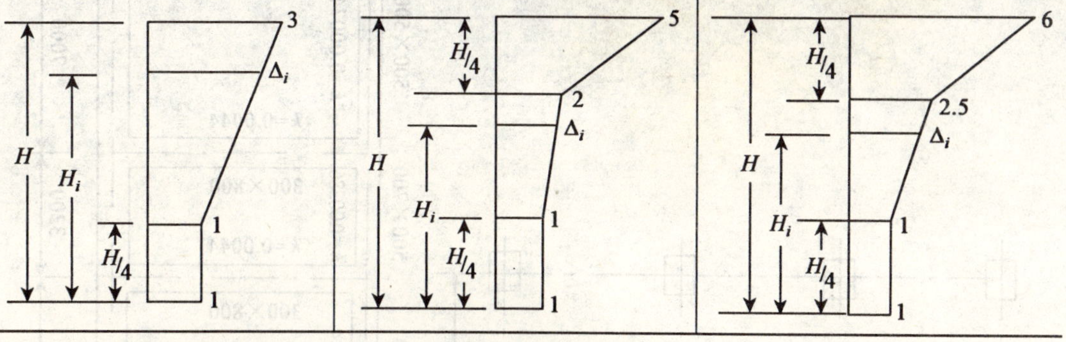

注：① 需要计入地基的惯性力时，按式(7-53)计算，则 $F=1$；
　　② 计算溢流坝的 Δ_i 时，坝高 H 应标至闸墩顶部高程。

3. 水闸闸墩、排架、进水塔、压力管道和混凝土重力坝（包括大头坝）的竖向地震惯性力，可以分别按相应的水平向地震惯性力算式(7-55)、式(7-56)和式(7-57)计算。但式中的水平地震系数 K_H 应以纵向地震系数 $K_v = \frac{2}{3} K_H$ 代替。

关于实际工程中的抗震计算问题是非常复杂且十分重要的问题，目前在实践与理论方面都在迅速发展之中，限于篇幅和作者的认识水平，这里不作详细介绍，读者若用到这方面知识时，可以参阅相关专著与规范。

习　题　7

题 7.1 某厂房结构为五层现浇钢筋混凝土框架结构，其平面如图 7-1(a)所示，没有填充墙和剪力墙。该厂房设计烈度为 8 度，场地土条件为 II 类。厂房剖面图及梁、柱线刚度 k 示于图 7-1(b)。该厂房各榀框架相同。各层重量和质量为

$$W_1 = 598\text{kN}, \quad m_1 = 61.1\text{t}$$
$$W_2 = 625\text{kN}, \quad m_2 = 63.7\text{t}$$
$$W_3 = 1154\text{kN}, \quad m_3 = 117.6\text{t}$$

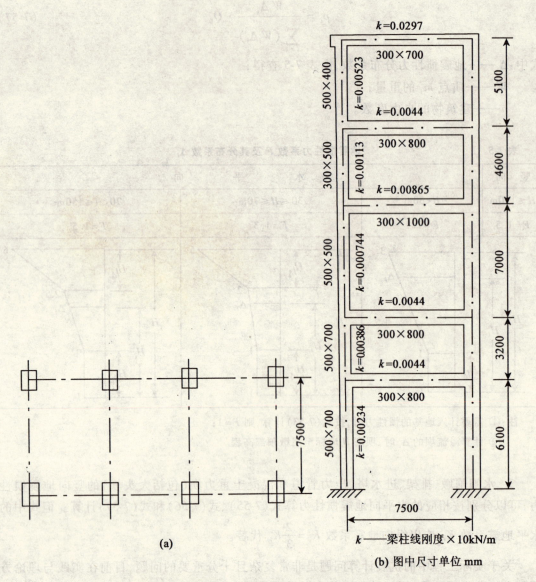

题 7.1 图

$$W_4 = 732\text{kN}, \quad m_4 = 74.6\text{t}$$
$$W_5 = 325\text{kN}, \quad m_5 = 33.1\text{t}$$

试求厂房框架地震弯矩图(前三个振型)及地震弯矩组合,以表示杆件地震弯矩值。(由于该厂房各框架相同,只计算一榀框架即可。)

参 考 文 献

[1] W. T. Thomson Theory of Vibration With Applications Prentice-Hall, Inc. Englewood Cliffs, N. J, 1972.
[2] L. Meirovitch Elemlents of Vibration Analysis, McGraw-Hill. New York, 1975.
[3] И. Л. Корчинскии Раслет сооружений На Сеисмилескте Вогgeйстбия НаулНое сооъщенце, Вцп, 14, 1954.
[4] 郑兆昌. 机械振动(上). 北京:机械工业出版社,1980.
[5] [日]中川宪治等著,夏生荣译. 汪一麟校. 工程振动学. 上海:上海科学技术出版社,1981.
[6] [日]井丁勇编著,尹传家、黄怀德译. 机械振动学. 北京:科学出版社,1979.
[7] 王光远著. 建筑结构的振动. 北京:科学出版社,1978.
[8] 郭长城主编. 建筑结构的振动计算. 北京:中国建筑工业出版社,1982.
[9] [俄]П·M·弗连凯尔著,吕子华译. 建筑结构的动荷计算. 北京:中国工业出版社,1962.
[10] [俄]S.铁木辛柯,D.H.扬,W.小韦孚著,胡人礼译,杜庆来校. 工程中的振动问题. 北京:人民铁道出版社,1978.
[11] 北京建筑工程学院、南京工学院合编. 建筑结构抗震设计. 北京:地震出版社,1981.
[12] [美]约翰 M.比格斯著. 结构动力学. 北京:人民交通出版社,1982.
[13] 王前信、王孝信著. 工程结构地震力理论. 北京:地震出版社,1979.
[14] 武汉水利电力学院工程力学与工程结构教研室编. 工程力学与工程结构(下册). 北京:人民教育出版社,1976.
[15] 王守忠编. 振动理论习题详解. 天津:天津科学出版社,1982.
[16] [英]D.J.哈托著,翁善惠译,吴亢、孙祥根校. 振动分析的计算机方法. 北京:机械工业出版社,1982.

参考文献

[1] W. T. Thomson, Theory of Vibration With Applications, Prentice-Hall, Inc., Englewood Cliffs, N. J., 1972.
[2] L. Meirovitch, Elements of Vibration Analysis, McGraw-Hill, New York, 1975.
[3] Н. П. Корчинский, Расчет сооружений на действие динамических нагрузок, Госстройиздат, Москва, 1954.
[4] 张阿舟，顾松年（主编），实用振动工程（上册），1989.
[5] 《日中振动工程学术交流会论文集》, 5—8日, 二—五日, 北京, 上海中国机械工程学会, 1981.7.
[6] 郑兆昌主编，机械振动，机械工业出版社，上海，北京，1979.
[7] 张文德主编，振动测试基础，北京，国防工业出版社，1978.
[8] 黄文虎主编，振动与冲击手册，第一卷，中国宇航出版社，1982.
[9] 陈百屏，水轮发电机组运行平稳性的振动原因与改进，上海，中国电工技术出版社，1961.
[10] 俄 С. 铁木辛柯，D. H. 杨，W. 小韦孚著，胡人礼译，胡宗武校，工程中的振动问题，人民铁道出版社，1978.
[11] 郑兆昌主编，机械振动（下册），北京，机械工业出版社，1981.
[12] 关国立主编，弹性力学，哈尔滨，人民交通出版社，1982.
[13] 徐德沛主编，工程振动与测试，北京，高等教育出版社，1979.
[14] 南京航空学院振动力学教研室编著，航空结构力学（第三册），北京，人民教育出版社，1979.
[15] Е. Л. 尼古拉依，理论力学讲义，北京，高等教育出版社，1957.
[16] 奚 Ф. Н. 别立柯夫著，陈大璋，冯志鸿译，机器与机构动力学，北京，机械工业出版社，1959.